U0392349

中华传世藏书

【图文珍藏版】

茶經

[唐] 陆羽⊙原著

王艳军⊙主编

第二册

线装书局

第四节　陆羽余杭周边行迹

一、陆羽杭州行迹

因安史之乱，陆羽随难民南下，来到湖州与长他 13 岁的皎然结为"淄素忘年之交"。次年，至德二年（757 年），陆羽即来到杭州，见证了和尚道标"试通经七百纸者，得度师首"。陆羽曾写有《道标传》。陆羽为杭州写下《武林山记》《灵隐天竺二寺记》，《淳祐临安志》《咸淳临安志》中有多处陆羽记载的杭州地名。陆羽记载的杭州"秦王揽船石"，是杭州最古老的地名。陆羽《茶经》记载着杭州现域许多市区县唐代茶叶情况，陆羽与杭州历史源远流长，杭州许多史源皆源自陆羽的记载。

（一）陆羽与唐代灵隐寺

陆羽与灵隐寺住持道标

杭州灵隐禅寺，建于晋咸和元年（326），至陆羽来杭时已有四五百年，香火旺盛，闻名遐迩。图 1.4.1《钦定四库全书·宋高僧传·唐杭州灵隐山道标传》载："至德二年（757 年），诏白衣通佛经七百纸者，命为比丘，标昔首中其选，即日得度。"明万历《灵隐寺志》之"道标"条目，曰：道标法师，姓秦，富阳人。七岁时，有僧摩其顶曰："此子目秀如青莲，得非释氏威凤耶？"遂出家，事灵隐。道标法师是与湖州皎然、绍兴灵彻齐名的唐代三大禅师，当时有："雪之昼，能清秀；越之彻，洞冰雪；杭之标，摩云霄"之说。杭人称其为西岭和尚，又称其为僧中十哲。道标卒于长庆三年（823 年），享年 84 岁。

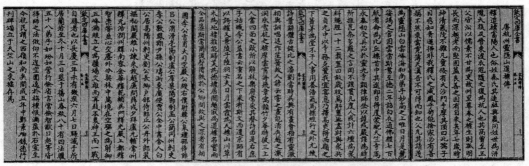

图 1.4.1　《钦定四库全书·宋高僧传·唐杭州灵隐山道标传》

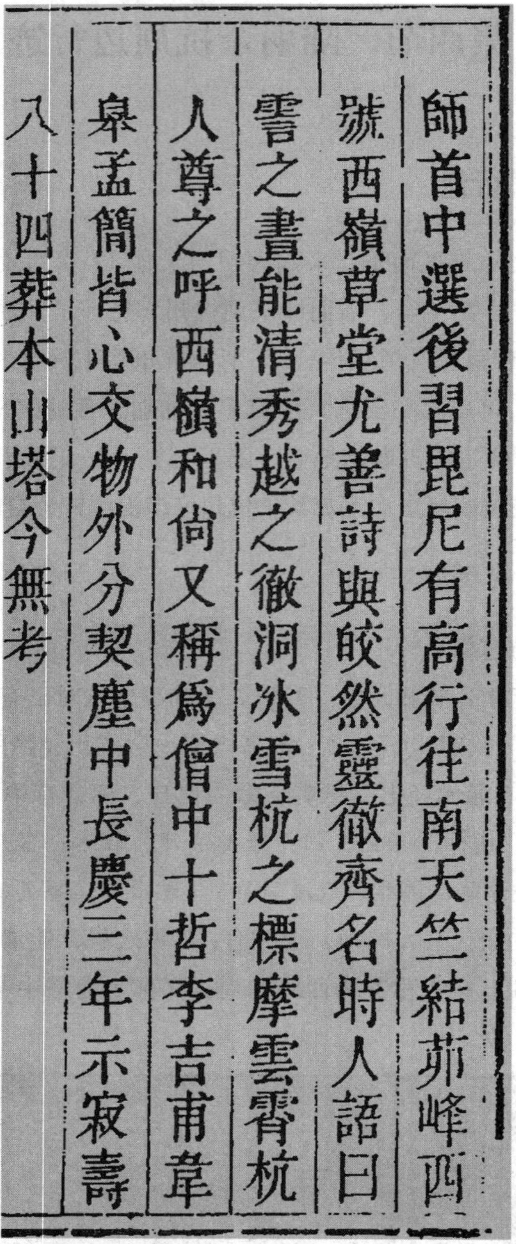

師首中選後習毘尼有高行往南天竺結茆峰西號西嶺草堂尤善詩與皎然靈徹齊名時人語曰霅之晝能清秀越之徹洞冰雪杭之標摩雲霄杭人尊之呼西嶺和尚又稱爲僧中十哲李吉甫章皋孟簡皆心交物外分契塵中長慶三年示寂壽八十四葬本山塔今無考

图1.4.2 明万历《灵隐寺志》之"道标"条目

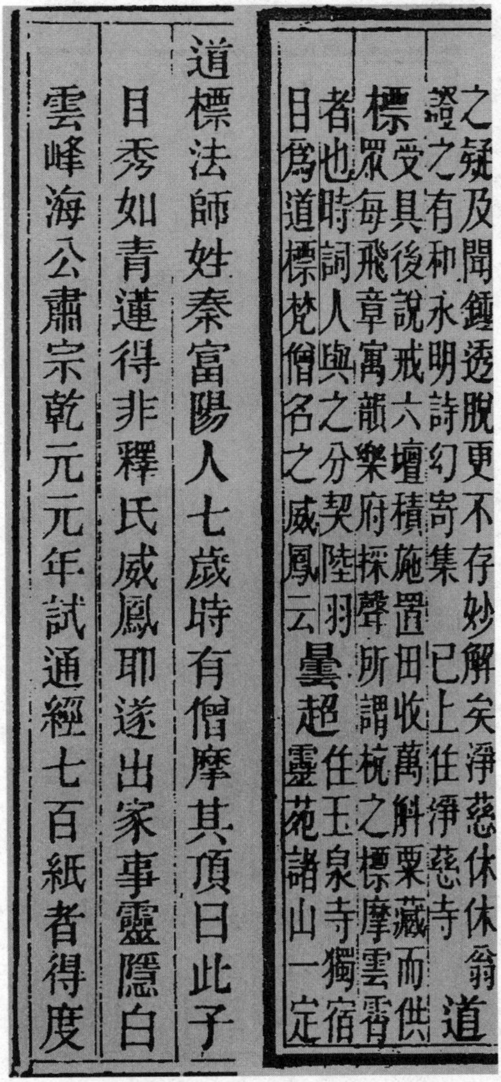
之疑及聞鍾透脫更不存妙解矣淨慈休休翁
證之有和永明詩幻寄集已上任淨慈寺
道標受具後說戒六壇積施置田收萬斛粟藏而供
衆每飛章寓龍樂府採聲所謂杭之標摩雲霄
者也時詞人與之分契陸羽
目爲道標梵僧名之威鳳云
曇超任玉泉寺獨宿
靈苑諸山一定

道標法師姓秦富陽人七歲時有僧摩其頂曰此子
目秀如青蓮得非釋氏威鳳耶遂出家事靈隱白
雲峰海公肅宗乾元元年試通經七百紙者得度

图 1. 4. 3 明万历《钱塘县志》之“道标”条目，有“陆羽目为道标梵僧名之威凤云”，证实陆羽于唐至德二年（757 年），来到杭州灵隐寺

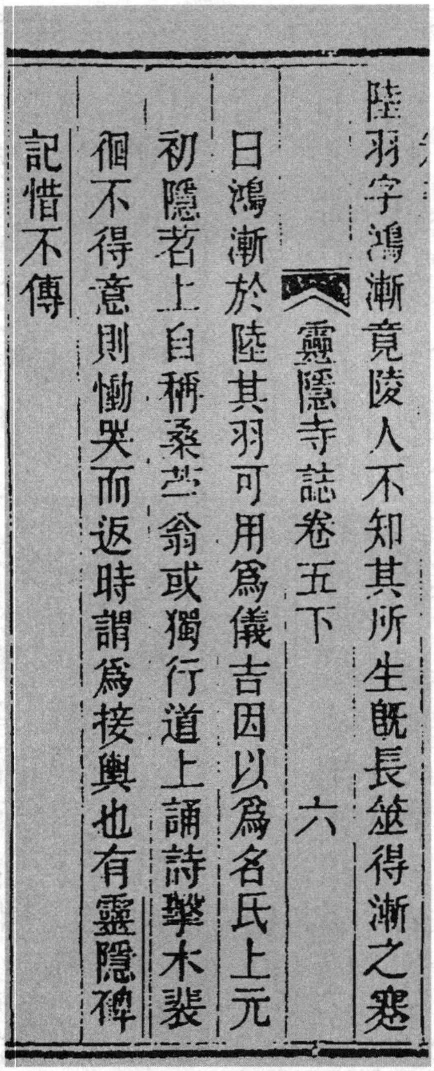

陸羽字鴻漸竟陵人不知其所生既長笈得漸之寒

《靈隱寺誌卷五下》　　六

曰鴻漸於陸其羽可用爲儀吉因以爲名氏上元

初隱苕上自稱桑苧翁或獨行道上誦詩擊木裝

徊不得意則慟哭而返時謂爲接輿也有靈隱碑

記惜不傳

图 1. 4. 4　明万历《灵隐寺志》之"陆羽"条
目，最后有："有灵隐碑记，惜不传"

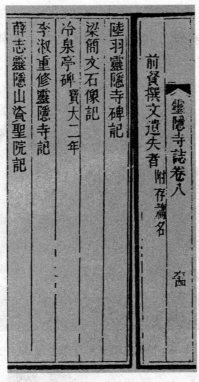

图 1. 4. 5　明万历《灵隐寺志》卷八"前贤撰文遗失者"，首为"陆羽灵隐寺碑记"

明万历《钱塘县志》之"道标"条目，末尾有"陆羽目为道标梵僧名之威凤云"，与《灵隐寺志》条目中"得非释氏威凤耶"呼应，是指陆羽见证道标通经七百纸，得度师首这件事，证实陆羽于至德二年，即公元 757 年来到杭州。陆羽与道标情谊深厚，《钦定四库全书·宋高僧传·唐杭州灵隐山道标传》载：景陵子陆羽云："日月云霞为天标，山川草木为地标。推能归美为德标，居闲趣寂为道标。"名实两全，品藻斯当。

灵隐寺与陆羽《灵隐寺碑记》

明万历《灵隐寺志》有"陆羽"条目，其最后有："有灵隐碑记，惜不传。"明万历《灵隐寺志》卷八，"前贤撰文遗失者"中，首为《陆羽灵隐寺碑记》。这些都表明陆羽与灵隐寺的渊源，证实陆羽曾为灵隐寺写有碑记，灵隐寺也为陆羽立有碑记，但在明代以前均已毁。

乾元元年（758 年），陆羽在杭州灵隐寺期间，还考察灵隐天竺二寺附近的茶园，上元元年（760 年）将其写入《茶经》，以《茶经》之《八之出》中"钱塘生灵隐天竺二寺"为证。

入宋日僧成寻《参天台五台山记》之"陆鸿渐二寺碑"

茶圣陆羽与《茶经》

成寻，日本平安中期天台宗僧侣。俗姓藤原氏。生于日本宽弘八年（宋大中祥符四年，1011 年）。其父藤原贞敍，其母为源俊贤之女，名未详，以歌集《成寻阿阇梨母集》闻名。成寻七岁出家，入京都岩仓大云寺，拜文庆为师，并师从悟圆、行圆、明尊。天喜二年（宋庆历五年，1045 年）被任命为延历寺阿阇梨，即主持。

图 1. 4. 6　杭州灵隐禅寺（20 世纪 30 年代）

图 1. 4. 7　杭州灵隐寺前高僧，景色与今迥然不同（20 世纪 30 年代）

他"为大云寺主三十一年，护持左丞相二十年"，他以花甲之年率弟子从日本远渡重洋，巡礼华夏；他从杭州获得外交护照《杭州公移》，《杭州公移》有知府沈立等七人署名，是由通判苏轼拟稿写就的。《杭州公移》彰显了千年前苏东坡的珍贵书法。"探赜讨深，究学显密之教义；跋山涉水，巡礼幽邃之名山。"这位日本高僧从 1072 年

3月15日至1073年6月12日，几乎一天不落地记录下468篇日记，完整地记述了他来到杭州，去天台国清寺，在北宋都城开封法院，翻译佛经与中印高僧交流，奉宋神宗御旨祈雨应验，赴五台山巡礼的种种传奇经历。他就是千年前在北宋巡礼十年，最后在汴京开宝寺圆寂的日本高僧成寻。成寻的《参天台五台山记》和入唐高僧圆仁的《入唐求法巡礼记》一起，被誉为日本僧侣中国旅行日记之双璧。成寻的《参天台五台山记》中揭示了许多我们不知晓或不完全知晓的杭州北宋茶事。

图 1. 4. 8　日本入宋高僧成寻阿阇梨画像［日本比叡山无动寺藏］

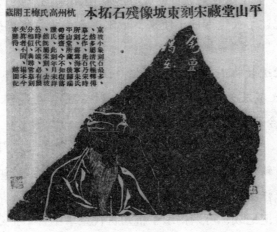

图 1. 4. 9　平山堂藏宋刻东坡像残石拓本（杭州高氏梅王阁藏·
1935 年《东南日报副刊金石书画》）［赵藏］

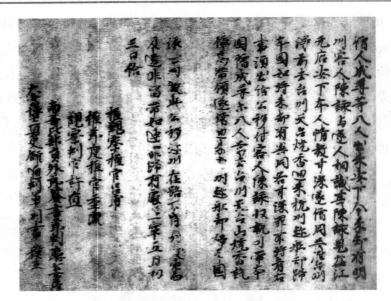

图1. 4. 10　《杭州公移》（局部），引自王丽萍校点的《新校参天台五台山记》

成寻的《参天台五台山记》中最有价值的文献为《杭州公移》，是杭州官府发给成寻赴天台山巡礼的许可书，即旅游护照。这份公移中，不仅有《日本国僧成寻状》，还有《明州客人陈咏状》（商人陈咏为引领成寻一行赴天台山的翻译）、《抱绉营开张客店百姓张宾状》（张宾为成寻一行于杭州住宿客店的店主），最后是杭州官府知州沈立、通判苏轼等七名官员的署名。该文书无疑是研究宋代法制史、杭州地方史的珍贵史料。

熙宁六年（1075年）四月十三日，成寻经从洛阳乘船东渡，返回杭州。五月廿七日成寻的日记专门记述了天竺寺僧正使来，被宋碑文一张，感喜碑文一张，感喜无极。僧正消息如左：

惠辨启：昨辰蒙道驾临山寺，幸奉慈相，但愧迎候疏漏。本拟侵晨请谢，忽值二三官员入寺宿宵，故不及至，容别择日上调。所索飞来峰事碑，只有陆鸿渐《二寺碑》，略指出端由。今封咨呈日本传灯善惠大师侍者

　　　　　　　　　　　　　　　　　　　　　　　住天竺寺　慧辨上

刘锟船头来，与鍮石匙箸各二具了。来日可来，赴灵隐寺由也。以永智供奉匙箸各二具，送李诠船头许了。行法了。经一。

这一天的成寻日记记载，可谓揭示了杭州古代茶事中一个个重大的事件。

茶圣陆羽因安史之乱，随秦人过江，来到江南后，曾六次到过杭州。灵隐寺建于晋代，是陆羽的《灵隐天竺二寺记》第一次把唐代辉煌的灵隐天竺寺记载下来。清

《灵隐寺记》卷八"前贤撰文遗失者"首为《陆羽灵隐寺碑记》见图 1.4.7。因此，至清代，中国大陆已无陆羽《陆羽灵隐寺碑记》之碑文。当然，也并不知晓宋代时的灵隐天竺二寺碑文。

前面屡次提及的嵩大师，即高僧契嵩，曾写有简略《武林山志》，而陆羽曾写有《武林山记》，仅一字之差。契嵩的《武林山志》使我们知道了许多北宋灵隐寺的情况。

巨赞法师著有《灵隐小志》一书，在其"历代沿革"中，考证《陆羽灵隐寺碑记》写有数百字短文。按成寻日记记载，天竺寺僧正赠予他《陆鸿渐二寺碑》，应该同于巨赞"灵隐寺历代沿革"中所述。

成寻获得的《陆鸿渐二寺碑》碑文拓本，连同宋神宗致日本天皇御书，随成寻弟子返回日本时，带去日本。根据这一线索，如派专人赴日本寻访，可能在日本能寻找到宋代《陆鸿渐二寺碑》拓本。如进行复制，则可在灵隐寺重立唐代《陆鸿渐二寺碑》，当是"杭州茶都"一大文化盛事。

巨赞《灵隐小志·历代沿革》考证《陆羽灵隐寺碑记》

由于近代中国战乱频仍，许多有价值的古籍、古图及文献资料多被销毁。许多种古籍记载陆羽曾为杭州撰写的《武林山记》《灵隐天竺二寺记》，以及清代《灵隐寺志·卷八》前贤撰文遗文者首篇《陆羽灵隐寺碑记》，就在历史的岁月中湮没了。今人没能见到，并不代表七八十年前、一百多年前的前辈人也没有见到残存的一些古籍。笔者于 2007 年获得一册 1947 年 2 月初版，灵隐寺高僧巨赞法师著、杭州正报印刷厂印刷、杭州灵隐寺发行之《灵隐小志》。此书前有周然绘《杭州灵隐山图》，美华照相馆摄风景古迹照片五幅；文字部分依次为弘伞序、自序、山水景物、历代沿革、高僧事略、将来建置、艺文撷英、遗闻逸事，附录有：萍楼诗抄、如是斋诗抄。

巨赞（1908—1984 年），原名潘，笔名万均、周行。原籍江苏，1931 年出家于杭州灵隐寺。曾应聘赴重庆汉藏教院任教。1939 年发起成立佛教抗战协会，创办《狮子吼》刊物。1947 年返回杭州主持浙江佛教会。1949 年后任《现代佛学》主编，中国佛协副会长。主编佛学杂志《法音》，著有《法显玄奘两大师》《华严宗的传承及其他》等佛学著作。为全国政协委员。

巨赞《灵隐小志·历代沿革》写道：考《陆羽灵隐寺记》云：晋宋已降，贤能迭居，碑残简文之辞，胖蠹稚川之宗。谢亭岧然，袁松多寿。绣角画拱，霞翠于九霄；藻井丹楹，华垂于四照。修廊重复，潜奔灭玉之泉；飞阁岩峣，下映垂珠之树。风铎触钧天之乐，花醫搜陆海之珍。碧树花枝，春荣冬茂，翠岚清籁，朝融夕凝。

1947 年巨赞法师著《灵隐小志》，封面由时任浙江省主席的沈鸿烈题字。巨赞法师早年在灵隐寺出家，潜心佛禅，勘究历史，德高望重，他也许见到过我们所未能见到的古籍版本和碑刻拓片，因而考证出的《陆羽灵隐寺记》是可信的，也是权威的。

《陆羽灵隐寺记》此段仅 96 字，却将东晋咸和年间创建，千年前唐代绣角画拱，霞于九霄，藻井丹楹，华垂于四照，盛极一时的灵隐寺呈现在我们面前。此 96 字更使茶圣陆羽与杭州的情缘增添浓彩。

图 1.4.11　巨赞（1908—1984）

图 1.4.12　光绪丁未年（1907 年）"西子湖图"（局部）

图 1. 4. 13　巨赞法师著《灵隐小志》书影

图 1. 4. 14　《灵隐小志·历代沿革》之"陆羽灵隐寺记"

陆羽记载的景德灵隐寺

图 1. 4. 15，是南宋《咸淳临安志》之“卷八十 · 寺观六 · 寺院 · 自飞来峰至上竺 · 景德灵隐寺”中“陆羽记”，陆羽对灵隐寺的记载，共计 219 字。文如下：

东晋咸和初（约 326 年），有梵僧慧理由天竺而至，叹曰：“兹山灵鹫之一峰耳，何代飞来乎？所携白猿复识其处，睨彼故地、同乎新丰緜是。金布其田，宝新其刹。憩莲华之石翻，贝叶之文。洞深有天，岩垂为室。晋宋已峰，贤能迭居，碑残简文之词，牓蠹稚川之字。唐大历六载（771 年），复新其大壮焉。谢亭岿然，袁松多寿。土运之季，国霸为钱云，措之规则又过矣。绣角画拱，霞翚于九充（霄）。藻石（井）雕楹，花（华）垂于四照。修廊重复，潜奔溅玉之泉，飞阁岧峣，下瞰垂珠之树。风铎触钧天之乐，花鬋搜陆海之珍。有若碧树芳枝，春荣冬茂，翠岚清籁，朝融夕凝。呼猿风闭，卧龙石老，会汉南王籍，彼土宇归我昌朝。”

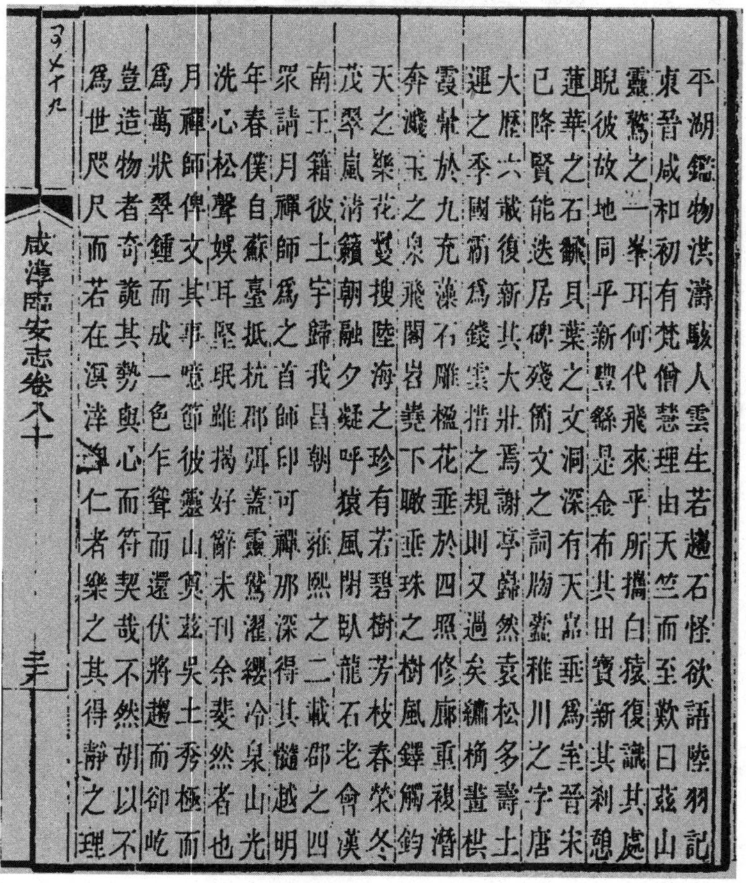
平湖鑑物淇瀞駭人雲生若趣石怪欲語陸羽記
東晉咸和初有梵僧慧理由天竺而至歎曰茲山
靈鷲之一峯耳何代飛來乎所攜白猿復識其處
睨彼故地同乎新豐緜是金布其田寶新其刹憩
蓮華之石翻貝葉之文洞深有天巖垂爲室晉宋
已降賢能迭居碑殘文簡之詞牓蠹稚川之字唐
大歷六載復新其大壯焉謝亭巋然袁松多壽土
運之季國霸爲錢雲措之規則又過矣繡角畫栱
霞翬於九充藻石雕楹花垂於四照修廊重複潛
奔濺玉之泉飛閣岧嶤下瞰垂珠之樹風鐸觸鈞
天之樂花鬘搜陸海之珍有若碧樹芳枝春榮冬
茂翠嵐清籟朝融夕凝呼猿風閉臥龍石老會漢
南王籍彼土宇歸我昌朝雍熙之二載郡之四
衆請月禪師爲之首師印可禪那深得其髓越明
年春僕自蘇臺抵杭邪彌蓋靈鷲濯纓冷泉山光
洗心松聲娛耳堅珉雖攜好辭未刊余斐然者也
月禪師俾文其事噫節彼靈山奠茲吳土秀極而
爲萬狀翠鍾而成一色作聳而還伏將趨而卻屹
豈造物者奇詭其勢與心而符契哉不然胡以不
爲世咫尺而若在溟涬與仁者樂之其得靜之理

咸淳臨安志卷八十

图 1. 4. 15　南宋《咸淳临安志》中陆羽对景德灵隐寺记载的 219 字

巨赞法师引用的 96 字，尽是 219 字中之精要。文中有："大历六载（771 年），复其大壮焉。"之句，说明大历六年（771 年），景德灵隐寺曾盛大重建，应是灵隐寺住持道标请已成名的陆羽为寺院著文，即《灵隐天竺二寺记》。

（二）陆羽曾为杭州写下《灵隐天竺二寺记》《武林山记》

南宋《淳祐临安志》卷八之"武林山"条目，称武林山又曰"灵隐山"。其第九行有"太子文学陆羽《灵隐寺天竺寺记》"，说明《灵隐寺天竺寺记》是陆羽为太子文学时写的。

建中二年（781 年），唐德宗赏识陆羽才华，诏拜他为"太子文学"，羽不就职。不久，又改任"太常寺太祝"，复不从命，故陆羽也被人称为"陆文学""陆太祝"。此段写明太子文学陆羽曾著有《灵隐寺天竺寺记》，也说明"武林山"即"灵隐山"。

南宋《咸淳临安志》卷八十四之"下竺灵山教寺"条目称：下天竺寺，隋开皇十五年（595），由高僧真观法师与道安禅师建。号南天竺。唐永泰中（765）赐今额（即下竺灵山教寺）……

太子文学陆羽《灵隐天竺二寺记》应可理解是陆羽为"太子文学"写的，下面许多的段、典籍上有许多陆羽不同的称谓。

图 1. 4. 16　武林山图

隋开皇十五年（595年），由高僧其观法师与道安禅师建，号南天竺。唐永泰中（765年）赐今额"下竺灵山教寺"。由此推断，陆羽撰写《灵隐天竺寺记》《武林山记》应是上元初陆羽著作《茶经》后，唐永泰中（765年）以后的事情。

图1. 4. 17　下天竺寺，即陆羽所称南天竺寺（20世纪30年代）

（三）陆羽记载的杭州古地名

"秦王缆船石" 是陆羽记载的

《淳祐临安志》卷九记载有"秦王缆船石"条目：在钱塘门外，昔秦始皇东游泛海，舣舟于此。陆羽《武林山记》云："自钱塘门至秦王缆船石，俗呼西石头。北关僧思净刻大石佛于此。"旧传西湖本通海，东至沙河塘向南一岸皆大江也，故始皇缆舟于此。"舣"是"附船着岸"的意思。

陆羽在《武林山记》中记载"秦王缆船石"，历经沧桑的"秦王缆船石"，至今还矗立在西子湖畔宝石山上。真可谓，秦王缆石今安在，不见当年秦始皇。此条目"陆羽《武林山记》云"，也说明陆羽为杭州写下《武林山记》。

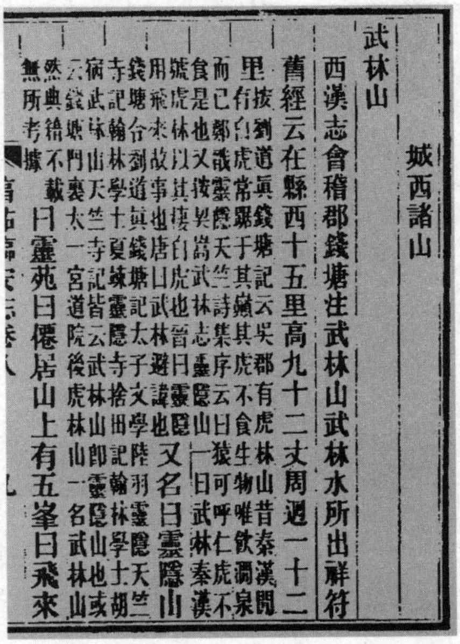
城西諸山
武林山
西漢志會稽郡錢塘注武林山武林水所出祥符
舊經云在縣西十五里高九十二丈周迴一十二
里拔劉道眞錢塘記云吳郡有虎林山昔秦漢閒有白虎常躍于其巔其虎不食生物唯飲澗泉而已鄣識靈巖天竺詩集序云曰猿可呼仁虎不食是也又按吳嵩武林志靈隱山一日武林秦漢號虎林以其棲白虎也晉曰靈隱用飛來故事也唐曰武林避諱也又名曰靈隱山錢塘令劉道眞錢塘記太子文學陸羽靈隱天竺寺記翰林學士夏竦靈隱寺捨田記翰林學士胡宿武林山天竺寺記皆云武林山即靈隱山也或云錢塘門裏太一宮道院後虎林山一名武林山然典籍不載無所考據曰靈苑曰僊居山上有五峯曰飛來

图 1. 4. 18　南宋《淳祐临安志》之“武林山”条目

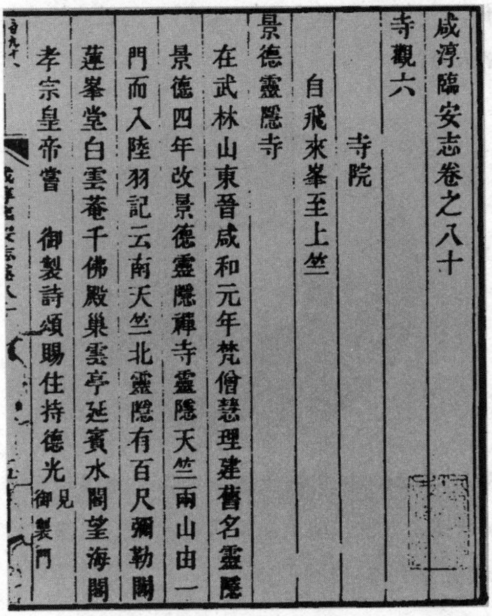
咸淳臨安志卷之八十
寺觀六　寺院
自飛來峯至上竺
景德靈隱寺
在武林山東晉咸和元年梵僧慧理建舊名靈隱
景德四年改景德靈隱禪寺靈隱天竺兩山由一
門而入陸羽記云南天竺北靈隱有百尺彌勒閣
蓮峯堂白雲菴千佛殿巢雲亭延賓水閣望海閣
孝宗皇帝嘗　御製詩頌賜住持德光見御製門

图 1. 4. 19　南宋《咸淳临安志》之“景德灵隐寺”条目，中有陆羽记云：“南天竺，北灵隐。”

下竺靈山教寺
在錢唐縣西一十七里隋開皇十五年俗真觀法
師與道安禪師建號南天竺唐永泰中賜今額五
代時有五百羅漢院後廢　大中祥符初改賜靈
山寺　天禧四年復天竺寺額　紹興十四年
高宗皇帝改賜天竺時思薦福寺額爲　吳泰王
香火院　慶元三年
太皇太后有旨下竺名利不欲永占可復元額爲
天竺靈山之寺　寶祐二年改賜天竺靈山教寺

咸淳臨安志卷八十

图 1. 4. 20　南宋《咸淳临安志》之"下竺灵山教寺"条目，中有"唐永泰中（765）赐今额"。说明下天竺寺，在公元 765 年前称为"南天竺"

图 1. 4. 21　杭州出土的秦半两，为当年秦始皇统一中国所铸，在杭州出土非常珍贵。杭州在奏置"钱唐县"，隋开皇九年（589）设杭州

陆羽记载的杭州古地名

南宋《淳祐临安志》《咸淳临安志》有陆羽记载的多处古地名。这些片断，均摘录陆羽《灵隐天竺寺记》或曰《灵隐天竺二寺记》《武林山记》。

袁君亭

南宋《淳祐临安志》卷八·十二有"袁君亭"条目，曰：陆羽记云：刺史袁仁敬

所造。

石桥亭

南宋《淳祐临安志》卷八·十二有"石桥亭"条目，曰：在武林山中，……陆羽记又云：次青壁槛，次涡渚东屿。

梦谢亭

南宋《淳祐临安志》卷八·十二有"梦谢亭"条目，为怀念晋代谢灵运所写中有：……陆羽记云，一名客儿亭，在灵隐山间。

丹灶堂

南宋《淳祐临安志》卷八·十二有"丹灶堂"条目，曰：陆羽记云：方士葛洪炼丹之所。

隐居堂

南宋《淳祐临安志》卷八·十二有"隐居堂"条目，曰：……《陆羽二寺记》云：后汉陆文该学易于隐居堂。图《淮南王刘安及九师之像》于屋壁东西，又名九师堂。

图 1. 4. 22　秦王缆船石（20 世纪 20 年代）

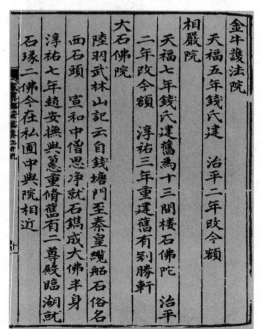

此在錢塘門外昔秦始皇東游泛海艤舟于此陸羽武林山記云自錢塘門至秦王纜船石俗呼西石頭北關僧思淨刻大石佛于此舊傳西湖本通海東至沙河塘向南一岸皆大江也故始皇纜舟于

秦王纜船石　淳祐臨安志卷九　九

图 1. 4. 23　南宋《淳祐临安志》之"秦王缆船石"条目

金牛護法院　天福五年錢氏建　治平二年改今額

相嚴院　天福七年錢氏建舊為十三間樓石佛陀　治平二年改今額　淳祐三年重建舊有別勝軒

大石佛院　陸羽武林山記云自錢塘門至秦皇纜船石俗名西石頭　宣和中僧思淨就石鎸成大佛半身　淳祐七年趙安撫興蕙重脩舊有二尊殿臨湖就石瑑二佛今在私圍中興院相近

图 1. 4. 24　南宋《淳祐临安志》之"大佛石院"条目

许迈思真堂

南宋《淳祐临安志》卷八·十三"许迈思真堂",曰:《陆羽二寺记》云:许迈,字远游。一名映,详具方门外。

石门涧

南宋《淳祐临安志》卷八·十三"石门涧"条目,曰:《陆羽二寺记》云:南有峻岩,旧有卧龙石横涧中,慈云法师种松于此。

连岩栈伏龙溅

南宋《淳祐临安志》卷八·十三"连岩栈伏龙溅"条目,曰:……《陆羽二寺记》云:皆灵隐山泉涧中怪石之状。

理公岩

南宋《淳祐临安志》卷八·十三"理公岩"条目,曰:……《陆羽二寺记》云:晋慧理宴息于下,岩下通人往来。后有僧于岩上周迥镌小罗汉佛菩萨像。慈云法师自茸居天竺寺有十有三年,访慧理之禅岩,吊客儿之山馆是也。……

呼猿洞

南宋《淳祐临安志》卷八·十四"呼猿洞"条目,曰:陆羽云:宋僧智一善啸,有哀松之韵,尝养猿于山间。临涧长啸,众猿毕集,谓之"猿父"。

图1.4.25 九里云松(20世纪30年代)。陆羽"袁君亭"记载:唐代杭州刺史袁仁敬动员植树造林,形成从玉泉到灵隐的"九里云松"。

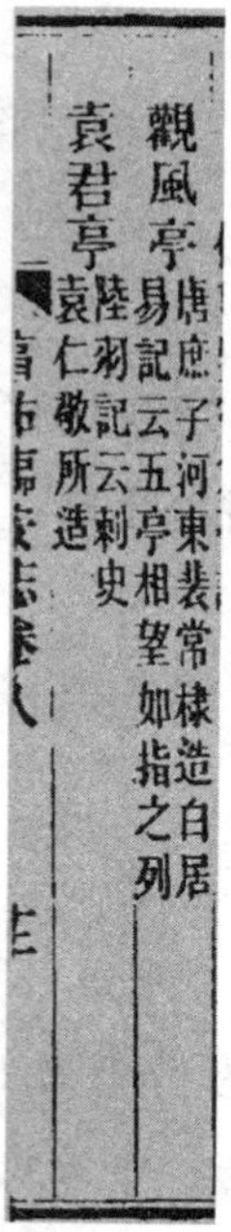
觀風亭 唐庶子河東裴常棣造白居易記云五亭相望如指之列

袁君亭 陸羽記云刺史袁仁敬所造

淳祐臨安志卷八

图 1. 4. 26　南宋《淳祐临安志》之“袁君亭”条目

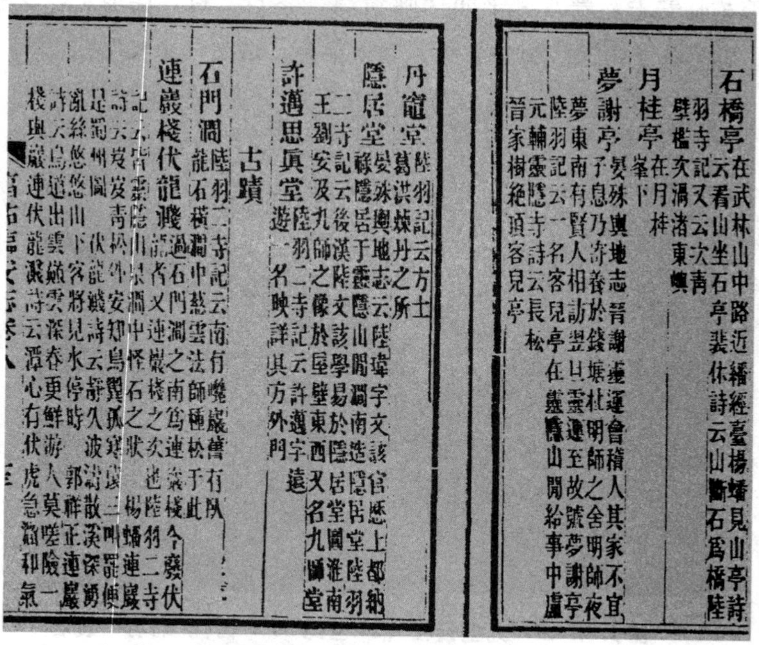
石橋亭 在武林山中路近釋經臺楊蟠見山亭詩云看山坐石亭裴休詩云山斷石爲橋陸羽寺記又云次青壁檻亦渴渚東嶼

月桂亭 在月桂峯下

夢謝亭 晏殊輿地志晉謝靈運會稽人其家不宜子息乃寄養於錢塘杜明師之舍明師夜夢東南有賢人相訪翌日靈運至故號夢謝亭陸羽記云一名客兒亭在靈隱山開給事中盧元輔靈隱寺詩云長松晉家樹絕頂客兒亭

丹竈堂 陸羽記云方士葛洪煉丹之所

隱居堂 晏殊輿地志云陸瑋字文該官歷上都納祿隱居于靈隱山閣澗南造隱居堂陸羽二寺記云後漢陸文該學易於隱居堂王劉安及九師之像於屋壁東西又名九圖堂

許邁思真堂 陸羽二寺記云許邁字遠遊一名映詳與方外門

古蹟

石門澗 陸羽二寺記云南有巉巖曹有龍石橫澗中慈雲法師種松于此

連巖棧伏龍湫 陸羽記云過石門澗之南爲連巖棧今廢

淳祐臨安志卷八

图 1. 4. 27　南宋《淳祐临安志》卷八之陆羽记“石桥亭”“梦谢亭”“丹灶堂”“隐居亭”“许迈思真堂”“石门涧”“连岩栈伏龙湫”条目

青林巖

故頃紛何時戚
隱山常有也林
蘇留山行逃惜己
依帝山中逃惜己
林巖二圓經雲便
岩巖周雲靈一峰
老楊龍詞其十山
不蟻詩一上在縣
歸雪鳥悉里西
僮霜頍頓
從郭行迷吾十二川高
夷襄不狪日十
正詩林引故其靈
看碧雲依青蕱其

理公巖天竺山靈鷲院法堂後有理公巖在焉
後有碑于巖上過巖小羅漢弗甚雄像基
法師自舊山居雲隱宴於下巖公巖通人往來
不客復見巖上過巖嶺揚幡詩其月巖前烏正秋巖
形見此也化名一繫此山雲
人欲尋巖下迷猿島開山弟郎靈隱寺靈山之南
詩云晉代胡僧理
來云晉巖

合澗橋前澗之陽即天竺寺二澗流水號錢源泉
人欲尋巖之陰即天竺之陽二澗流水號錢源泉

图1. 4. 28　南宋《淳祐临安志》卷八·十三陆羽记之"理公岩"条目

图1. 4. 29　杭州灵隐寺理公岩理公塔（20世纪30年代），陆羽最早记载"理公岩"。

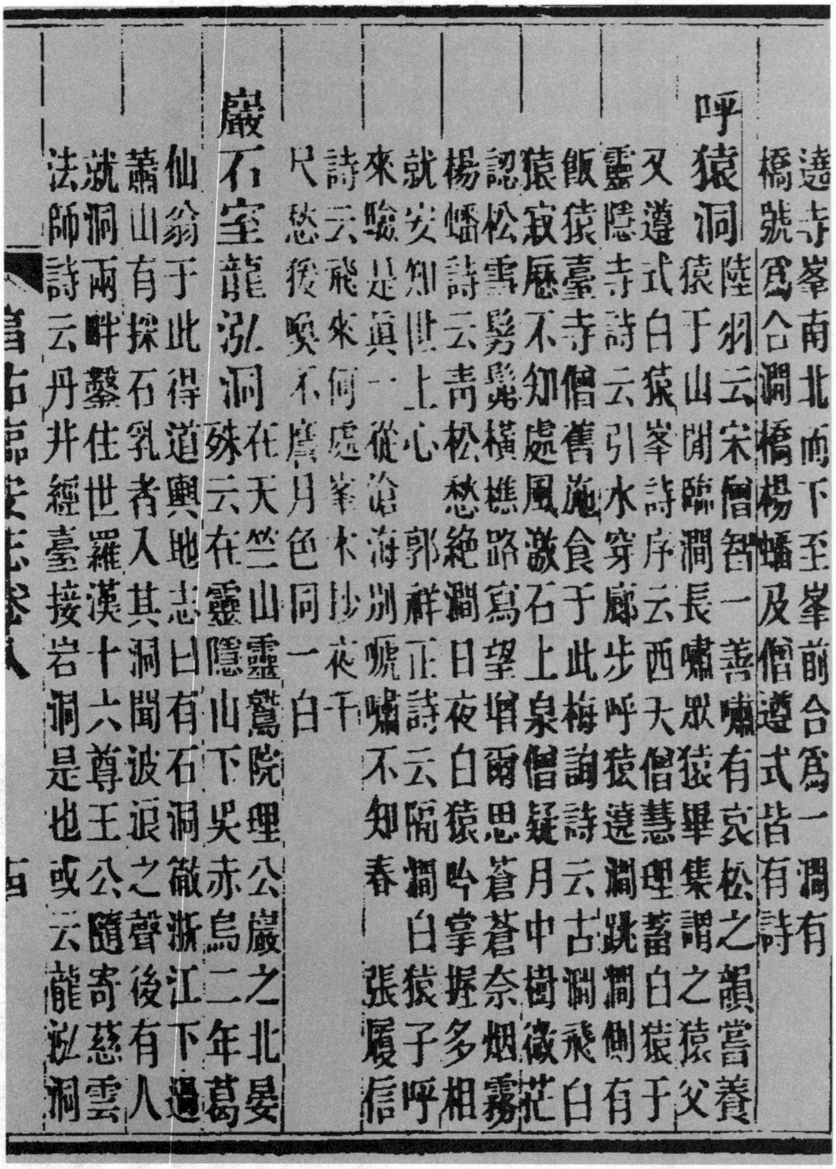
遶寺峯南北而下至峯前合為一澗有
橋號為合澗橋楊蟠及僧遵式皆有詩

呼猿洞

陸羽云宋僧智一善嘯有哀松之韻嘗養
猿于山間臨澗長嘯衆猿畢集謂之猿父
又遵式白猿峯詩序云西天僧慧理蓄白猿于
靈隱寺詩云引水穿廊步呼猿遶澗跳澗側有
飯猿臺寺僧舊施食于此梅詢詩云古澗飛白
猿寂歷不知處風激石上泉僧疑月中樹徹茫
認松雪髣髴橫樵路寫望增爾思蒼蒼奈烟霧
楊蟠詩云青松愁絕澗日夜白猿吟掌握多相
就安知世上心　郭祥正詩云隔澗白猿子呼
來驗是真一從滄海別嘯不知春　張履信
詩云飛來何處峯木杪夜下
尺愁猨嘯不虧月色同一白

巖石室龍泓洞

在天竺山靈鷲院理公巖之北晏
殊云在靈隱山下吳赤烏二年葛
仙翁于此得道輿地志曰有石洞徹浙江下過
蕭山有採石乳者入其洞聞波浪之聲後有人
就洞兩畔鑿佳世羅漢十六尊王公隨寄慈雲
法師詩云丹井經臺接岩洞是也或云龍泓洞

图 1. 4. 30　南宋《淳祐临安志》卷八・十四陆羽记之“呼猿洞”条目

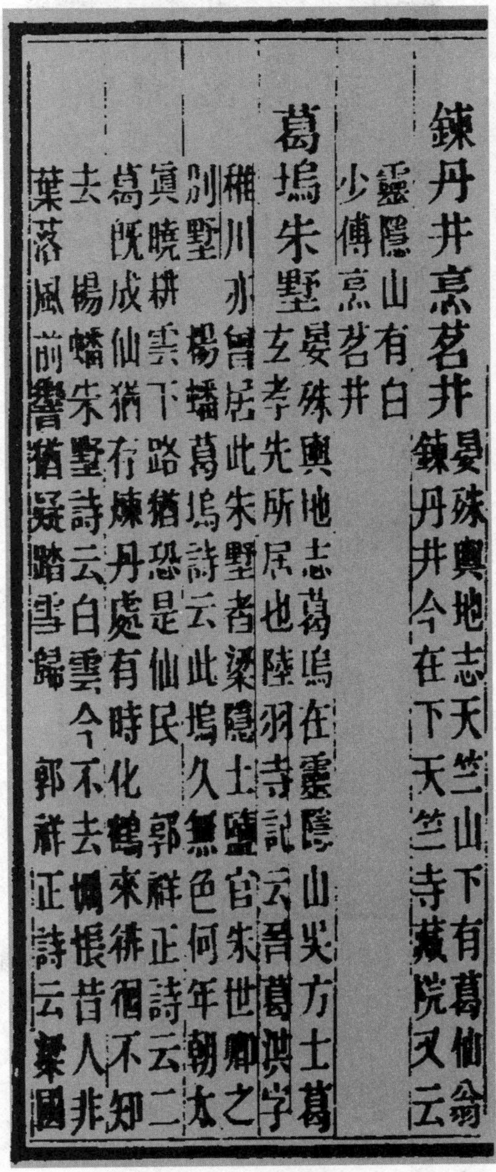

鍊丹井烹茗井　晏殊輿地志天竺山下有葛仙翁

少傅烹茗井　鍊丹井今在下天竺寺藏院又云

靈隱山有白

葛坞朱墅　晏殊輿地志葛坞在靈隱山尖方士葛

稚川水嘗播葛坞朱墅者梁隱士鮑居此朱世卿之

別墅楊播此朱世卿之所居也陸羽寺記云晉葛洪字

真曉耕雲下路猶存鍊丹處恐是仙民久無色何年朝

葛既成仙猶存鍊丹處恐是仙民久郭来惆悵昔人非知二

去葛楊播前譽猶疑踏雪歸今郭祥正詩云翠圃

葉落風前譽猶疑踏雪歸郭祥正詩云

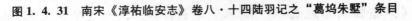

图1. 4. 31　南宋《淳祐临安志》卷八·十四陆羽记之"葛坞朱墅"条目

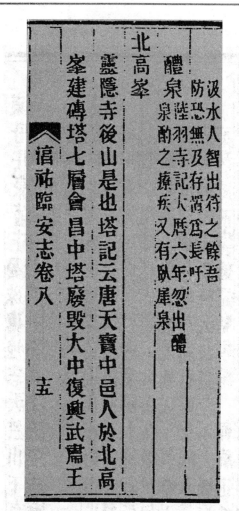

图 1. 4. 32　南宋《淳祐临安志》卷八之陆羽记之"醴泉"条目

葛坞朱墅

南宋《淳祐临安志》卷八·十四"葛坞朱墅"条目，曰：……《陆羽寺记》云：晋葛洪，字稚川，曾居此。朱墅者，梁隐士盐官朱世卿之别墅。

醴泉

南宋《淳祐临安志》卷八"醴泉"条目，曰：……《陆羽寺记》大历六年（771），忽出醴泉，酌之疗疾。又有卧犀泉。

醴泉出于大历六年，即 771 年。因此，陆羽《灵隐天竺二寺记》应是在大历六年以后才撰写的。

石桥

南宋《淳祐临安志》卷八·二十“醴泉”条目，曰：……《陆羽寺记》云：次青壁槛，次涡渚东屿。李襄阳题“峡出寺”。又有天竺石桥无泉之语。……

南宋《淳祐临安志》中诸多陆羽记载的地名，其出处是有差异的。“石桥亭”“葛坞朱墅”“醴泉”“石桥”为“陆羽寺记”；“石门涧”“连岩栈伏龙溅”为“陆羽二寺记”，其出处应均引自陆羽《灵隐天竺二寺记》；“梦谢亭”“丹灶堂”“理公岩”为“陆羽记”；“呼猿洞”为“陆羽云”，应引自陆羽《武林山记》。

陆羽为杭州写下的《灵隐天竺二寺记》《武林山记》虽然散轶，仅南宋《淳祐临安志》这些条目就有261字，字里行间，历史碎片传递给我们的历史信息极多，给我们勾勒出千年前唐代灵隐山的种种人文自然景观。

（四）陆羽《茶经》记载的唐代杭州产茶区

陆羽《茶经·八之出》记载诸多唐代杭州产茶区，曰：……杭州临安、於潜二县生天目山与舒州同。钱塘生天竺、灵隐二寺。睦州生桐庐县山谷。……

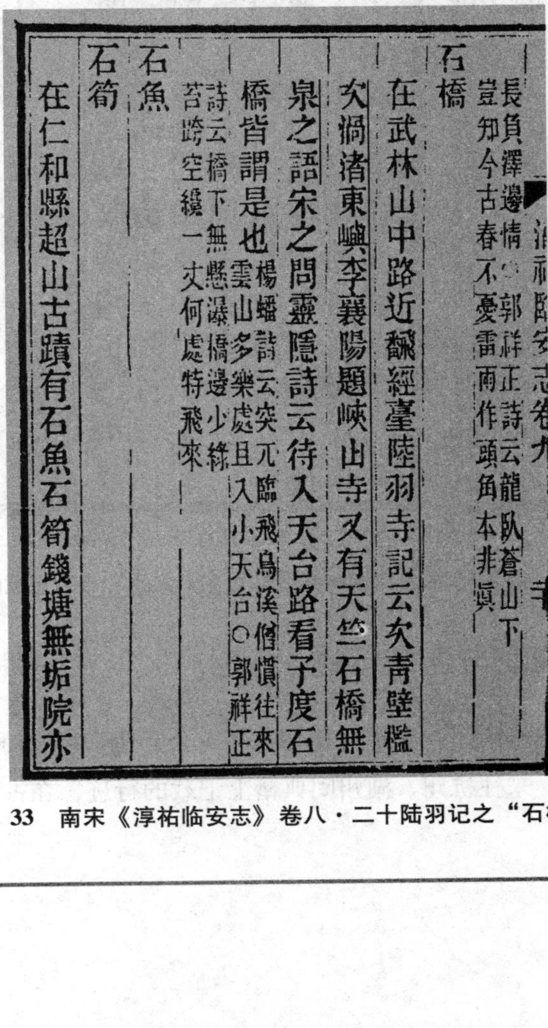
長負澤邊情○郭祥正詩云龍臥蒼山下豈知今古春不憂雷雨作頭角本非眞

石橋

在武林山中路近飜經臺陸羽寺記云次青壁檻次渦渚東嶼李襄陽題峽出寺又有天竺石橋無泉之語宋之問靈隱詩云待入天台路看子度石橋皆謂是也楊蟠詩云突兀臨飛鳥溪僧慣往來雲山多樂處且入小天台○郭祥正詩云橋下無懸瀑橋邊少綠苔跨空纔一丈何處特飛來

石魚

石筍

在仁和縣超山古蹟有石魚石筍錢塘無垢院亦

图 1. 4. 33　南宋《淳祐临安志》卷八·二十陆羽记之“石桥”条目

现域杭州临安市（临安，於潜二县）、杭州市区（天竺、灵隐二寺）。桐庐（睦州生桐庐山谷）茶叶均载入陆羽《茶经》。也从侧面反映出唐上元元年（760 年）陆羽在余杭著《茶经》前曾到过临安、於潜二县，天竺、灵隐二寺，桐庐山谷茶区。

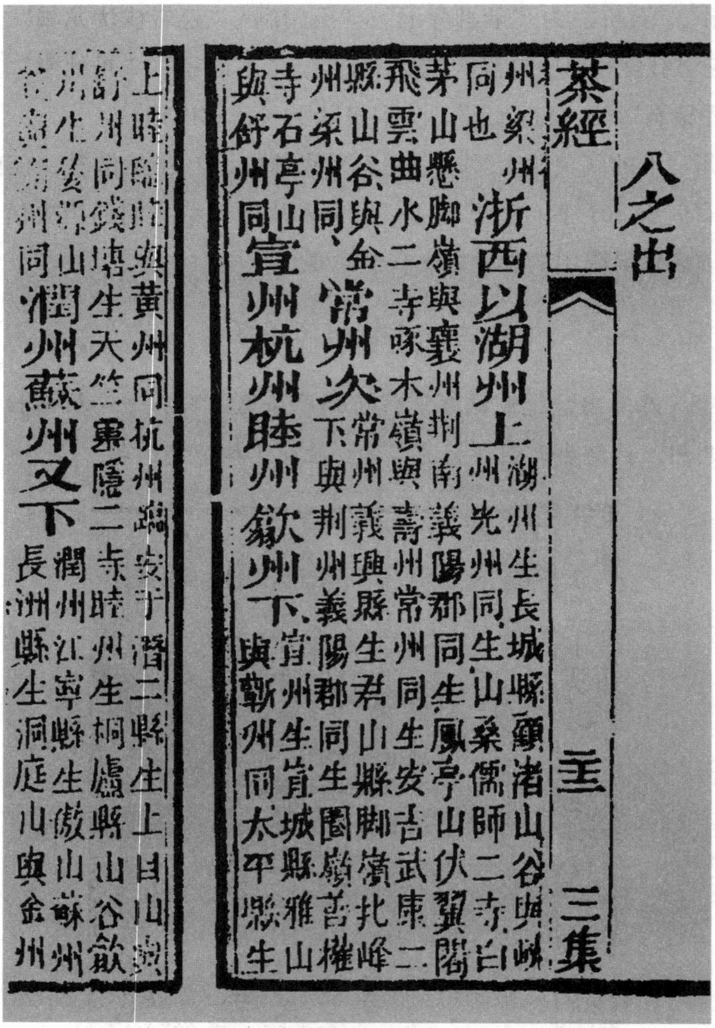

茶經　八之出　三　三集

州梁州同也

浙西以湖州上

湖州生長城縣顧渚山谷與峽州光州同生山桑儒師二寺白茅山懸腳嶺與襄州荊南義陽郡同生鳳亭山伏翼閣飛雲曲水二寺啄木嶺與壽州常州同生安吉武康二縣山谷與金州梁州同

常州次

常州義興縣生君山懸腳嶺北峰下與荊州義陽郡同生圈嶺善權寺石亭山與舒州同

宣州杭州睦州歙州下

宣州生宣城縣雅山與蘄州同太平縣生上睦臨睦與黃州同杭州臨安於潛二縣生天目山與舒州同錢塘生天竺靈隱二寺睦州生桐廬縣山谷歙州生婺源山谷與衡州同

潤州蘇州又下

潤州江寧縣生傲山蘇州長洲縣生洞庭山與金州

图 1. 4. 34　清嘉庆天门渤海家传原本《茶经》之“八之出”条目记载的杭州唐代茶产区

二、陆羽钱塘江与浙东行迹

安史之乱，陆羽先至湖州，次年（至德二年，公元 757 年），即来到杭州拜偈高僧遍访寺院、访茶问泉。来往杭州、湖州间典籍上记载的行迹，在古地图上都能找到。

（一）陆羽钱塘江行迹

唐至德二年（757年）陆羽首度来到杭州，目睹和尚道标"试通经七百纸者，得度师首"。嗣后，当年（757年），或于乾元元年（758年），陆羽在来往湖州、杭州间，寻茶问泉，到过余杭，及临安、於潜二县，并将杭州、临安、於潜茶载入其《茶经》。

至德二年（757年）至乾元元年（759年）间，陆羽经杭州中河、龙山河，出闸口，上溯钱塘江至富阳，游睦州桐庐，品桐庐佳茶，严陵滩水，评为第十九。并将睦州桐庐茶写入《茶经》。陆羽《茶经·八之出》记有："茶生桐庐县山谷，……"亦记载有"桐庐严陵滩水第十九"。又循钱塘江上溯至建德梅城，循婺江，游婺州东阳，拜访县令戴叔伦。戴作《敬酬陆山人二首》相赠，两人重逢，不胜欣慰。

图 1. 4. 35 桐庐严陵陆羽泉立有陆羽像（引自《杭州日报》）

（二）陆羽浙东行迹考

陆羽《茶经·八之出》载：浙东以越州上，余姚县"生瀑布泉岭"，曰"仙茗"。大者殊异，小者与襄县同。明州、婺州次。明州鄞县生榆荚村，婺州东阳县、东目山与荆州同。台州下。台州、曹县生赤城者，与歙州同。歙州，昔徽州，今安徽黄山市。陆羽《茶经·八之出》对越州余姚、明州鄞县茶叶的品评、产茶地点记载非常详尽，应是来到杭州的至德二年（757年）后，亲临现场，记入其《茶记》，反复梳理，载入其《茶经》。

陆羽将台州茶写入其《茶经》，并评比等级，应是亲自到过台州赤城山，也品味过台州天台茶。

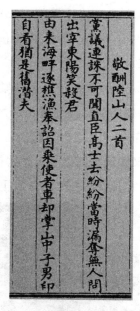

敬酬陸山人二首
黨議連誅不可聞直臣高士去紛紛當時漏奪無人問
出宰東陽笑殺君
由來海畔逐樵漁奉詔因乘使者車却掌山中子男印
自看猶是舊潛夫

图 1. 4. 36　戴叔伦《敬酬陆山人》

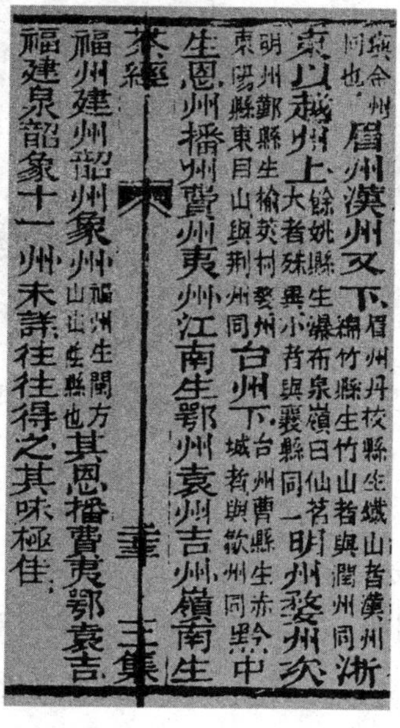
州同也眉州漢州又下眉州丹校縣生鐵山者漢州綿竹縣生竹山者與潤州同浙
東以越州上餘姚縣生瀑布泉嶺曰仙茗大者殊異小者與襄州同明州婺州次
明州鄮縣生榆莢村婺州東陽縣東白山與荊州同台州下台州曹縣生赤城者與歙州同黔中
生恩州播州費州夷州江南生鄂州袁州吉州嶺南生
茶經　卷下　三　王集
福州建州韶州象州福州生閩方山山陰縣也其恩播費夷鄂袁吉
福建泉韶象十一州未詳往往得之其味極佳

图 1. 4. 37　陆羽《茶经 · 八之出》之“越州、明州、台州”及“往往得之，其味极佳十一州”

陆羽天台行迹考

历代天台地方志，对陆羽莅临天台寻茶问泉都有记载。相对平和的民国 1927—1937 年，在整理前代典籍基础上，1937 年 9 月中华书局出版陈甲林编《天台山游览志·天台山人物·游寓》，也即游览天台，暂住天台人场，其中有李白，也有陆羽。文如下：

陆羽　字鸿渐，竟陵人。隐苕溪，自称桑苎翁。游天台，品紫凝、瀑布之水，为天下第十三泉。

图 1. 4. 38　陈甲林《天台山游览记·天台山人物·游寓》

《天台山游览志·物产附·茶》载：

茶　台山高寒，厥土宜茶。陆羽《茶经》：台、越下，注云："生赤城者，与歙同"。桑庄《茹芝续谱》云："天台茶有三品。紫凝为上，魏岭次之，小溪又次之。紫凝，今普门也。魏岭，天封也。小溪，国清也。按今以产华顶高峰称'云雾'者，为最上品。唯产量不多。"

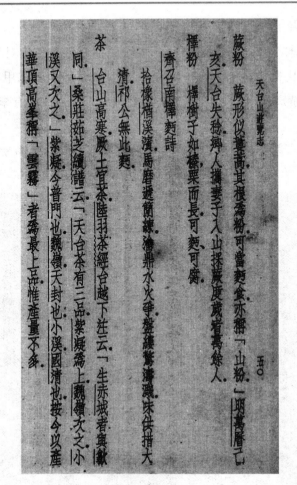

图 1. 4. 39　《天台山游览记·物产附·茶》

　　据此二条，我们可以认定，陆羽到过天台寻泉问茶，并写入其茶经。时间应在至德二年（757年）的次年，或次二年，即乾元元年（758年）或乾元二年（759年）。

　　陆羽的忘年交，长他13年的高僧皎然有两首诗，也可印证陆羽在著成《茶经》之前，去过天台寻茶向茶。

　　《皎然集卷七·七》有"饮茶歌诮崔石使君"曰：越人遗我剡溪茗，采得金牙爨金鼎。素瓷雪色缥沫香，何似诸仙琼蕊浆。一饮涤昏寐，情来朗爽满天地。再饮清我神，忽如飞雨洒轻尘。三饮便得道，何须苦心破烦恼。此物清高世莫知，世人饮酒多自欺。愁看毕卓瓮间夜，笑向陶潜篱下时。崔侯啜之意不已，狂歌一曲惊人耳。孰知茶道全尔真，唯有丹丘得如此。皎然也是一位茶叶大师，对植茶、品茶之道研究精深，这首诗中的"三饮"，道出了天台丹丘茶茗，也即赤城茶涤昏寐，清我神，破烦恼的茶道之真。

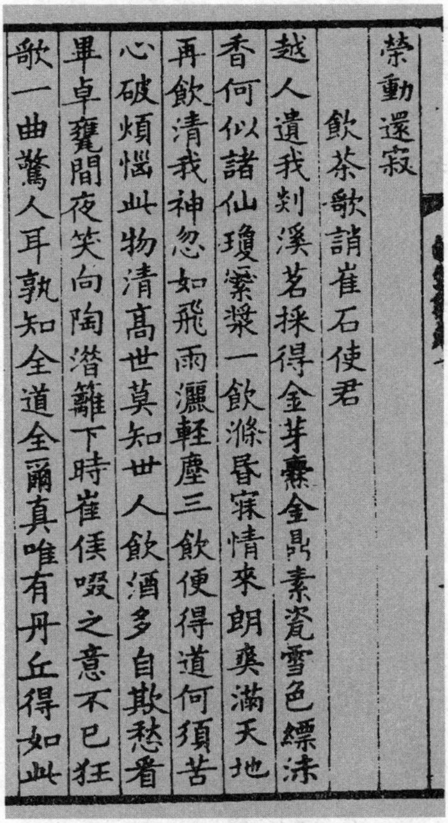

飲茶歌誚崔石使君

越人遺我剡溪茗，採得金芽爨金鼎。素瓷雪色縹沫香，何似諸仙瓊蕊漿。一飲滌昏寐，情來朗爽滿天地。再飲清我神，忽如飛雨灑輕塵。三飲便得道，何須苦心破煩惱。此物清高世莫知，世人飲酒多自欺。愁看畢卓甕間夜，笑向陶潛籬下時。崔侯啜之意不已，狂歌一曲驚人耳。孰知全道全爾真，唯有丹丘得如此。

图1.4.40　《皎然集卷七·七》之"饮茶歌诮崔石使者"条目

《皎然集卷七·十》有"饮茶歌送郑容"诗，见图1.2.89。皎然的这首诗，写的也是台州茶叶。更有注释：《天台记》云：丹丘出大茗，服之羽化。服之羽化，描绘神清气爽，似可飞天也。诗中"云山童子调金铛，楚人《茶经》虚得名"，说的是茶童汲泉煮茗，皎然品之大发感慨。那天台茶藏于群山峻岭，云雾缭绕，饮之精神气爽真想插上翅膀飞向天际。天台茶消祛身疾，荡涤胸中哪怕如粟星点的烦闷。这么好的天台茶，陆羽著作的《茶经》怎么会品为"台州下"。这也从侧面证实这首诗应是陆羽于唐上元元年（760年）在余杭双溪陆羽泉著成《茶经》后，皎然在看到陆羽《茶经》中品评各种茶叶等级后写下的。

皎然是一位茶叶大师，《吴兴记》卷十·七称皎然"有《茶诀》一篇"。撰写时间未详，应与陆羽《茶经》大致同时。

皎然不仅有极力渲染天台山茶叶"茶道"妙用的两首诗作传世，还有多首诗作，

描绘天台山的风景。《皎然集卷六·四》有"五言赋得石梁泉送崔逵"，曰：

架石通霞壁，悬崖散碧沙。

天晴虹影渡，风细练文斜。

攀陟幽期阻，沦洄客意赊。

河梁非此路，别恨亦无涯。

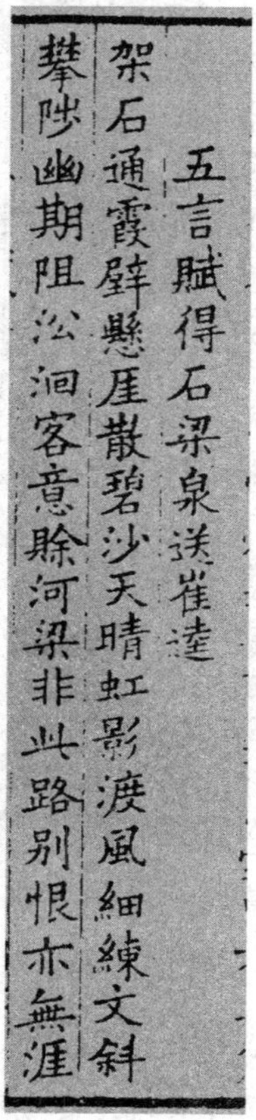

图 1. 4. 41　《皎然集六·四》之"五言赋得石梁泉送崔逵"条目

《皎然集卷四·九》有"送重钓上人游天台"，曰：

渐看华顶出，幽意尚随生。

十里行松色，千重过水声。

海容云正居，山态雪初晴。

事事将心证，知君道可成。

这些诗词说明皎然多次到过天台，登临过华顶，汲泉品茗，实地体味，方有上佳诗作。

大历五年（770年），陆羽剡溪二度行

《全唐诗》卷二五○皇甫冉《送陆鸿渐赴越并序》，记述大历五年（770年）陆羽受浙东节度从事鲍防之邀赴越。

皇甫冉《送陆鸿渐赴越并序》，云：

君自数百里访予，羁病牵力迎门。握手心喜，宜涉旬日始至焉。究孔释之名，理穷歌诗之丽。则远暨孤岛，通舟必行。鱼梁钓矶，随意而往。余兴未尽，告去遄征。夫越地称山水之乡，辕门当节钺之垂。进可以自荐求试，退可以闲居保和，吾子盖不在此。尚书郎鲍候知子爱子者，将推食解衣以拯其。极讲德游艺，以凌其深，巍徒尝镜水之鱼，宿耶溪之月而已。吾是以无间劝其，晨装同赋远客一首。

行随新树深，梦隔重江（一作山）远。

迢递风日间，苍茫洲渚晚。

皇甫冉其人前已载。《全唐诗》皇甫冉诗中有大量与灵一大师、余杭九杰张南史、张继交往诗作。这首诗的序并诗，带给我们许多历史信息：其一，记述了陆羽与皇甫冉的深情厚谊。千年之前信息不灵，跋涉数百里寻访故友，抱病牵门，握手心喜，旬日始至。探求哲理之真，穷究歌诗之美。泛舟孤岛鱼梁间，随意而往，余兴未尽。其二，其时，据考应是大历五年（770年）。陆羽成名之初，浙东节度从事鲍防，即诗中序知子爱子者尚书郎鲍，邀陆羽赴越。其三，序中写道："进可以自荐求试，退可以闲居保和，吾子所行盖不在此。"披露了陆羽成名之初，踌躇满志，既不求自荐求试而得一官半职，又不愿闲居享成名之福，这些均非所求，陆羽有更远大的抱负。

这首诗最重要的信息则是陆羽于大历五年（770年），随鲍防赴越，到过会稽、天台一带。

大历八年（773年），陆羽剡溪三度行

陆羽挟著《茶经》成名之势，随朝廷大员祭会稽山，由杭州闸口过闸门，渡钱塘江，在萧山西兴越堰，循浙东运河至绍兴。"采越江茶，督制茶叶"。游览剡溪（嵊县），览天台，作《会稽东小山》诗。

《皎然集卷八·十五》有"兰亭古石桥柱赞并序"，曰：

山阴有古卧石一枚，即晋永和中（约350年），兰亭废桥柱也。大历八年（773年）春，大理少卿卢公幼平承诏祭会稽山，携居士陆羽，因而得之。生好古者，与吾同志，故赞云：

"古桥石柱亭亭殊，类浑璞璘玢乱钱。苍翠遗在兰渚，迁于客位云状。未销水痕犹溃

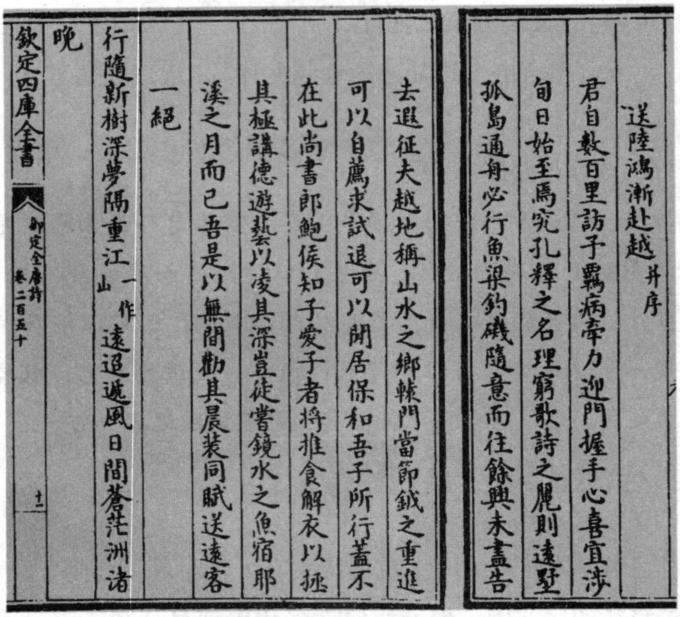

> 晚
>
> 行隨新樹深夢隔重江（一作遠迢遞）風日間蒼茫洲渚
>
> 一起
>
> 溪之月而已吾是以無間勸其晨裝同賦送遠客
>
> 其極講德遊藝以凌其深壑徒嘗鏡水之魚宿耶
>
> 在此尚書郎鮑侯知子愛子者將推食解衣以拯
>
> 可以自薦求試退可以閒居保和吾子所行蓋不
>
> 去遊征夫越地攢山水之鄉轅門當節鉞之重進
>
> 欽定四庫全書　御定全唐詩　卷二百五十
>
> 孤島通舟必行魚梁釣磯隨意而往餘興未盡吾
>
> 旬日始至焉究孔釋之名理窮歌詩之麗則遠暨
>
> 君自幾百里訪予羈病牽力迎門握手心喜宜涉
>
> 送陸鴻漸赴越并序

图1.4.42　《全唐诗》之皇甫冉"送陆鸿渐赴越并序"条目

在，物颇重则人无弃。石岂有心求人，所贵若琼与玉。呈瑠碯，异如彼，陆生不文其器。此犹可转岂同志。"说明大历八年（773年），陆羽40岁那年，又到过会稽一带。

《皎然集》卷二有《五言同诸公奉侍祭岳渎使、大理卢幼平自会稽回，经平望将赴于朝廷·期过故林不至》诗，诗中有"遗爱在南亭"句，可知大历八年（773年）春卢幼平以大理少卿充祭岳渎使，祭会稽山，得兰亭古石桥柱一枚，转赠陆羽，遂经平望驿还朝。

《吴兴志》卷九"邮驿"："平望驿，在（乌程）县东一百三十里。"

卢幼平，幽州涿（今河北涿州人），卢思道四世孙。后官终太子宾客。

《全唐诗》存卢幼平与皎然等人联名诗二首。宝应二年（763年）自杭州刺史授迁大理少卿。《统记》云永泰元年（765年）。按《全唐文》卷三一六李华《杭州刺史厅壁记》，称卢幼平于永泰元年（765年）至大历三年（768年），刺湖州。如此，宝应二年（763年）至永泰元年（765年）四月，卢幼平自兵部郎中出为杭州刺史，七月尚在郡。是年七月卢幼平为杭州刺史。

《钦定四库全书·全唐诗·卷三百八》有陆羽《会稽东小山》诗，曰：

月色寒潮入剡溪，青猿叫断绿林西。

昔人已逐东流去，空见年年江草齐。

蘭亭古石橋柱讚并序
山陰有古卧石一枚即晉永和中蘭亭廢橋柱也大曆八年春大理少卿盧公幼平承詔祭會稽山攜居士陸羽因而得之生好古者與吾同志故讚云　古橋石柱亭亭殊質渾璞璘玢亂錢蒼翠遺在蘭渚遷于客位雲狀未銷水痕猶漬在物頗重則人無棄石豈有心求人所貴若瓊與玉呈錙蘊異如彼陸生不丈其器此猶可轉豈君同志

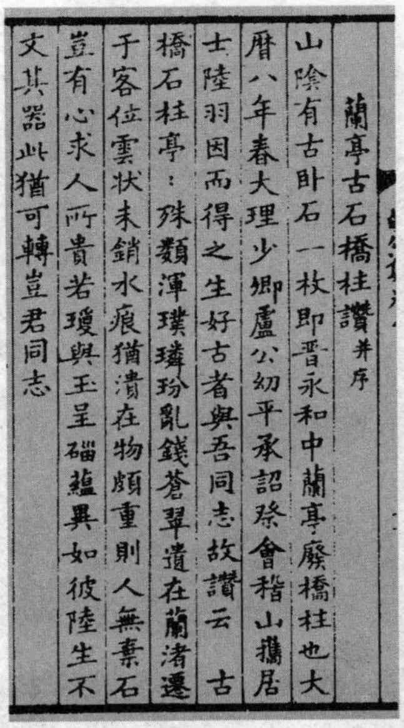

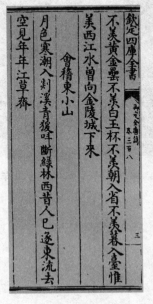

图 1. 4. 43　《皎然集八·十五》之条目“兰亭古石桥柱赞并序”

陆羽的这首诗“月色寒潮”，“青猿绿林”，是与今天决然不同的唐代剡溪天台生态环境。“昔人已逐东流去”，应该描绘的是与陆羽一起隐居余杭的老友朱放。据香港贾晋华《皎然年谱》考证，朱放卒于唐贞元二年（786 年），如此，此诗应作于唐贞元二年以后。“空见年年江草齐”似乎也表达了陆羽步入老年的悲怆。

欽定四庫全書　御定全唐詩　卷三百八

不羨黄金罍不羨白玉杯不羨朝入省不羨暮入臺惟羨西江水曾向金陵城下來

會稽東小山

月色寒潮入剡溪青猨啼斷緑林西昔人已逐東流去空見年年江草齊

图 1. 4. 44　陆羽《会稽东小山》

图 1. 4. 45 至图 1. 4. 47，是一组 20 世纪 30 年代拍摄的绍兴兰亭一带旧影。

图 1. 4. 45　绍兴"大禹陵"碑（20 世纪 30 年代）［赵藏］

图 1. 4. 46　绍兴水城门（20 世纪 30 年代）［赵藏］

图 1. 4. 47　水乡绍兴（20 世纪 30 年代）[赵藏]

三、陆羽湖州行迹

（一）陆羽在湖州

据《陆文学自传》，陆羽自至德元年（756 年），随大批难民南下先至湖州，与高僧皎然成为"缁素忘年之交"。其后，长期居住生活在湖州。据《皎然集》《颜鲁公文集》《全唐诗》《全唐文》《杼山集》等典籍，我们可以考证出陆羽在湖州的种种画面。

至德元年（756 年）至乾元二年（759 年），陆羽在湖州生活

至德元年（756 年）至乾元二年（759 年），是陆羽 24 岁至 26 岁的青春年华。致力于寻茶问泉，著述《茶经》的陆羽，757 年到过杭州，其间，也莅临桐庐、建德、东阳，也到过明州鄞县、越州余姚、天台及苏州、无锡、丹阳、扬州。《皎然集》和《杼山集》的六首诗，真实地描绘了陆羽那四年在湖州的生活。图 1. 4. 48，是《皎然集卷六·四》之《五言赋得夜雨滴空阶送陆羽归龙山》，曰：

闲阶夜雨滴，偏入别情中。

断续清猿应，淋漓候馆空。

气令烦虑散，时与早秋同。

归客龙山道，东来杂好风。

秋雨滴答中，皎然送陆羽归龙山。断断续续听到山林深处的猿声，一幅现今已是湖州城区的唐代陆羽生活场景。《皎然集卷六·四》中《五言赋得夜雨滴空阶送陆羽归龙山》及《寻陆鸿渐不遇》，使我们知晓应是陆羽初到湖州居住在龙山（垄山），时间

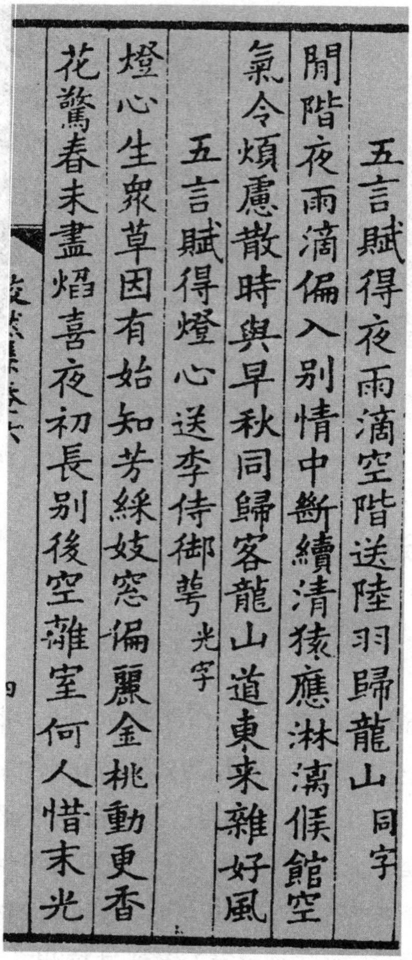
五言賦得夜雨滴空階送陸羽歸龍山 同字
閒階夜雨滴偏入别情中斷續清猿應淋漓候館空
氣令煩慮散時與早秋同歸客龍山道東来雜好風
五言賦得燈心送李侍御萼 光字
燈心生衆草因有始知芳綵妓窓偏麗金桃動更香
花驚春未盡焰喜夜初長别後空離室何人惜末光

图 1. 4. 48 《皎然集卷六·四》之“五言赋得夜雨滴空阶送陆羽归龙山”条目

为至德元年（756 年）。直至晚清、民国地图上都还可在湖州城西北找到“龙山”的地名，20 世纪 70 年代那里还是湖州白雀公社龙山大队的一处地名。《杼山集》卷一有《五言寻陆鸿渐不遇》，曰：

移家虽带郭，野径入桑麻。
近种篱边菊，秋来未著花。
扣门无犬吠，欲去问西家。
报道山中去，归来每日斜。

描绘了陆羽桑麻环绕，篱边种菊的湖州居所，每日早出晚归在山中寻茶问泉，准备资料写作《茶经》的生活。地点亦在龙山附近。

图 1.4.49，是清光绪十九年（1893 年）浙江舆图局《浙江全省舆图并水陆道里记·乌程县五里方图》（局部），图中乌程县西北白雀塘河上方有"垄山"地名，即大唐陆羽桑麻环绕，篱边种菊，与皎然品茗玩月居所。

**图 1.4.49　清光绪十九年（1893 年）浙江舆图局《浙江全省舆图
并水陆道里记·乌程县五里方图》（局部），中有"垄山"，即龙山。**

　　图 1.4.50，是《皎然集卷二·八》之"五言访陆处士羽"，曰：

　　太湖东西路，吴王古山前。

　　所思不可见，归鸿自翩翩。

　　何山赏春茗，何处弄春泉。

　　莫是沧浪子，悠悠一钓船。

　　描绘了皎然沿着湖州北面太湖沿岸，东西向寻找陆羽，但见湖水浩渺，飞鸿翩翔。却不知陆羽在何处品评春茶，不知在何山品评名泉？

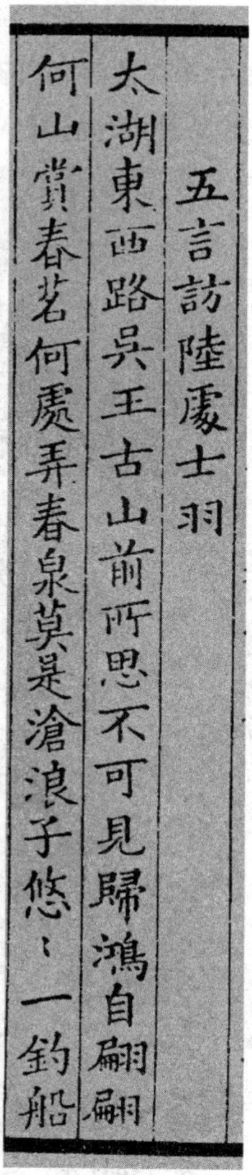

五言訪陸處士羽

太湖東西路吳王古山前所思不可見歸鴻自翩翩

何山賞春茗何處弄春泉莫是滄浪子悠々一釣船

图 1. 4. 50　是《皎然集卷二·八》之"五言访陆处士羽"条目

"何山赏春茗，何处弄春泉。"描绘了陆羽到处赏茗弄泉，准备先写《茶记》再著《茶经》的湖州隐居生活。《皎然集卷三·十二》之《七言春夜集陆处士玩月》诗曰：

欲赏芳菲肯待底，

忘情人访有情人。

西林可是无清景，

只为忘情不记春。

描绘了皎然和陆羽两人春夜赏花玩月的情景。皎然既是禅门中人，又是性情中人。

图 1. 4. 52，是《皎然集》之《五言九日与陆处士羽饮茶》，云：

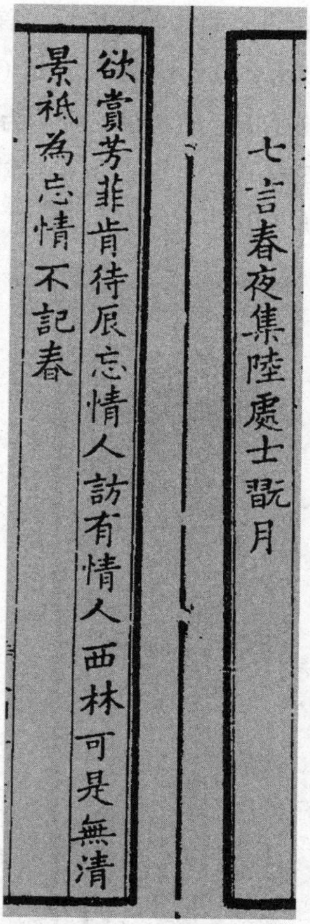

景祇為忘情不記春

欲賞芳菲肯待辰忘情人訪有情人西林可是無清

七言春夜集陸處士玩月

图 1. 4. 51　《皎然集·卷三·十二》之"七言春夜集陆处士玩月"条目

九日山僧院，东篱菊也黄。

俗人多泛酒，谁解助茶香。

捕绘了秋高气爽，菊花黄了，俗人多喜酒，皎然却邀陆羽到妙喜寺饮茶。

图 1. 4. 53《皎然集卷二·十》之《五言赠韦早陆羽》诗，曰：

只将陶与谢，终日可忘情。

不欲多相识，逢人懒道名。

据《宝刻丛编》卷十四引《舆地碑目》《复斋碑录》考证："唐宣州博士沈缙墓志，唐韦早撰、正书、无名。乾元二年（759 年），十一月九日祔于东主山，在武康县。"辛祔，是新死者附祭于先祖的意思。由此，韦早、陆羽乾元二年（759 年）下半年应在武康。

上面六首诗描绘陆羽在湖州至德元年（756 年）至乾元二年（759 年），除于至德二年（757 年），去杭州灵隐寺，目睹和尚道标中标，首先剃度外，还有过钱江行、浙东行，均是问茶寻泉。四年间陆羽在湖州应居于龙山（垄山）及附近等二处。陆羽在那段时间生活平和，终日忙于跑茶山，品名泉，应是为著《茶经》做准备。诗中的人物仅两人：陆羽与皎然。乾元二年（759 年）下半年陆羽到了武康。上元元年（760年）上半年则自武康隐居于余杭苎山。

图 1. 4. 52　《皎然集》之"五言九日与陆处士羽饮茶"条目

上元二年（761 年）至大历七年（772 年）陆羽成名后在湖州的生活

上元元年（760 年）陆羽隐居余杭，上半年在余杭苎山著《茶记》一卷，下半年十一月，刘展之反，余杭城内屯兵，苎山距余杭县治城内仅七里二分，陆羽再隐于双溪陆羽泉著《茶经》三卷，一举成名，去浙西赴浙东节度从事鲍防之邀，参与浙东大联唱，为杭州写下《武林山记》《灵隐天竺二寺记》，为湖州写下《杼山记》《吴兴历官记》，逐渐以社会名流的身份参加各种社会活动，出现在各种典籍中。《皎然集》《颜鲁公文集》其时对陆羽的描述与前截然不同也。

《皎然集卷一·二》之"五言苕溪草堂自大历三年夏新营，泊秋及春，弥觉境胜，因纪其事，简潘丞述、汤评事衡四十三韵"，此诗说明皎然的苕溪草堂于大历三年

五言赠韦早陆羽

只将陶与谢终日可忘情不欲多相识逢人懒道名

图 1. 4. 53 　《皎然集卷二·十》之 "五言赠韦早陆羽" 条目

（768 年）夏建成，"自此东溪住，始于人群隔"，皎然从香火鼎盛，僧俗来往频繁的妙喜寺搬到湖州东面苕溪边的苕溪草堂居住，但他 "人皆隐于山，我独隐于禅"，禅心不已，禅茶始终。陆羽当也常与皎然在苕溪草堂相聚。

此诗作于是年春，其时潘述已带县丞之衔，汤衡带评事之衔。《杼山集》卷一有《酬李司直纵诸公冬日游妙喜寺题照、昱二上人房寄长城潘丞述》，卷十有《五言秋日潘述自长城至雪上，与昼公、汤评事游集累日，时司直李公瑕往苏州，有阻良会，与二公联句以寄之》，知潘述所任为长城（今长兴）丞，李纵时带司直之衔，在苏州幕府中供职。

大历七年（772 年），声名显赫的朝廷大臣，殿中御史袁高莅临湖州，湖州刺史颜真卿陪同共登临杼山，陆羽因前已写下《杼山记》也参与陪同。陆羽其时已是博览群书、才思敏捷的才子了。

图 1. 4. 54　蔻丹《陆羽皎然论茗图》

　　那一年，陆羽以"癸丑岁，冬十月癸卯，朔月二十一日癸亥建"，提出命名妙喜寺新建之亭为"三癸亭"。陆羽命名"三癸亭"，大量出现在各种典籍中，已是名副其实的唐代名人。

　　《颜鲁公文集》卷十五有诗《题杼山癸亭》，诗中有"欻构三癸亭，实是陆生故"之句。欻，欻忽，如火光之一现，形容迅速。这两句诗再一次描述和形容陆羽在湖州得到朝廷重臣、大书法家、湖州刺史颜真卿的重视，是陆羽促进了三癸亭的迅速建立和提出非常贴切的命名。其时，陆羽事业已是如日中天。

大历八年（773年）至十二年（777年）浙西大联唱中的陆羽

安史之乱中，北方文士纷纷避乱南渡，在江南形成新的文学中心，而其后南北政治、经济形势的变动，又使这一中心保持下来。

广德元年（763年）四月至大历五年（770年）间，以浙东节度从事鲍防为中心，在越州出现一个多达50余人的大型联唱集团，陆羽也参与了浙东大联唱，其成果结集为《大历年浙东联唱集》二卷，今存诗38首，有13首为联句。

其后大历八年（773年）至十二年（777年）间，以颜真卿、陆羽、皎然为中心，在湖州形成另一规模更大的联唱集团，当时因避地、游宦、出使、隐居江东吴越的几乎所有著名诗人交往唱酬，包括陆羽、皎然、李季兰、刘长卿、顾况、柳中庸、吴筠、颜真卿、皇甫曾、张志和、李华、张伟、耿沛、杨凭、杨凝、韦渠牟、李嘉祐、严维、朱放、灵澈、包佶、梁肃、秦系、李端、韦应物、权德舆等。其中尤以大历八年（773年）至十二年（777年）颜真卿任湖州刺史时，倡导论诗讲艺促进了联唱集团的形成，规模宏大，可考者多达90余人，其联唱作品后来集结为《吴兴集》十卷。这一时期江南诗人群兴起的联句体、游戏诗和文人词，对中晚唐诗作产生了深远的影响，其中颜真卿、陆羽、皎然扮演着重要角色。

图1.4.55，是寇丹《浙东联唱图》，描绘了唐大历八年（773年）至十二年（777年），以颜真卿、陆羽、皎然为中心，在湖州形成的联唱集团，展现了盛唐浙江文化繁荣景象。

下面摘录部分陆羽在浙东大联唱中的诗句，可以窥见一千多年前浙东文学盛况。

《颜鲁公文集》卷十五有"谢陆处士杼山折青桂花见寄之什"，曰：

群子游杼山，山塞桂花白。

绿荚含素萼，采折自逋客。

忽枉岩中诗，芳香润金石。

全高南越蠢，岂谢东堂策。

会惬名山期，从君恣幽规。

"群子游杼山"，颜真卿独为陆羽"杼山折青桂花"写下诗作，可以想见陆羽在颜真卿心中的地位，其时陆羽不仅著有《茶经》，闻名于世，推荐阳羡茶为"贡义兴茶"，天下扬名，还写下《杼山记》《吴兴记》，还为"三癸亭"拟名。此诗当作于大历八年（773年）以后。三癸亭西北于丛桂之间，创桂棚。左右数百步芳林茂树，悉

图 1.4.55 寇丹《浙东联唱图》

产丹、青、紫三桂,而华叶异各树。

　　《颜鲁公文集》卷九《浪迹先生玄真子张志和碑》云:"大历九年(774 年)秋八月,讯真卿于湖州。"又云:"竟陵子陆羽、校书郎斐修尝问有何人往来。"

　　湖州刺史颜真卿的这一段碑文,形象地刻画了大历九年(774 年)60 余人浙东大联唱的盛大场面,而其中陆羽"尝问有何人往事","因命画工图而次焉",无疑表明陆羽是除了颜真卿,张志和之外的联唱领军人物。那一年陆羽 41 岁,这也展现了陆羽成名时的风采。

张志和，初名龟龄，字子同、号烟波钓徒、玄真子，婺州金华（今浙江金华）人。贾晋华《皎然年谱》考证，张志和于乾元、上元间游太学，登明经第，献策肃宗，待诏翰林，授左金吾卫录事参军。未几因事贬南浦尉。遇赦还，浪迹江湖，隐越州会稽多年，大历五年（770年）至八年（773年）间，与陈少游、刘太真等过往联唱。是年游湖后，不详所终，一说是年卒于湖州。详见《唐才子传校笺》卷三。原著有《玄真子》等数种，已佚。《全唐诗》存其诗词九首，《全唐文》存其文二篇。有的学者认为陆羽隐居于湖州著《茶记》《茶经》，高士即张志和。从张志和的传略看，唐乾元、上元间，陆羽隐居苕霅其时，张志和既然在长安"游太学，登明经第，献策肃宗，待诏翰林"，也反证陆羽隐居时高士不是张志和，陆羽不在湖州隐居。

大历九年（774年）冬十二月，颜真卿与陆羽、皎然、李萼等于州府联唱。《颜鲁公文集》卷十五有《水堂送诸文士戏赠潘丞联句》，预唱者为颜真卿、皎然、潘述、陆羽、权器、李萼。李萼诗中有"帝开北陆风"句。《左传》诏公四年疏云："日在北陆，为夏之十二月也。"因此当在大历九年十二月联唱此诗。

诗中潘述称陆羽为陆三，羽本孤儿，为僧智积所抚育，此或从智积从子排行。陆羽诗曰："林栖非姓许，寺住那名约。会异永和年，才同建安作。羽呈权十四。"

权器，天水（今甘肃天水）人。历校书郎，罢职客居苏州。是年入鲁公幕为判官。后累迁渝州录事、户部员外郎，建中四年（782年）卒。皇甫冉有《酬权器》等（《全唐诗》卷二五〇）。《全唐诗》存其所预联句三首。

大历九年甲寅（774年），湖州刺史颜真卿率高僧皎然、名士陆羽、道士吴筠一班名士登游岘山。

《颜鲁公文集》卷十五有《登岘山观李左相石樽联句》云：李公登饮处，因石为洼樽（颜真卿）。人事岁年改，岘山今古存（刘全白）。蓁芜掩前迹，茗藓余旧痕（斐循）。叔子尚遗德，山公此回轩（张荐）。维舟陪高兴，感昔情弥敦（道士吴筠）。览事古兴属，送人归思繁（皎然）。（以下还有强蒙、范缙、王纯、魏理、王修甫、颜岘、左辅元、刘茂、颜浑、杨德元、韦介等人，略）。怀贤久徂谢，赠远空攀援（崔引）。八座钦懿躅，高名播乾坤（史仲宣）。松深引闲步，葛弱供险扪（陆羽）。

以下权器、陆士修、裴幼清、柳淡、释尘、颜颙、颜须、颜顼、李萼，略。

此诗与唱者为：颜真卿、皎然、刘全白、裴循、张荐、吴筠、强蒙、范缙、王纯、魏理、王修甫、颜岘、左辅元、刘茂、颜浑、杨德元、韦介、崔宏、史仲宣、陆羽、权器、陆士修、裴幼清、柳淡、尘外、颜顗、颜须、颜顼、李萼。其中刘茂、颜浑属《妙喜寺碑》所列预修《韵海镜源》而未毕离去者，此诗中权器有"花气酒中馥，云华衣上屯。"句，可知当作于是年初春。岘山在湖州府治南，《吴兴志》卷十二"古迹"载："唐开元中李适之为湖州别驾，南岘山有石觞，可贮五斗酒。适之每携其所亲友登山酣饮望帝乡，时以一醉，士民呼为李相石尊，颜真卿及门生弟侄，多携酒舣舟楫以游，作《李相石尊宴集联句》，叙云：'因积溜石，嵌为樽形，公注酒其中，结宇环饮之处。'"则诗本有序，今佚。

参与《石樽联句》之吴筠，即余杭洞霄宫道士吴筠，陆羽隐居余杭著《茶经》时，灵一大师之余杭宜丰寺，就在洞霄宫边。

吴筠，字贞节，华州华阴（今陕西华阴）人。天宝初召入京，度为道士，寻居嵩山，天宝十三载再召为翰林供奉。安史之乱后，避乱南渡，隐居庐山，游于吴越。大历十三年（778年）卒。权载之文集卷三三《唐故中岳宗玄先生吴尊师集序》《旧唐书》卷一九二、《新唐书》卷一九六有传，但错误较多。其集原有十卷，今存三卷。吴筠广德元年（763年）至大历五年（770年）间曾游浙东，与老友陆羽、皎然相会一起参与浙东大联唱。

《皎然集卷十·四》有"五言泛长城东溪暝宿崇光寺寄处士陆羽联句"，这首诗是崔子向和皎然预下年秋联唱的诗，写好后，先寄给陆羽，请他准备。

《皎然集卷十·十》"七言恨言联句一首"，曰：

同心同县不相见（疾），独采蘼芜咏团扇（伯均）。

莫听东林梼霜练（昼），远忆征人泪如霰（澄）。

长信空阶荒草遍（从心），明妃初别昭殿杭。

疾，即陆羽；昼，即皎然。澄，裴澄。大历八九年，建中三年与陆羽、皎然交往。贞元八年（792年）任检校誉部郎中，十一年（795年）为国子司业，后官至苏州刺史。杭，其人其事，无考。

大历三年（708年）《皎然集》卷十·十《七言恨意联句一首》，曰：

相将惜别且迟迟，未到新丰欲醉时（幼平）。

去郡独携程氏酒，入朝可忘习家池（羽）。

仍怜故吏依依恋，恋自清光处处随（述）。

晚景南徐何处宿，秋风北固不堪辞（昼）。

吴中诗酒饶佳兴，秦地关山引梦思（藻）。

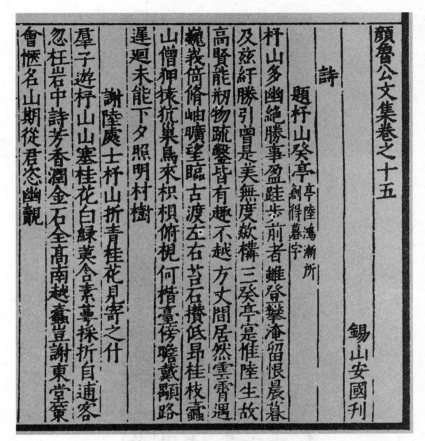

图1.4.56　颜真卿《题杼山癸亭〈亭陆鸿渐所创得暮宇〉》·《谢陆处士杼山折青桂花见寄之什》

对酒已伤嘶马去，衔恩只待扫门期（恂）。

述，潘述。江东人，又说湖州人。卢幼平刺湖时为长城（长兴），湖州诗词大联唱均有其人。大历中曾应宏词试而未中。

卢藻，《全唐文》存其判文二篇，小传云："肃宗时擢书判拔萃科。"

李恂，岑仲勉《郎官石柱题名新著录》（收《金石论丛》）户部郎中有李恂。

《皎然集卷十·十》"六言秋日卢郎中使君幼平泛舟联句一首"，曰：

共载清秋客船，同瞻皂盖朝天（卢藻）。

恂使比来相得，如今欲别潸然（幼平）。

渐惊徒驭分散，愁望云山接连（昼）。

魏阙驰心日日，吴城挥手年年（陆羽）。

送远已伤飞雁，裁诗更切嘶蝉（潘述）。

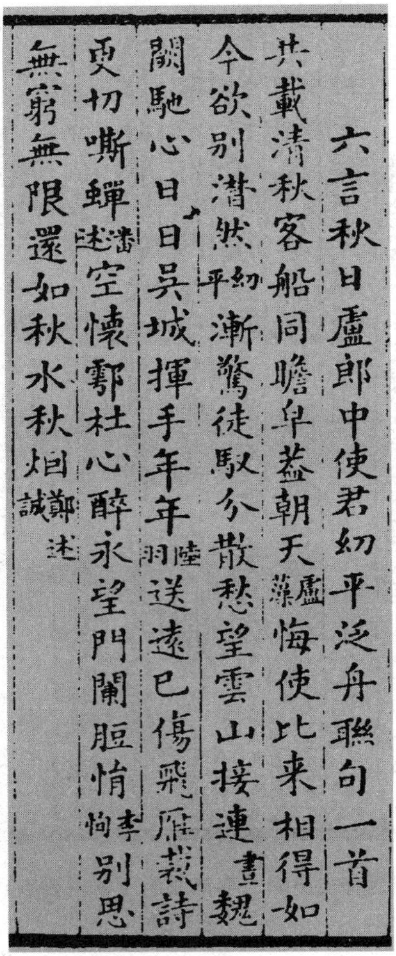

图1.4.57　《皎然然集》卷十·十《六言秋日卢郎中使君幼平泛舟联句一首》

空怀鄂林心醉，永望门阑脰捐（李悄）。

别思无穷无限，还如秋水秋烟（郑述诚）。

郑述诚，《韦苏州集》卷四有《赋得浮云起离色送郑述诚》。《全唐诗》存其省试诗一首。

《皎然集卷十·九》"七言远意联句"，曰：

家在炎洲往朔方（疾），岂知于阗望潇湘（澄）。

曾经陇底复辽阳（巨川），更忆东去采扶桑（昼）。

査客三千路未央（伯均），烛龙之地日无光（疾）。

将游莽苍穷大荒（昼），车辙马足逐周王（伯均）。

疾，陆羽。昼，皎然。巨川，朱巨川，字德源，嘉兴人。天宝三载（744 年）明经擢弟，安史之乱中屏居乡里。广德二年（764 年）授左卫率府兵曹参军，改睦州录事参军，后累迁史书舍人。建中四年（783 年）卒，年五十九。《全唐诗》存其预联句四首，误署为严伯均。

《皎然集卷十·九》"七言暗思联句"，曰：

斜风飘雨三十夜（疾），邻女余光不相借（巨川）。

迹灭尘生古人画（昼），洞房重扉无隙罅（伯均）。

独灭更深月西谢（从心）。

从心，房从心，名惩，字从心，清河（今河北清河）人。肃宗至代宗年间游吴越，与灵一、皎然交往。

《昆陵集》卷九中孤独及作于宝应元年（762 年）的《灵一塔铭》有"清河房从心"，可知宝应元年灵一圆寂时，房从心在杭州。陆羽隐居余杭时，当也相识。

《颜鲁公文集卷十·五》有"七言醉语联句"云：

逢糟遇曲便酩酊（全白），复车坠马皆不醒（真卿）。

倒著接离发垂领（昼），狂心乱语无人并（羽）。

此诗四人中，全白，即刘全白，《妙喜寺碑》称为评事。《李太白全集》卷三十一附录《唐故翰林学士李君碣记》，署名"尚书膳部员外郎刘全白撰"。文中云："全白幼则以诗为君所知。"末署贞元六年（790 年）四月。《吴兴志·郡守题名》有"刘全白，贞元十年（794 年）自池州刺史授，迁秘书监致仕"。《元和姓纂》卷五诸郡刘氏："全白，湖州刺史。"《全唐诗》存其所预联句三首，《全唐文》存其所预联句三首，《全唐诗》存其文一篇。

四人，包括为高僧的皎然都好酒，开怀大饮，写下传世名句。也从另一角度诠释了陆羽好酒豪爽至"狂心乱语无人并"的地步。

《钦定全唐诗卷七百八十八》之"又名溪馆听蝉联句"真卿、杨凭、杨凝、权器、陆羽、耿沣、乔（失姓）、裴幼清、伯成（失姓）、皎然，云：

高树多凉吹，疏蝉足断声（杨凭）。

已催居客感，更使别人惊（杨凝）。

晚夏犹如急，新秋别有情（权器）。

危湍和不似，细管难学成（陆羽）。

当教附金重，无贪曜火明（颜真卿）。

青松四面落，白发一重生（耿沣）。

向夕音弥厉，迎风翼更轻乔（失姓）。

单嘶出回树，余响思空城（裴幼清）。

嚘唳松间座，萧寥竹里行（伯成失姓）。

如何长饮露，高洁未能名（皎然）。

《钦定全唐诗》卷七百八十八有"三言黄甫曾侍御见过南楼玩月"，云：

喜嘉客，辟前轩。天月净，水云昏。（颜真卿）

雁声苦，蟾影寒。闻裛沰，滴檀乐。（陆羽）

欢宴处，江湖间。（皇甫曾）

卷翠幕，吟嘉句。恨清光，留不庄。（李萼）

高驾动，清角催。惜东去，重襄回。（皎然）

露欲晞，客将醉。犹宛转，照深意。（陆士修）

《钦定全唐诗》卷七百八十九耿沣、陆羽《连句多暇赠陆三山人》云：

一生为墨客，几世作茶仙。（沣）

喜是攀阑者，惩非负鼎贤。（羽）

禁门闻曙漏，顾渚入晨烟。（沣）

拜井孤城黑，携笼万壑前。（沣）

闲喧悲异趣，语默取同年。（羽）

历落惊相偶，衰羸猥见怜。（沣）

诗书闻讲诵，文雅楼兰荃。（羽）

未敢重芳席，焉能弄彩笺。（沣）

黑池流研水，经石涩苔钱。（羽）

野中求逸礼，江小访遗编。（沣）

莫发搜歌意，予心或不然。（羽）

沣，耿沣。羽，陆羽。耿沣是大历十才子之一。蒲州（今山西永济人），久居洛阳，宝应二年（763 年）登进士第，授周至尉，后官至大理司直。《全唐诗》录其诗二卷，另补诗一首，所预联句四首。耿沣当面赞赏陆羽"一生为墨客，几世作茶仙"。足见陆羽其时著《茶经》，名望之大。因之，余杭陆羽当年著《茶记》一卷之地称"仙宅"。陆羽与登进士第的才子互赠联句。足见其时陆羽名望之大。陆三山人，即陆羽。《全唐诗》中多有以陆三、陆三山人称呼陆羽的诗句。

《钦定四库全书》卷七百八十八颜真卿《与耿沣水亭咏风联句》，联唱者有颜真卿、裴幼清、杨凭、杨凝、左辅元、陆士修、权器、陆羽、皎然、耿沣、乔（失姓）、陆涓（吴人阳翟令），云：

> 清风何处起，拂槛夏萦洲。（幼清）
>
> 回入飘华幕，轻来叠晚流。（凭）
>
> 桃竹今已展，羽翼且从收。（凝）
>
> 径竹吹弥切，过松颜更幽。（辅元）
>
> 直散青蕨末，偏随白浪头。（士修）
>
> 山山催过雨，浦蒲发行舟。（器）
>
> 动树蝉争噪，开帘客罢愁。（羽）
>
> 度弦方鲜愠，临水已迎秋。（真卿）
>
> 凉为开襟至，清因作颂留。（皎然）
>
> 周回随远梦，骚屑满离忧。（沣）
>
> 岂独销繁暑，偏能入回楼。（乔）
>
> 天风今若此，谁不荷明休。（涓）

大历十二年（777年）八月，颜真卿为刑部尚书，进京赴任。大历十三年（778年）十二月为吏部尚书。自大历十二年八月后，浙东大联唱因核心人物颜真卿离开湖州而终止。

陆羽成名后居青塘别业

《皎然集卷三·四》有"五言喜义兴权明府自君山至集陆处士羽青塘别业"诗：据《湖州府志》卷二十五载，羽青塘别业筑府青塘门外，落成于大历十年（775年）是年上元日（正月十五日）。义兴（宜兴）权明府久慕陆羽之名，乘新春之暇，自县南君山来访，高僧皎然一批好友不约而至，皎然欣然命笔写下此诗。诗中最后四句为：

> 身关白云多，门占春山尽。
>
> 最赏无事心，篱边钓溪近。

这四句诗，大致可推断青塘别业位于湖州西北出青塘桥凤凰山下，苕溪溪畔，坐北朝南。山不高，却也白云缭绕，青山环绕。其时，陆羽已成名，并无很多的烦心事，有苕溪畔垂钓的雅致。

《皎然集卷三·十》有"五言同李侍御尊李判官集陆处士羽新宅"诗，曰：

> 素风千户敬，新语陆生能。借宅心常远，移篱力更宏。钓丝初种竹，衣带近栽藤。

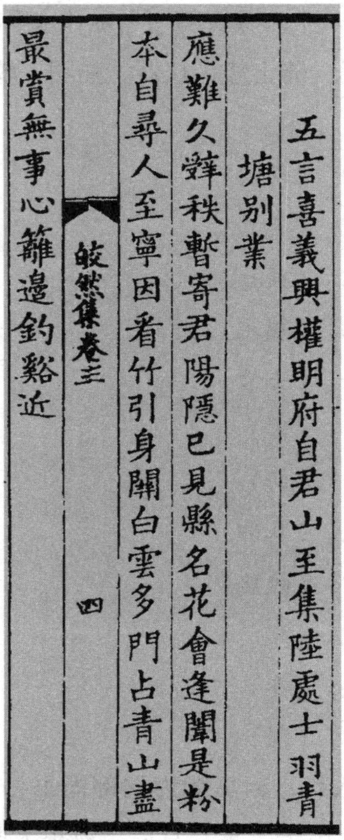

五言喜義興權明府自君山至集陸處士羽青塘別業

皎然集卷三

四

應難久聳秩　暫寄君陽隱
巳見縣名花　會逢闢是粉
本自尋人至　寧因著竹引
身關白雲多　門占青山盡
景賞無事心　籬邊釣磎近

图1.4.58　《皎然集卷三·四》之"五言喜义兴权明府自君山至集陆处士羽青塘别业"条目

戎佐推兄弟，诗流得友朋。柳荫容过客，花径许招僧。不为墙东隐，人家到未曾。

　　李萼，四川广汉人。至德元年（756年），李萼二十余岁。客居清河，为郡人向平原太守颜真卿乞师。鲁公为其慷慨陈词所动，借兵六千，并用其计。合河北诸郡兵，破安禄山叛军于堂邑。后又召萼至平原，参定榷（税收）之法，以赡军用。《旧唐书》卷一九六上《吐蕃传》载，李萼湖幕几年中，与陆羽、皎然过从甚密。

　　此诗应作于陆羽青塘别业建成的次年，即大历十一年（776年）。春风拂面，苕溪边，垂钓处，修竹丛丛，陆羽新宅周边去年栽下的青藤爬满屋宇。柳荫下，花径中，苕雪名流，诗界朋友，还有哪个不到来？皎然笔下的诗句捕绘了陆羽其时著述丰富，踌躇满志，住在如花似锦的别墅中的场景。与上元元年（760年）隐居余杭苕雪时，可谓天壤之别矣。

　　图1.4.60寇丹《青塘别业新成图》，描绘了大历十一年（776年），陆羽在苕溪

边，柳荫竹径，名流满门的青塘别业新居。

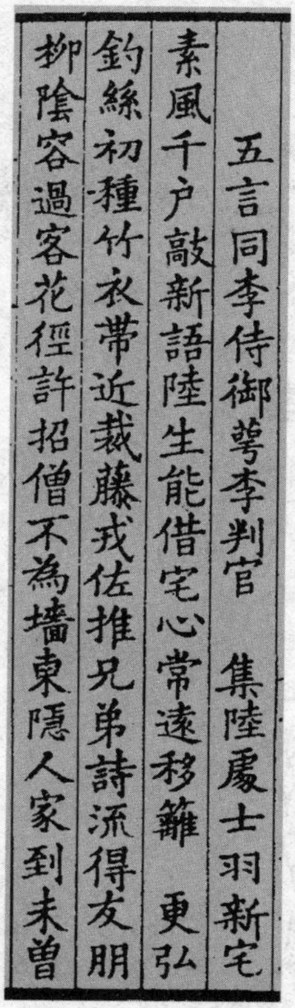
五言同李侍御萼李判官集陸處士羽新宅
素風千户敵新語陸生能借宅心常遠移籬　更弘
釣絲初種竹衣帶近裁藤戎佐推兄弟詩流得友朋
柳陰容過客花徑許招僧不為墻東隱人家到未曾

图 1. 4. 59 《皎然集卷三 · 十》之“五言同李侍御萼李判官集陆处士羽新宅”条目

（二）陆羽与钱起

钱起，字仲文，吴兴人。天宝十年（751 年）登进士。第官秘书省校书郎、终尚书、考功郎。大历中（约 771 年），与韩翃、李端辈俱以能诗出入贵游之门，号“十才子”。形于图画，诗格新奇，理致清瞻，集十三卷，《全唐诗》有诗四卷。

进士出身，大历“十大才子”，贵游豪门的钱起，从未进入陆羽研究者的视线，笔者从一些典籍及钱起诗作中找到依据，钱起应是陆羽一生中的一位重要人物。

钱起《送陆三出尉》

《钦定全唐诗 · 卷三百三十七》有钱起《送陆三出尉》诗，曰：

图1.4.60　寇丹《青塘别业新成图》

春草晚来色，东门愁送君。

盛才仍下位，明代负奇文。

且乐神仙道，终随鸳鹭群。

梅生寄黄绶，不日在青云。

钱起《送陆三出尉》之"尉"，在此处是"安慰"的意思。"尉"为"慰"的本字。前文已述，陆三，即陆羽。这首诗应写于陆羽已著《茶经》，钱起负盛名的大历某年初春时节，陆羽和钱起晤面后，钱起送陆羽至东门。"盛才仍下位，明代负奇文"。非常切合陆羽已著《茶经》步入名流，但无一符合陆羽意向的职位，即便在盛唐，也委屈了奇才陆羽。陆羽又行迹天下，与山川飞鸟为伍，乐神仙之道。钱起祝福陆羽，

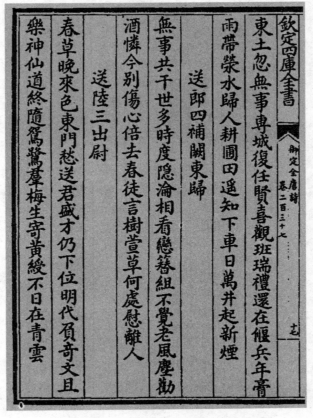

图1.4.61　钱起《送陆三出尉》

初春梅花怒放，朝廷不日将授黄绶，青云直上，指日可待。

此诗应是建中二年（781年），"诏拜为太子文学，旋徒太常侍太祝，不就"前后的事情。

对钱起《寄灵一上人初归云门寺》《赠张南史》《与赵莒茶宴》《送僧归日本》《重送陆侍御使日本》五首诗的思考

《唐诗记事·卷七十二》钱起《寄灵一上人初归云门寺》云：

寒山白云里，法侣自招携。竹径通城下，松门隔水西。同期沃州去，不作武陵迷。仿佛心知处，高处是会稽。

钱起这首诗，是寄给还在会稽云门寺的灵一大师的，说明灵一大师在余杭宜丰寺当住持前，已与钱起交往。灵一大师和陆羽、钱起都是好友。

《钦定全唐诗·卷二百三十九》钱起《赠张南史》诗，曰：

紫泥何日到沧州，笑向东阳沈隐候。

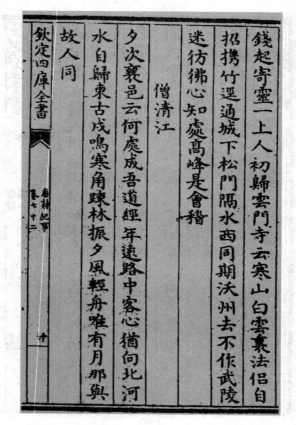

图1.4.62 钱起《寄灵一上人初归云门寺》

黛色晴（一作山）峰云外出，縠文江水县前流。（縠江，兰溪之别名也）

使臣自欲论公道，才子非关厌薄游。

溪畔秋兰虽可佩，知君不得少停舟。

钱起的这首诗，可以有两种思考和解读：一是钱起与陆羽在余杭隐居好友的张南史也交往过从。张南史当也告诉钱起，陆羽隐居余杭著《茶经》的往事。二是钱起为吴兴人，但在长安为官，又与张南史在浙江兰溪相会。图1.4.131，民国《天台山游览志·游寓》陆羽其后即为"钱起"，最后有"有过桐柏山行诗。"说明钱起也到过陆羽到过的天台山。证实钱起知晓陆羽往事。

《钦定全唐诗·卷二百三十九》钱起《与赵莒茶宴》诗，曰：

竹下忘言对紫茶，全胜羽客醉流霞，尘心洗尽兴难尽，一树蝉声片影斜。

翠竹林下名士忘了互相问候，情不可待地马上品茗紫笋贡茶。清茶入口，神清气爽，就像那插上翅膀的神仙，眺望天际晚霞。浮生偷得半日闲，品茗、吟诗、食肴畅

图1.4.63 钱起《赠张南史》

论，烦心之事尽抛脑后，茶宴之妙尽在其中。但闻蝉声仍旧，树影已斜，已近黄昏矣。

钱起的这首诗，题为《茶宴》，说明陆羽著《茶经》的时代已有士大夫、高僧，朝廷官宦以品茗为主，也有茶食的《茶宴》。钱起的这首诗，不着墨于"茶宴"的形式，而着重于品味茶宴，对人精神享受，慢生活的效果。

《钦定全唐诗录·卷三十五》钱起《送僧归日本》，诗曰：

上国随缘至，来途若梦行。

浮天沧海远，去世法船轻。

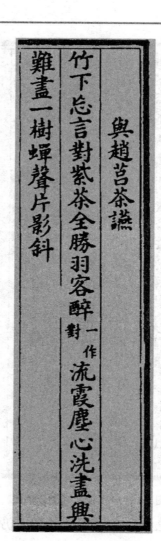

與趙莒茶讌

竹下忘言對紫茶　全勝羽客醉　一作　對　流霞塵心洗盡興

難盡一樹蟬聲片影斜

图 1. 4. 64　钱起《与赵莒茶宴》

水月通禅观，鱼龙听梵声。

唯怜一灯影，万里眼中明。

《钦定全唐诗·卷二百三十七》之钱起《重送陆侍御史日本》诗曰：

万里三韩国，行人满目愁。

辞天使星远，临水涧霜秋。

云佩迎仙岛，虹旌过蜃楼。

定知怀魏阙，回首海西头。

钱起《送僧归日本》《重送陆侍御史日本》这两首诗作，说明陆羽时代的唐代既

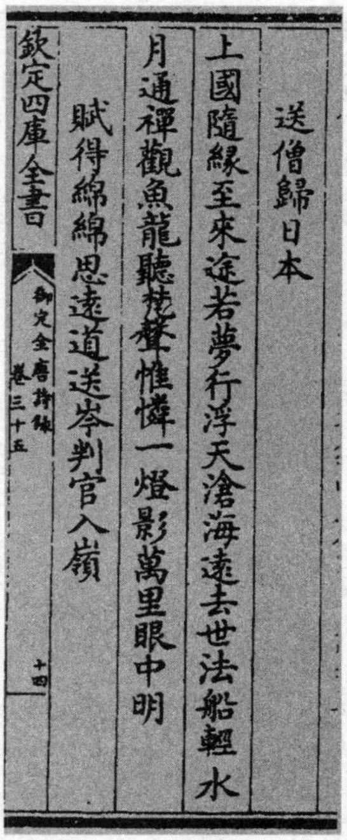
送僧歸日本
上國隨緣至來途若夢行浮天滄海遠去世法船輕水
月通禪觀魚龍聽梵聲惟憐一燈影萬里眼中明
賦得綿綿思遠道送岑判官入嶺
欽定四庫全書　御定全唐詩錄　卷三十五　十四

图 1. 4. 65　钱起《送僧归日本》

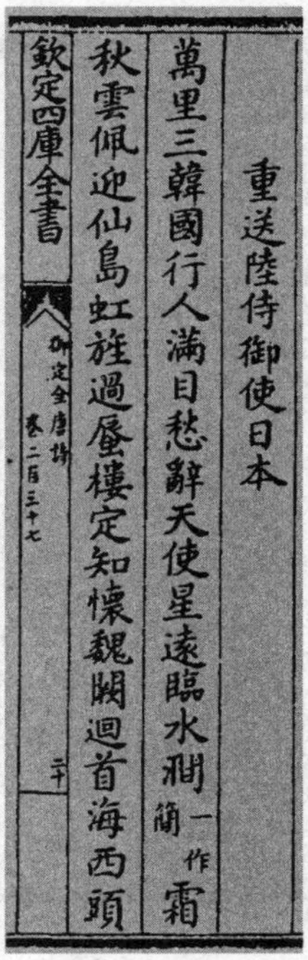
重送陸侍御使日本
萬里三韓國行人滿目愁辭天使星遠臨水澗一作簡霜
秋雲佩迎仙島虹旌過蜃樓定知懷魏闕迴首海西頭
欽定四庫全書　御定全唐詩　卷二百三十七　二十

图 1. 4. 66　钱起《重送陆侍御使日本》

接待日本遣唐使，也派遣御史赴日本，许多高官与入唐日僧交往友好，日僧归国，高官赠诗，记录下他们的友情。《全唐诗》中还可以找到很多首大唐官宦、名士、高僧，惜别日本、高丽僧人回国的诗作，我们不能一一录之。钱起既然与陆羽是好友，可以推断，通过钱起，会将陆羽的《茶经》推荐给日本高僧，将其传播至日本、高丽。

（三）晚年陆羽在湖州

贞元元年（785年）陆羽自湖南返湖州参与诗会

《钦定全唐诗》卷三百八十一有孟郊诗《逢江南故昼上人会中郑方回》云：

相逢失意中，万感因语至。

追思东林日，掩抑北邙泪。

筐篚有遗文，江山旧清气。

尘生逍遥注，墨故飞动字。

荒毁碧涧居，虚无青松位。

珠沉百泉暗，月死群象闭。

永谢平生言，知音岂容易。

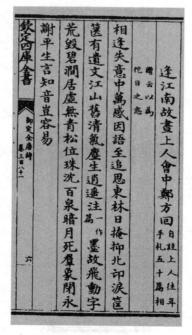

图 1. 4. 67　《钦定全唐诗》孟郊诗"逢江南故昼上人会中郑方回"

孟郊（751—814年），唐代诗人。字东野，湖州武康人（今德清）人。早年隐居嵩山，近五十岁才中进士，任溧阳县尉。元和间任河南水陆运从事，试协律郎。与韩愈交谊颇深。其诗感伤自己遭遇，多寒苦之音。

孟郊小陆羽 18 岁，小皎然 31 岁，和皎然、陆羽均为忘年之交。

前一首诗应作于皎然于贞元十四年（798 年）卒后，陆羽于贞元二十年（804 年）故后，皎然塔、陆羽坟均葬于湖州杼山。

孟郊《逢江南故昼上人会中郑方回》诗中，"珠沉百泉暗，月死群象闭"，描述的应该是怀念当年颜真卿任湖州刺史的"筐箧有遗文，江山旧清气。尘生逍遥注，墨故飞动字"盛大的浙东大联唱。

贾晋华《皎然年谱》考证，兴元元年（784 年），陆羽、皎然、孟郊、郑方回曾在湖州唱和、诗会。陆长源以湖州刺史领衔诗会，后陆羽又去了江西。

贞元八年（792 年）陆羽回洪州，后返湖州，卒于贞元二十年（804 年）

贞元八年（792 年），陆羽回到洪州，后返回湖州居青塘别业。先后历三年，著《吴兴历官记》《湖州刺史记》。贞元十一年（795 年），游金盖山，著《水品》（一说《泉品》）一卷。贞元十二年（796），复居苏州。在虎丘凿陆羽茶井，引水种苏州散茶。于贞元十五年（799）由苏州返湖州。贞元二十年（804 年），卒于湖州，葬于杼山，终年72 岁。

陆羽、皎然的好友孟郊的诗作记述了自己对他们的追思，也记载下唐代湖州的皎然塔和陆羽坟。

《御定全唐诗》卷三百七十九有孟郊诗《送陆畅归湖州因凭题（一作吊）故人皎然塔陆羽坟》云：

森森雪寺前，白苹多清风。
昔游诗会满，今游诗会空。
孤吟玉凄恻，远思景蒙笼。
杼山砖塔禅，竟陵广宵翁。
饶彼草木声，仿佛闻余聪。
因君寄数句，遍为书其从。
追吟当时说，来者实不穷。
江调难再得，京尘徒满躬。
送君溪鸳鸯，彩色双飞东。
东多高静乡，芳宅冬亦崇。

手自撷甘旨，供养欢冲融。

待我遂前心，收拾使有终。

不然洛岸亭，归死为大同。

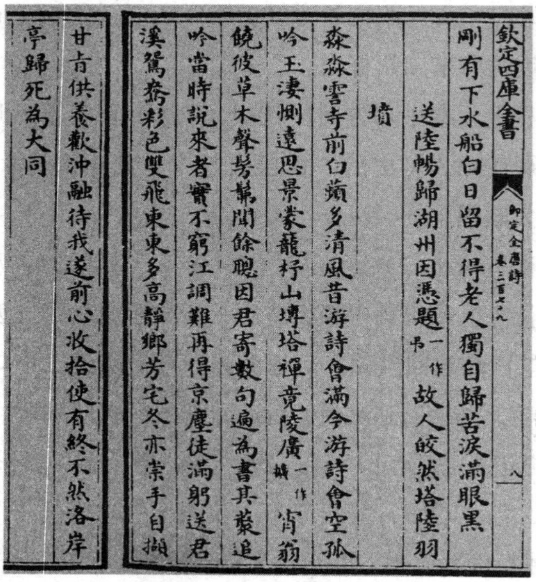

欽定四庫全書　御定全唐詩 卷三百七十八　八

剛有下水船白日留不得老人獨自歸苦淚滿眼黑

送陸暢歸湖州因憑題（弔一作）故人皎然塔陸羽墳

淼淼霅寺前白蘋多清風昔游詩會滿今游詩會空孤吟玉凄惻遠思景蒙籠杼山塼塔禪竟陵廣霄翁饒彼草木聲髣髴聞餘聰因君寄數句遍為書其蘂追吟當時說來者實不窮江調難再得京塵徒滿躬送君溪鴛鴦彩色雙飛東東多高靜鄉芳宅冬亦崇手自擷甘旨供養歡沖融待我遂前心收拾使有終不然洛岸亭歸死為大同

图 1. 4. 68　孟郊诗《送陆畅归湖州因凭题（一作吊）故人皎然塔陆羽坟》

四、陆羽江苏行迹

陆羽到过苏州虎丘寺，《皎然集卷四·八》之“同李司直纵题武丘寺兼留诸公与陆羽之无锡”，云：

陵寝成香阜，禅枝出白杨。剑池留故事，月树即他方。应世缘须别，栖心趣不忘。还将陆居士，晨发泛归航。

这首诗证实陆羽到过苏州。《吴郡志》载有陆羽到过苏州并在虎丘寺植茶。诗中李纵，为皎然、陆羽之友，时带“司直”之衔，在苏州幕府中供职。后官至金州刺史，见《新唐书·宰相世系表二上》。《全唐诗》存其所预联句三首。他们凭吊古迹，畅游苏州。武丘寺即虎丘寺，唐人避讳改。此诗作于大历四年（769 年），陆羽其时居无锡，老友相会不几天，陆羽乘航船归无锡了。图 1. 4. 69，是 1935 年拍摄的苏州虎丘塔旧影。

《钦定四库全书·吴郡志》载：

云岩寺，即虎丘山寺。晋司徒王珣及弟司空王珉之别业也。咸和二年（327），舍以为寺，即剑池而分东西，今合为一寺之胜。闻天下四方游客过吴者，未有不访焉。

图 1. 4. 69　苏州虎丘塔（1935 年）

余见虎丘山门……

以唐祖庙讳，更为武丘。云其山又有响师虎泉，陆羽茶井、真娘墓、生公台……

南宋范成大撰吴郡志卷三十二之"郭外寺·虎丘山寺"，记载虎丘山寺，肇创于晋咸和二年（327 年），距陆羽生活的唐代已有 400 多年。因避讳改虎为"武"，故陆羽时代称为"武丘寺"。从唐代至范成大的两宋时期又过了三四百年。因陆羽到苏州武丘寺寻茶问泉，留下了"陆羽茶井"。"陆羽茶井"既有茶，又有井，寻茶问泉，故有此名，其他典籍少见。

（一）陆羽为无锡写下 962 字的《游惠山寺记》是仅次于《茶经》的陆羽传世作品

据考，大历四年（769 年），陆羽居无锡，为无锡写下 962 字的《游惠山寺》，品惠山泉，定为天下第二泉。《钦定全唐诗》卷四百三十三有陆羽《游慧山寺记》，"慧"即"惠"，文如下：

陆羽《游慧山寺记》

慧山，古华山也。顾欢《吴地记》云：华山在吴城西北一百里。释宝唱《名僧传》云：沙门僧显宋元徽中（约 474 年），过江住京师弥陀寺，后入吴，憩华山精舍。华山上有方池，池中生千叶莲花，服之羽化。老子《枕中记》所谓吴西神山是也。山东峰当周秦间大产铅锡，至汉兴，锡方殚，故创"无锡县"。属会稽，后汉有樵客山下

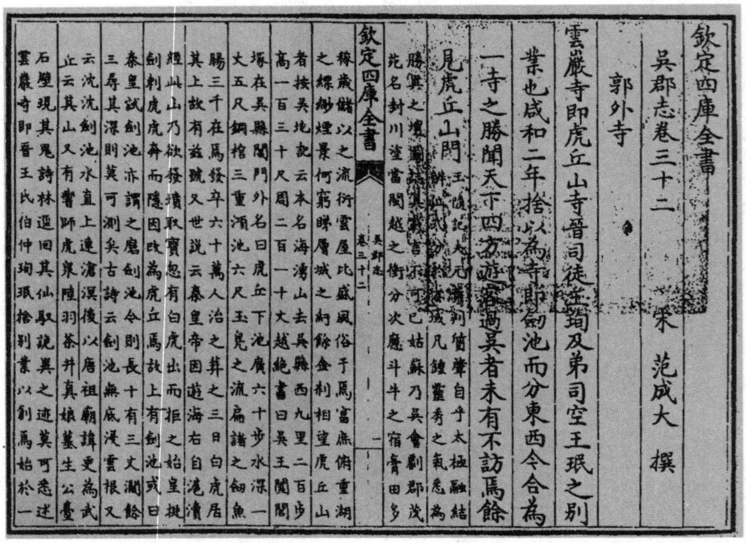

图1.4.70　《钦定四库全书·吴郡志·虎丘山寺》之"陆羽茶井"条目

得铭，云：有锡，兵天下争；无锡，宁天下清。有锡，沴天下弊；无锡，又天下济。自光武至孝顺之世，锡果竭，顺帝更为"无锡县"，属吴郡。故东山为之锡山，此则锡山之岑岭也。南朝多以北方山川郡邑之名，权创其地，又以此山为历山，以拟帝舜所耕者。其山有九陇，俗谓之"九龙山"，或云"斗龙山"。九龙者，言山陇之形，若苍虬缥螭之合沓然。斗龙者，相传云，隋大业末（约617年），山上有龙斗六十日，因而名之。凡联峰沓嶂之中，有柯山华陂古洞阳观，秦始皇坞柯山者，吴子仲雍五世孙柯相所治也。华陂者，齐孝子华宝所筑也。古洞阳观下有洞穴，潜通包山，其观以梁天监年（503—519年）置，隋大业年（605—617年）废。秦始皇坞者，村墅之异名，昔始皇东巡会稽，望气者以金陵太湖之间有天子气，故掘而厌之。梁大同中（约540年），有青莲花育于此山，因以古华山精舍为慧山寺，在无锡县西七里。宋司徒古长史湛茂之家此山下，故南平王铄有赠答之诗，江淹刘存标、周文信并游焉。寺前有曲水亭，一名憩亭，一名歇马亭，以备士庶投憩之所。其水九曲，甃以文石腻墁裔沦，潺湲濯漱移日。寺中有方池，一名千叶莲花池，一名泸塘，一名浣沼，岁集山姬野妇漂纱涤缕，其渺皓之色，彼耶溪镜湖不类也。池上有大同殿，以梁大同年置，因名之。从大同殿直上至望湖阁，东北九里，有上湖。一名射贵湖，一名芙蓉湖。南控长洲，东泊江阴，北淹晋陵，周围一万五千三百顷，苍苍渺渺迫于轩户阁。西有黄公涧，昔楚考烈王之时，封春申君黄歇于吴之故，墟即此也。其祠宇享以醪酒，乐以鼓舞禅流道伴，不胜淬噪，迁于山东南林墅之中。夫江南山浅土薄，不自流水，而此山泉源滂注崖谷下，溉田四十余顷。此山又当太湖之西北隅。萦竦四十余里，惟中峰有丛篁灌木，余尽古石嵌崪而已。凡烟岚所集，发于萝薜，今石山横亘，浓翠可掬。昔周柱、史伯阳谓之神山，岂虚言哉。伤其至灵，无当世之名。惜其至异，为讹俗所弃。无当世之名，以其栋宇不完也。为讹俗所弃，必其闻见不远也。且如吴西之虎邱，丹徒之鹤林，钱塘之天竺，以其台殿楼榭，崇崇業業，车舆济至是，有嘉名不然。何以与此山为俦，列耶若以鹤林望江，天竺观海，虎邱平眺，郡国以为雄则曷若。兹山绝顶下瞰五湖，彼大雷、小雷、洞庭诸山，以掌睨可矣。向若引修廊开邃宇，飞檐眺槛，凌烟架日，则江淮之地著名之寺，斯为最也。此山亦犹人之秉至，行负淳德，无冠裳钟鼎，为迩俗所不侈宜矣，夫德行者源也。冠裳钟鼎者流也，苟无其源流将安发予，敦其源亦伺其流，希他日之营，立为后世之洪注云。

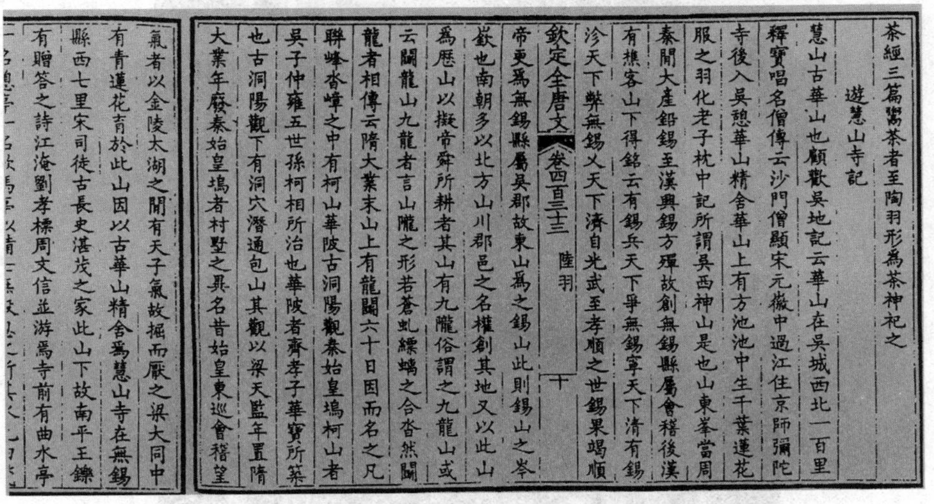
茶經三篇㴱茶者至陶羽形爲茶神祀之
遊慧山寺記
慧山古華山也顧歡吳地記云華山在吳城西北一百里
釋寶唱名僧傳云沙門僧顯宋元徽中過江住京師彌陀
寺後入吳憩華山精舍華山上有方池池中生千葉蓮花
服之羽化老子枕中記所謂吳西神山是也山東峯當周
秦間大產鉛錫至漢興錫方殫故創無錫縣屬會稽後漢
有樵客山下得銘云有錫兵天下爭無錫寧天下清有錫
沴天下弊無錫乂天下濟自光武至孝順之世錫果竭順
欽定全唐文　卷四百三十三　陸羽　十
帝更爲無錫縣屬吳郡故東山爲之錫山此則錫山之岑
嶽也南朝多以北方山川郡邑之名權創其地又以此山
爲歷山以擬帝舜所耕者其山有九隴俗謂之九龍山或
云鬪龍山九龍者言山隴之形若蒼虬縹螭之合沓然鬪
龍者相傳云隋大業末山上有龍鬪六十日因而名之凡
聯峰沓嶂之中有柯山華陂古洞陽觀秦始皇塢柯山者
吳子仲雍五世孫柯相所治也華陂者齊孝子華寶所築
也古洞陽觀下有洞穴潛通包山其觀以梁天監年置隋
大業年廢秦始皇塢者村墅之異名昔始皇東巡會稽望
氣者以金陵太湖之間有天子氣故掘而厭之梁大同中
有青蓮花育於此山因以古華山精舍爲慧山寺在無錫
縣西七里宋司徒古長史湛茂之家此山下故南平王鑠
有贈答之詩江淹劉孝標周文信並游焉寺前有曲水亭

图 1. 4. 71　《钦定全唐诗·陆羽》“游慧山寺记”（局部）

陆羽《游惠山寺记》与陆羽《茶经》，是截然不同的两种文体，思路清晰，用词古朴。其时，陆羽还不到 40 岁，功底已很深厚。为了撰写这篇文章，参阅了顾欢《吴地记》、老子《枕中记》等前辈美文。从古到今，写到了南北朝宋元徽中（约 474 年）的华山精舍。周秦间大产铅锡，汉代兴盛，后至枯竭，道出了“无锡县”的来历。其后几乎所有的无锡地方志都引用了陆羽的考证。陆羽写此文时，如同写《茶经》一样，寻根溯源，生动地展示了历山、九龙山、古洞阳观的由来。文章又眼观八方，写及了以惠山为中心的西北华山，东峰锡山。其重点则在华山精舍，即惠山寺。寺前曲水亭、寺中方池，一一描绘。寺外有九里上湖。南控长洲，东泊江阴，北淹晋陵，周围一万五千三百顷苍苍渺渺，更是壮观。文中“此山泉源滂注崖谷下，溉四十余顷。”应即

"惠山泉"，所谓"天下第二泉"。"惠山泉"下又有"惠山渠"。见图 1.4.72 和图 1.4.73。文中以"吴西之虎邱，丹徒之鹤林，钱塘之天竺"，与无锡惠山寺相提并论。这四处名山名寺，陆羽都亲历，也都写下华丽篇章，可惜仅留下钱塘天竺灵隐寺的 219 字，无锡惠山寺的 962 字。

图 1.4.72 无锡惠山渠（20 世纪 30 年代）

图 1.4.73 无锡惠山"天下第二泉"（20 世纪 30 年代）

（二）陆羽丹阳、常州、栖霞山行迹

大历四五年间，皇甫冉奉使江淮、丹阳，染疾卒。陆羽"访予羁病"，于新春看老友皇甫冉，皎然又去丹阳访陆羽，并写下诗作。大历五年（770 年）七月间，陆羽又赴越（绍兴）。

图 1.4.74，是《皎然集卷三·十二》之"杂言往丹阳寻陆处士不遇"诗，曰：

远客殊未归，我来几惆怅。

叩关一日不见人，绕屋寒花笑相向。

寒花寂寂遍芳阡，柳色萧萧愁暮蝉。

行人无数不相识，独立云阳古驿边。

凤翅山中思本寺，鱼竿村口望归船。

归船不见见寒烟，离心远水共悠然。

他日相期那可定，闲僧着处即经年。

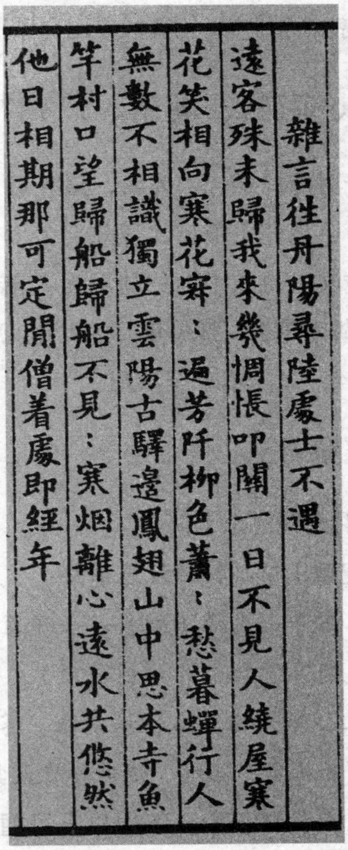

雜言往丹陽尋陸處士不遇

遠客殊未歸我來幾惆悵叩關一日不見人繞屋寒
花笑相向寒花寂々遍芳阡柳色蕭々愁暮蟬行人
無數不相識獨立雲陽古驛邊鳳翅山中思本寺魚
竿村口望歸船歸船不見々寒烟離心遠水共悠然
他日相期那可定閒僧着處即經年

图 1. 4. 74　《皎然集卷三·十二》之“杂言往丹阳寻陆处士不遇”条目

皎然诗中“云阳古驿边”，“村口望归船”，形象地刻画了陆羽在丹阳的住处地处古驿道边，又临运河渡口。丹阳，市名，在江苏省镇江市东南部，东北滨长江，大运河斜贯。秦置曲阿县、唐改丹阳县。

皎然的这首诗中，称陆羽为“陆处士”，应是陆羽著《茶经》的上元元年（760年）前写的。前已考证，乾元二年（759 年），陆羽小居丹阳。

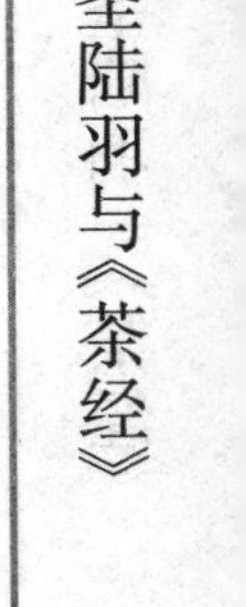

刘长卿《送陆羽之茅山寄李延陵》诗，"名僧、高士、山寺"考，已述。

茅山，原名句曲山，在 3 江苏省西南部，地跨句容、金坛、溧水、溧阳等县境，是太湖水系和秦淮河水系的分水岭。茅山为道家茅山派发源地，晋许谧、梁陶景、唐吴筠等著名道士，均在此修行。茅山也产茶。

其时，刘展之反还未起，天下还太平，"鸡犬驱将去，烟霞拟不还"，陆羽早出晚归在茅山茶区探茶问泉。

"名僧、高士、山寺"考，有皇甫冉《送陆鸿渐栖霞寺采茶》诗，可得知，乾元二年（759 年），陆羽赴今南京市东北 20 公里栖霞山寻茶问泉。

五、陆羽江西上饶、南昌、湖南、广州行迹

《新唐书》卷一九六《陆羽传》载，"久之，诏拜羽为太子文学，徙太常寺太祝，不就职"。建中二年（781 年），唐德宗下诏，拜陆羽为太子文学，旋又为太常寺太祝，但陆羽并未就职。因此许多古文、诗歌中，称陆羽为"陆文学""陆太祝"。《权载之文集》卷三有《送陆太祝赴湖南幕》，那一年（781 年），陆羽应李皋、戴叔伦之邀，赴湖南幕府。建中三年（782 年），随李皋至洪州。

（一）陆羽溯钱江至上饶行旅

建中二年（781 年），陆羽溯钱江至上饶。

清《上饶县志·疆域》记载上饶与钱塘江之水路：

信江一道，水路自三清怀玉等山发源玉虹桥，合流至玉山县西门外大河关口滩大马头起，浙江货物由此下船，闽粤货物由此起剥（驳），船只湾泊之所。……经新滩、南山滩十里入上饶界。……三公滩、油麻滩、杨家滩、赛芝滩至河口镇三十里，距府城计水程八十里，江浙闽粤商贩丛集，茶叶、烟笋各货聚集，大小船只亦多停泊。

信江，即上饶江，源出玉山县怀玉山，玉山以下可通航。由此可知溯钱塘江江浙船只可循江山港至玉山上饶。

清《上饶县志·山川》有"陆羽泉"条目，云：

陆羽泉在城北茶山寺。唐陆羽尝寓其地，即山种茶，品为第四。其水似井而傍山，色白味甘，是为乳泉。以土色赤，又名燕支井。湘潭唐世征诗："生为《茶经》累季疵，秃衿扬杓亦何辞。岂知北郭空山里，占得寒潭雪一池。"

其后，《上饶县志》中还有后人对上饶陆羽泉评为第四不服气，云：

图1.4.75　《天台山游记·天台山古寺·新罗园》

（上饶）陆羽泉不当以第四之名，涸之，屈之，俾博雅者贻诮。

清《上饶县志·山川》有"五马岭"条目，云：

在邑城西北二里许，刺史姚骥因访茶山，陆鸿渐道经，故名。

陆羽居于上饶陆羽泉旁即山种茶，品第泉水为第四，信州刺史姚骥专程拜访，聆听陆羽讲解《茶经》。

《御定全唐诗》卷三百七十六有孟郊诗《题陆鸿渐上饶新开山舍》云：

警彼武陵状，移归此岩边。开亭拟贮云，凿石先得泉。啸竹引清吹，吟花成新篇。乃知高洁情，摆落区中缘。

唐代孟郊的诗作记述，陆羽寓居上饶之陆羽泉是"凿石先得泉"。根据上饶县志的记载和孟郊的诗作。建中二年（781年）前，陆羽赴湖南前，先赴武陵郡（今常德市），在上饶寓居，并"道经"，即讲解推广《茶经》，也即今天的推广先进科技，而并非著作《茶经》。信州刺史姚骥专程拜访过他，听他讲解《茶经》。

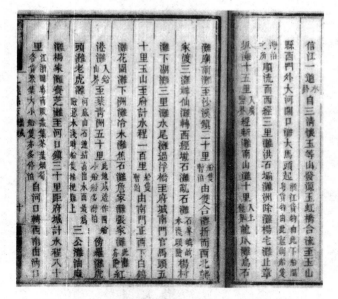

图1. 4. 76 清《上饶县志》对信江水路的记载

图1. 4. 77 六和塔（自北而南，20世纪10年代）[赵藏]

"警彼武陵状"，"武陵"，郡名，治今湖南常德市。按此，陆羽居上饶前，是先至湖南常德，即武陵郡，再至上饶。

贾晋华《皎然年谱》考证，唐贞元二年（786年）后，陆羽离武陵郡（常德）去上饶。其时，孟郊游江西，写下此诗。

（二）贞元二年（786年）陆羽自信州（上饶）移居洪州（南昌）玉芝观

《权载之文集》卷三五有《萧侍御喜陆太祝自信州移居洪州玉芝观诗序》，云："太祝陆君鸿渐，以词艺卓异，为当时闻人，凡所至之邦必千骑效劳，玉浆先馈。尝考一亩之宫于上饶，时江西上介殿中萧侍御公瑜权领是邦，相得欢甚。会连帅大司宪李

图 1.4.78 从东往西拍摄的六和塔（20 世纪 10 年代）［赵藏］

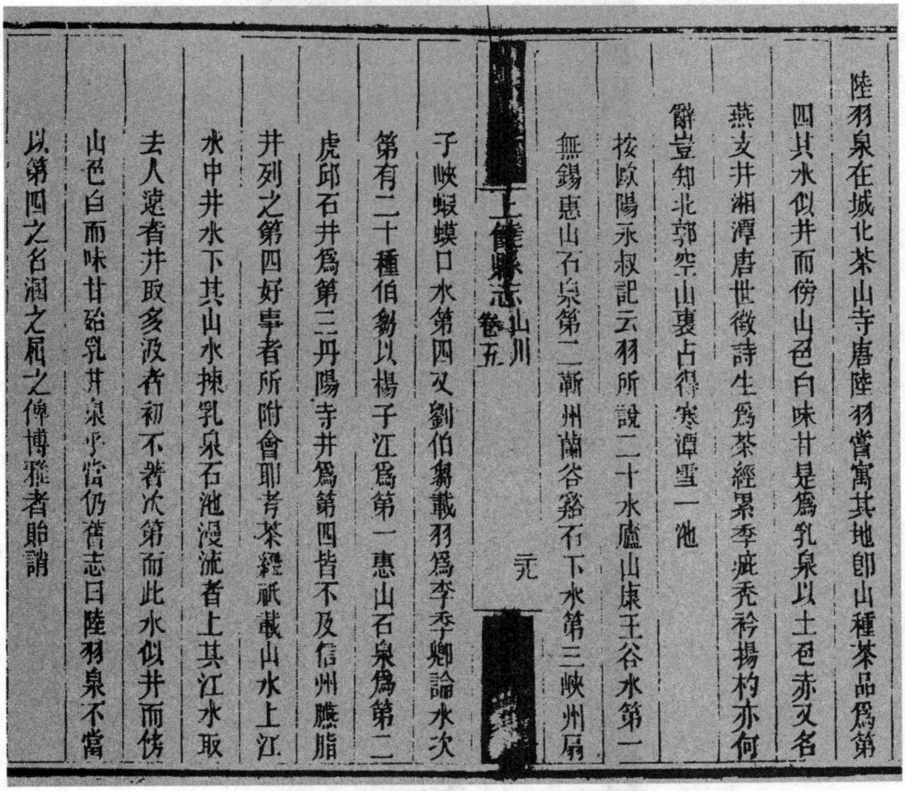

陆羽泉在城北茶山寺唐陆羽尝寓其地即山种茶品为第
四其水似井而傍山色白味甘是为乳泉以土色赤又名
燕支井湘潭唐世徵诗生为茶经累季庇秃衿扬杓亦何
辟岂知北郭空山裹占得寒潭雪一池
按欧阳永叔记云羽所说二十水庐山康王谷水第一
无锡惠山石泉第二蕲州兰谷水不下水第三峡州属

上饶县志 卷五 山川

子映蛱蝶口水第四又刘伯刍载羽为李季卿论水次
第有二十种伯刍以杨子江为第一惠山石泉为第二
虎邱石井为第三丹阳寺井为第四皆不及信州滕脂
井列之第四好事者所附会耳茶经祇载山水上江
水中井水下其山水拣乳泉石池漫流者上其江水取
去人远者井取多没者初不著次第而此水似井而傍
山色白而味甘砀乳井泉乎尝仍旧志曰陆羽泉不当
以第四之名润之屈之俾博雅者贻诮

图 1.4.79 清《上饶县志·陆羽泉》

公入觐于王，萧君领廉察留府，太祝亦不远而至，声同而应随故也。"连帅李公为李兼，贞元元年（785年）至六年（790年）间任洪州刺史、江西观察使，见《唐刺史考》。萧瑜以江西从事权领信州在贞元二年（786年），权领留后在三年（787年）春：

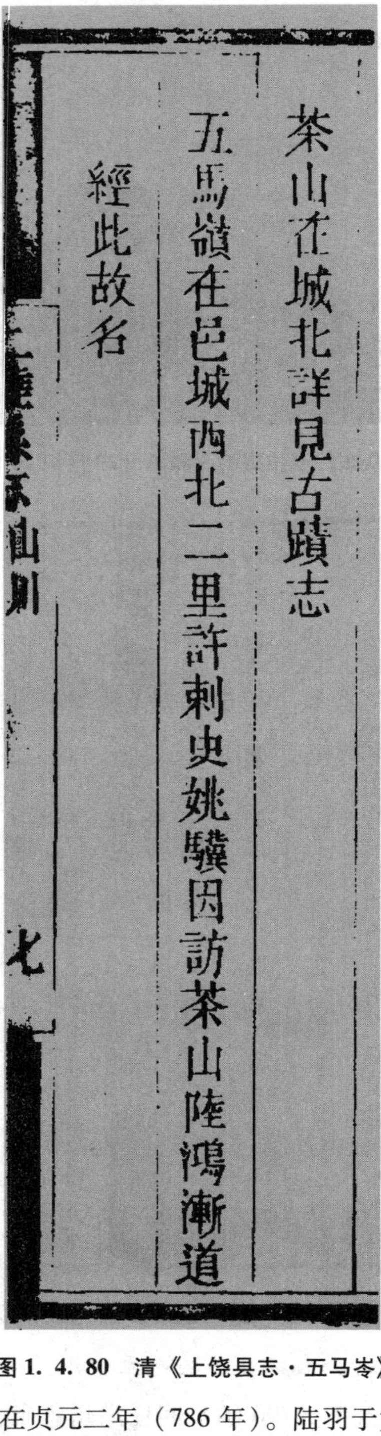

茶山在城北詳見古蹟志

五馬嶺在邑城西北二里許刺史姚驥因訪茶山陸鴻漸道

經此故名

图 1. 4. 80　清《上饶县志·五马岑》

则陆羽居上饶、孟郊题赠皆在贞元二年（786 年）。陆羽于大历中皆称处士，此时开始称太祝，或于建中时被某使府奏授。

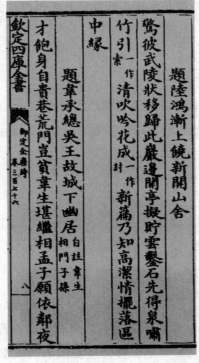

图1.4.81 《御定全唐诗》孟郊"题陆鸿渐上饶新开山舍"

图1.4.82 《萧侍御喜陆太祝自信州移居洪州玉芝观诗序》

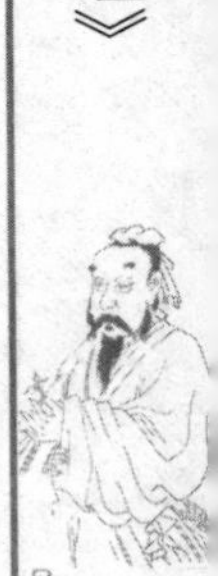

《全唐诗》有戴叔伦《岁除日奉推事使牒追赴抚州辨对留别崔法曹陆太祝处士上人同赋人字口号》诗，云：

> 上国杳未到，流年忽复新。
>
> 回车不自识，君定送何人。

这首诗是戴叔伦赴抚州任给陆羽等人的诗作。

《全唐诗》有戴叔伦《抚州被推昭雪答陆太祝三首》云：

> 求理由来许便宜，汉朝龚遂不为疵。
>
> 如今谤起翻成累，唯有新人子细知。
>
> 贫交相爱果无疑，共向人间听直词。
>
> 从古以来何限枉，惭知暗室不曾欺。
>
> 春风旅馆长庭芜，俛首低眉一老夫。
>
> 已对铁冠穷事本，不知廷尉念冤无。

戴叔伦（732—789 年），字幼公（一作次公），润州金坛人。是陆羽同时代的江浙人，曾任新城（今富阳新登）令、东阳令、抚州刺史、容管经略使。《全唐诗》有其诗二卷。陆羽与戴叔伦交往甚密，这三首诗应是陆羽为太常寺太祝，戴叔伦试守抚州刺史，俄即真迁容管经略使馆尝官场风云，写给陆羽的诗作。

信州，州名。唐乾元元年（758 年），分饶、建、抚等州地置，治上饶（今江西上饶市）

洪州，州名。隋开皇九年（589 年）置，治南昌。唐辖境相当今江西修水、锦江流域和南昌，丰城，进贤等市。

贞元二年（786 年），陆羽以太祝身份，词艺卓异的当时的闻人，自上饶移居洪州（南昌）玉芝观，受到"凡所至之邦必千骑效劳，玉浆先馈"的欢迎。陆羽随之拜见洪州刺史、江西观察使李兼。

图 1.4.165 是寇丹《陆羽移居洪州图》，描绘了唐贞元二年（786 年），陆羽太祝移居洪州玉芝观，因"词艺卓异"受到"千骑效劳"，"玉浆先馈"，夹道欢迎的场面。

陆羽在江西洪州玉芝观时，结识了权德舆。权德舆，字载之。父皋，安史乱时避地润州丹阳。德舆于建中（约 782 年）历佐使府。贞元二年（786 年）至七年（791 年）春间，为江西观察使李兼从事。复居淮南节度使杜佑幕，七年冬征为太常博士。后于元和五年（810 年）拜相，官终山南西道节度使。元和十年（794 年）卒，年 58。有《权载之文集》500 卷。

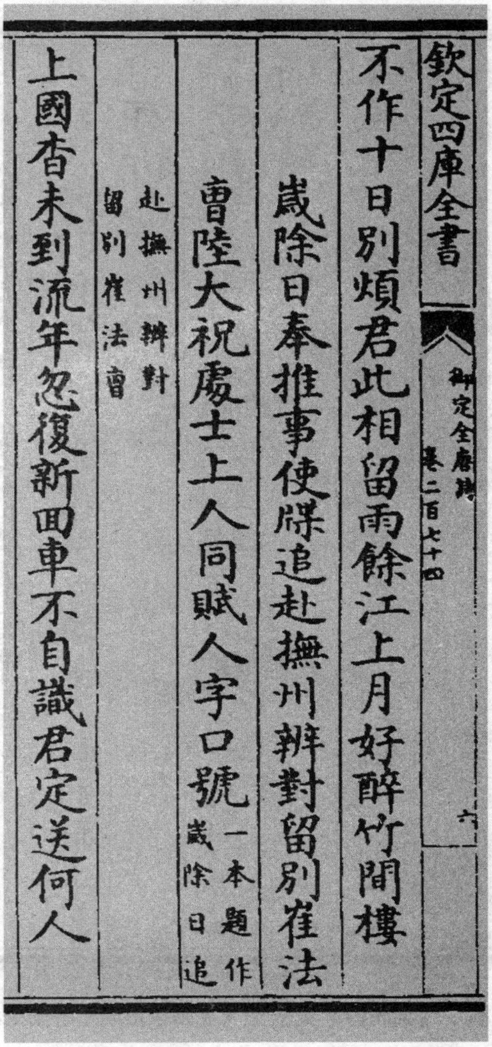
欽定四庫全書　御定全唐詩　卷二百七十四　六

不作十日別煩君此相留雨餘江上月好醉竹間樓

歲除日奉推事使牒追赴撫州辨對留別崔法曹陸太祝處士上人同賦人字口號　一本題作歲除日追赴撫州辨對留別崔法曹

上國杳未到流年忽復新回車不自識君定送何人

图 1. 4. 83　《全唐诗》戴叔伦《岁除日奉推事使牒追赴赵抚州辨对留别崔法曹陆太祝处士上人同赋人字口号》

（三）陆羽江西其他遗迹

1986 年 10 月江西省文化厅文物处编《江西历代名人名胜辞典》记载有多处陆羽行迹。

陆羽泉在上饶城北广教寺（后名茶山寺），今上饶一中校园内。陆羽拒受太子文学诏令，游寓江南，在上饶城北广教寺隐居多年，环居种茶，从事茶叶科学研究。此泉为陆羽寓居时开凿。泉眼井圈上有“源清流洁”四个篆刻大字，为民国初上饶县知事

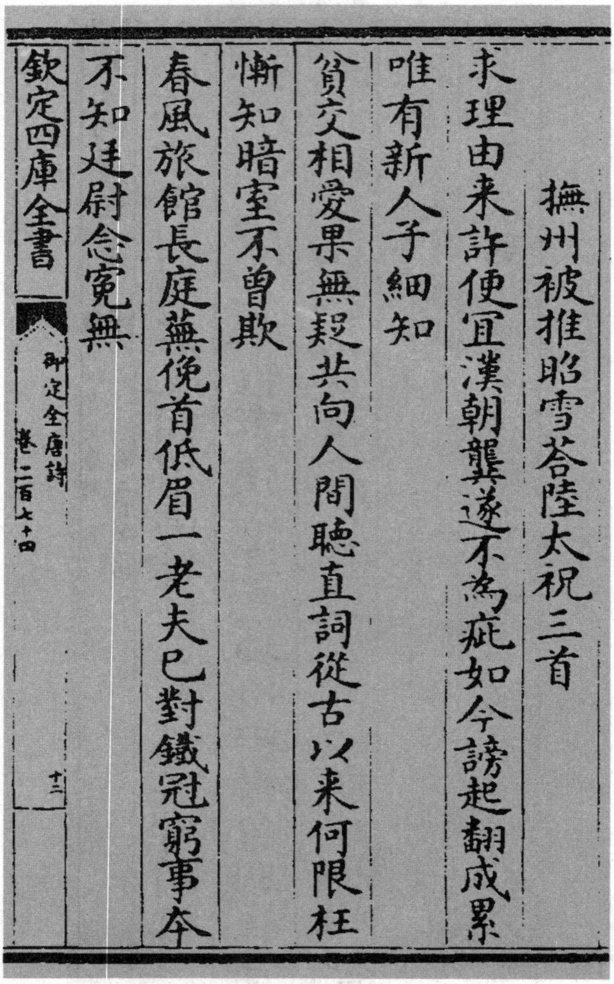

撫州被推昭雪答陸太祝三首

求理由來許便宜漢朝冀遂不為疵如今謗起翻成累
唯有新人子細知
貧交相愛果無疑共向人間聽直詞從古以來何限枉
慚知暗室不曾欺
春風旅館長庭蕪俛首低眉一老夫已對鐵冠窮事本
不知廷尉念寬無

欽定四庫全書

御定全唐詩

卷二百七十四

十三

图1.4.84　《全唐诗》戴叔伦《抚州被推昭雪答陆太祝三首》

段大诚书。陆羽泉在当时就被品为天下第四泉。

仙人灶在今江西余干县城的东山西坡。陆羽曾在这里凿井为灶，取越溪水煮茶。《大明一统志》载："羽尝品越水，故居思禅寺，凿灶煮茶。"叶继震有陆仙茶灶五律一首："品茶人已去，遗灶尚名仙，不辩西江水，空余岩畔烟，传薪留宿火，洒润得廉泉，饥渴居来后，偕离别有天。"现遗址尚存。

天下第六泉　又名招隐泉，在江西星子县城北十五里观音桥东。泉水出自石龙之嘴，滴入石潭。色清幽，味甘冽。陆羽游至庐山之阳，遂隐居于此，定该泉为天下第六。由此，招隐泉名声大振，慕名前来品味者日多。旁有古人手书石刻"招隐""第六泉"等。相传当年陆羽在此寻茶访泉。

图 1. 4. 85 寇丹《陆羽移居洪州图》

谷帘泉 在江西星子县城西庐山康王谷中。一道飞瀑，源头发自庐山主峰汉阳峰，瀑势如银河自九天破空而下，散落纷扬数十百缕，恰似珠帘高挂山巅，故名谷帘泉。陆羽为品名泉而遍游天下，至此偏僻的庐山西南康王谷中，觅得此泉，即煮茶细品，香气格外清高，味亦格外醇厚，皆在别泉之上。羽兴趣盎然，欣然定为第一，载入《茶经》。北宋文学家王禹偁亦有《谷帘泉序》称："水之来计程一日矣，而其味不贬。取茶煮之，浮云蔽雪之状，与井泉绝殊。"其诗云，"泻从千砌石，寄逐九江船，逍遥康王谷，尘埃陆羽仙。何当结茅室，长在水帘前。"因谷帘泉地处一隅，山路崎岖，至今尚可闻不可及，能品此泉皆为快者甚少，故更显神秘。

（四）贞元五年（789 年）陆羽应岭南节度使李复之邀，由洪州去广州

《全唐文》卷六二〇周愿《牧守竟陵因游西塔著三感说》："愿与百越节度使扶风马公，曩时俱为南海连率陇西李公复从事。……愿频岁与太子文学陆羽同佐公之幕，兄呼之。"《全唐诗》卷七九五周愿断句："八十年前棠树荫，竟陵太守公先人。"自注云："愿与竟陵陆羽尝佐岭南连帅李复幕府。"李复镇岭南在贞元三年（787 年）至八年（792 年）间，见《唐刺史考》。如此，陆羽于贞元五年（789 年），从湖南赴岭南，入李复幕，带太子文学之衔。周愿，《妙喜寺碑》称为后进。今河南汝南人。贞元三年至八年间与陆羽同入岭南节度幕，后官至衡州刺史。见《唐刺史考》，参贞元元年谱。

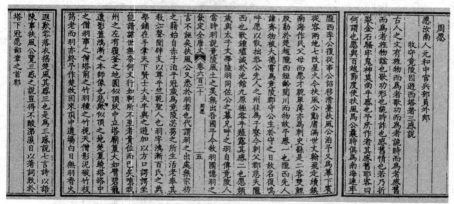

图 1.4.86　周愿《牧守竟陵因游西塔著三感说》

陆羽千年前从江西到广州的行旅，没有详细文字可考，但也留下不少痕迹可寻。

赴湖南幕府，先为东阳县令、后为抚州刺史的戴叔伦在《全唐诗》中有二卷诗作，其中有三首是写给陆羽赴广州的。《送人游岭南》诗，云：

少别华阳万里游，近南风景不曾秋。

红芳绿笋是行路，纵有啼猿听却幽。

这首诗应该是戴叔伦送别陆羽赴岭南的写照，行的是陆路，但见树开红花，绿笋遍地，幽静中听到声声猿啼。

浙东大联唱中，潘述首称陆羽为陆三，羽本为孤儿，后也称"陆山人"。《钦定全唐诗》卷二百七十四戴叔伦《劝陆三饮酒》云：

寒郊天好气，劝酒莫辞频。

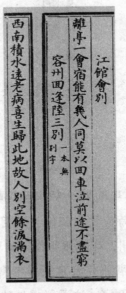

拢扰钟陵市，无穷不醉人。

《敬酬陆山人二首》云：

党议连诛不可闻，直臣高士去纷纷。

当时漏夺无人问，出宰东阳笑杀君。

由来海畔逐樵渔，奉诏因乘使者车。

却掌山中子男印，自看犹是旧潜夫。

这两首诗，说明在江西、湖南时，戴叔伦与陆羽的交往甚密。“奉诏因乘使者车”，词中描绘了陆羽乘使者车，从湖南赴岭南（广州），入李复幕的情景。

送人游嶺南
少别華陽萬里遊近南風景不曾秋紅芳綠筍是行路
縱有啼猨聽却幽

图 1. 4. 87 《全唐诗》戴叔伦《送人游岭南》

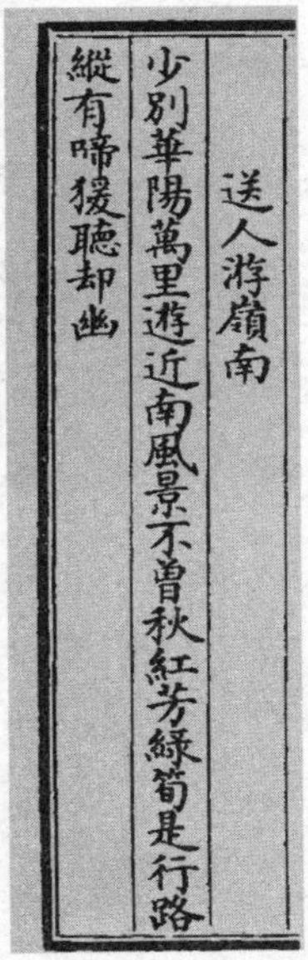

戴叔伦《江馆会别》诗，云：

离亭一会宿，能有几人同。

莫以回车泣，前途不尽穷。

戴叔伦有《容州回逢陆三别》诗云：

西南积水远，老病喜生归。

此地故人别，空余泪满衣。

“西南积水远”，应是陆羽赴岭南，两人惜别时写的。赴广州时，陆羽已 56 岁，诗中充满别离情深。

江館會别
離亭一會宿能有幾人同莫以回車泣前途不盡窮
容州回逢陸三别 一本無別字
西南積水遠老病喜生歸此地故人別空餘淚滿衣

图 1. 4. 88 《全唐诗》戴叔伦《江馆会别》《容州回逢陆三别》

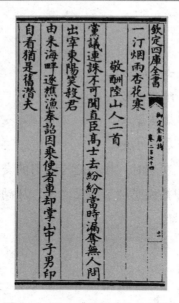

图 1. 4. 89　《敬酬陆山人二首》

图 1. 4. 90　《劝陆三饮酒》

容州，即今广西容县。这首诗应为戴叔伦与陆羽在容州小聚时所作，则陆羽应由江西经过容州，后又沿西江到广州，在容州所作。陆羽于贞元六年（790 年），返回洪州，仍居玉芝观。据湖北天门陆羽研究者童正祥考察，迄今唐代容州境内现乐昌市，还有陆羽曾到过留下的"枢室"两字，这可能也是陆羽传世留下的唯一书法了。见图 1. 4. 91 至图 1. 4. 93。图 1. 4. 94，宋余靖《同游泷溪石室记》碑刻，倒数第 8 行有

"有陆羽题名墨迹在焉。"

图1.4.91　广西乐昌市刻有陆羽书法的西石岩寺外景（童正祥摄）

图1.4.92　乐昌西石岩寺内景（童正祥摄）

图1.4.93　乐昌市摩崖石刻"枢室"，相传为茶圣陆羽题写（童正祥摄）

图 1. 4. 94　宋余靖《同游浈溪石室记》碑刻（童正祥摄）

　　图 1. 4. 95 和图 1. 4. 96 是 1934 年《中华景象》中的两幅广州花塔照片，花塔在皇觉殿后为南北朝梁时（503—557 年）昙裕法师所建。陆羽赴广州时，已有昙裕法师所建花塔。

图 1. 4. 95　花塔在皇觉殿后，为梁时昙裕法师所建

图 1. 4. 96　皇觉殿内供奉之昙裕法师铜像

（五）同治十年（1871 年）广东《乐昌县志》记载的陆羽行迹

图 1. 4. 97 是同治十年（1871 年），《乐昌县志》书影

同治十年（1871 年）《乐昌县志》中有多处碑记、艺文记载陆羽行迹及"枢室"摩崖石刻。宋余襄公《西岩石室记》中有：

……云蒸雾炽，闭阴辟阳，冬漏暖脉。夏含凄气，天地炎凉所不能制是。固仙游之所宅，岩栖之佳致也。既而遍览幽趣，庶逢前轨，洗尘而视，则有陆羽题名墨迹在焉。……

此碑记记载下宋代乐昌就有陆羽题名墨遗存。

《乐昌县志》庐陵人刘遇寄《游仙人石室记》更有：

……前直悬两字石壁，势可经丈，字曰"枢室"，古传陆羽题名，或即此焉。

此文则记录陆羽题字的位置、尺寸。

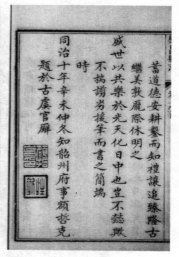

图1.4.97　同治十年（1871年）《乐昌县志书影》

图1.4.98　《乐昌县志》余襄公《西岩石室记》之"陆羽题名墨迹"

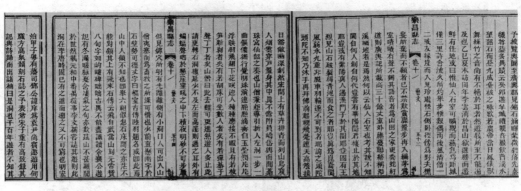

图1.4.99 《乐昌县志》庐陵人刘遇奇《游仙人石室记》之"陆羽题名"

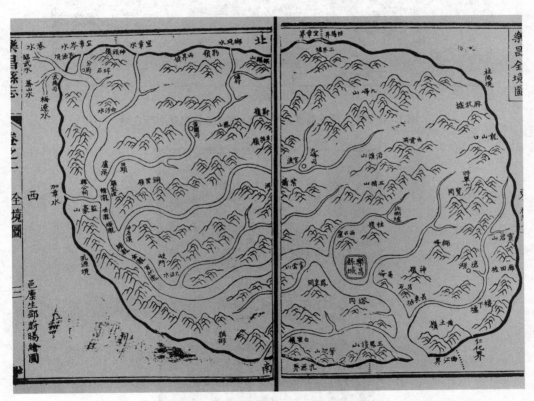

图1.4.100 《乐昌县志·乐昌全境图》，县治西北有"西石崖"，即陆羽题名

图1. 4. 101　《乐昌县志·石室仙纵》，陆羽题名所在地

图1. 4. 102　《乐昌县志·泷溪岭》之"有陆羽题名"

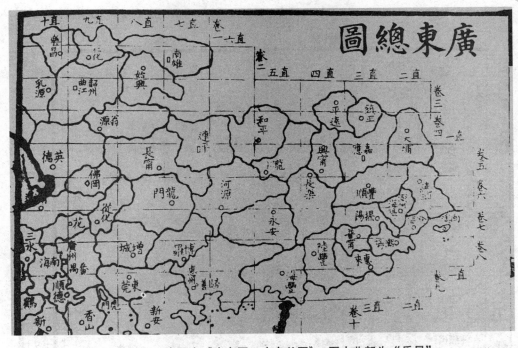

图1.4.103　清同治《广东图·广东总图》，图中北部为"乐昌"。

《乐昌县志》卷之三·山有"泐溪岭条目"，曰：泐溪岭，又名西石岩，在县治西北三里，高三十丈，下石室高三丈，广七八尺左右……有陆羽题名。

湖北天门是陆羽的家乡，毕生执着对陆羽的崇敬，天门市政协干部欧阳勋早在"文革"后期的20世纪70年代，跑遍北京、上海、浙江、南京、广州各大图书馆，查找各种典籍对陆羽的记载，寻找千年前陆羽问茶寻泉行迹、遗迹。1981年，欧阳勋在有关资料上看到浙农大教授张堂恒关于孙绍祖"苎泉怀古"诗作，述及陆羽在余杭双溪陆羽泉著《茶经》的信息。当年，就迫不及待地来到交通不便的余杭双溪陆羽泉寻访凭吊。欧阳勋是近代陆羽研究的先行者，他是改革开放后第一位从外地到余杭双溪陆羽泉的人士。天门市的医务人士童正祥，小欧阳勋10余岁，作为天门人同样有陆羽的坚守和执着。本书刊登的三张乐昌照片，均是童正祥先生赴乐昌拍摄提供的。

我们察看同治年间（约1870年）《广东图》及其中的乐昌地图，可以明白乐昌在广州北部，是古代从湖南过大庾岭到广州的必经之地。

图1.4.104至图1.4.114，是民国《旅行杂志》和1935年《中国景象》刊登标为"乐昌"和"北江"的十幅旧影。

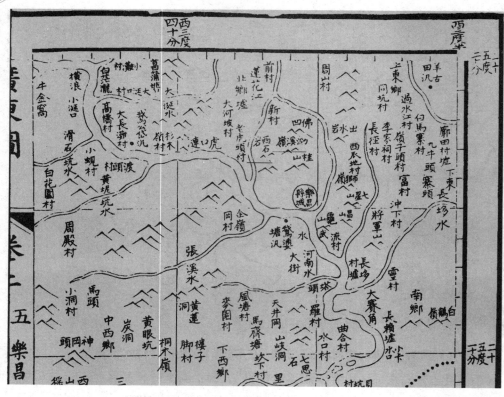

图1.4.104　《广东图·卷二·五·乐昌》，乐昌县治北部有泷溪岭，岭上有陆羽摩崖石刻"枢室"

图1.4.105　乐昌城外风景

图 1. 4. 106　昌石峰

图 1. 4. 107　大源水路线附近

图 1. 4. 108　新韩泷下滩行舟

图 1. 4. 109 北江行舟

图 1. 4. 110 沿岸拉纤，行船难（1932 年）

图 1. 4. 111 着力撑船（1932 年）

图 1. 4. 112 舟形尖长，战滩流（1932 年）

图 1. 4. 113　北江行舟，波光帆影（1932 年）

　　这十幅图各为"乐昌城外风景""昌石峰"，"大源水路线附近""新韩泷下滩行舟"的四幅乐昌老照片和"北江行舟"，都和河流相关。乐昌城池和县境河流连接广州的上游北江，舟楫可直抵广州。古代陆羽即是由湖南过大臾岭从乐昌自沿北江乘船到广州的。而"北江行舟"照片与《乐昌县志·韩泷烟雨》，照片、图画，何其相似，古往今来，都是沿江而下去广州的。

　　乐昌摩崖石刻陆羽题名"枢室"，什么意思？为什么由陆羽题写？"枢"，指事物的重要部分如"中枢""枢府"。"枢室"应是研究重要机密事宜的房间，也即陆羽所题"枢室"内的石屋。为什么由陆羽题写，有三种可能：一是陆羽为岭南节渡使李复幕府，也即今天省政府副秘书长，或许在此研究讨论过枢密事宜。二是乐昌"枢室"下的石屋，古代曾是大员机密之地。陆羽为名人，过乐昌去广州途中，应人之邀而题。三是《乐昌县志》有余襄公《西岩石室记》、刘遇奇《游仙人石室记》，两篇文章中"陆羽题名墨迹在焉，其后均有"六祖偃息石床"。"六祖"，即慧能（638—713 年）和尚。慧能在韶州曹溪宝林寺弘扬禅茶，宣传"见性成佛"，成为佛教南宗创始人。陆羽是稍后于六祖慧能的唐代人，或许因"六祖偃息石床"，而题"枢室"。

图 1. 4. 114　沿岸水库，江中船（1932 年）

图 1. 4. 115　《乐昌县志·韩泷烟雨》

第五节　《茶经》的评析和答疑

一、《茶经》的评析

　　《茶经》是中国也是世界茶及茶文化发展史上第一部茶学专著，它全面地记录了唐代中期及唐代以前有关茶的诸多方面的经验和重要茶事，总结了唐代中期及唐代以前各个历史时期茶及茶文化中涉及的所有问题，并使之系统化、理论化，是一部茶有关及茶文化的历史文献。《茶经》一问世，立即在国内外产生了极其深远的影响，并对后来茶业生产和茶学的发展具有重要的推动作用。

宋徽宗赵佶一生爱茶，嗜茶成癖，常在宫廷举办茶宴。图为赵佶《文会图》

（一）《茶经》是一部百科全书

《茶经》的内容十分丰富，涉及的知识面也很广，它包括了植物学、农艺学、生态学、生化学、水文学、药理学、历史学、民俗学、地理学、人文学、铸造学、陶瓷学等诸多方面的学科；其中还辑录了不少现已失传，但十分珍贵的唐代以前的典籍片段。因此，《茶经》既是中唐及中唐以前全部茶事的系统总结，也是一部茶学的百科全书。

（二）《茶经》是中唐及唐代以前的中国茶事总结

中国在唐代以前，已有茶学及茶文化的萌芽，在不少的史书中对茶已有一些零星的记载。如西汉初年（前2世纪）成书的《尔雅》中，就有"槚，苦荼"的记述；司马相如《凡将篇》已把茶列为一味中药；三国魏时张揖撰《广雅》中，有"荆巴间采茶作饼"的记载。到了晋代，更有以茶倡廉、以茶敬客、以茶健身、以茶治病、以茶作祭等多种记述。

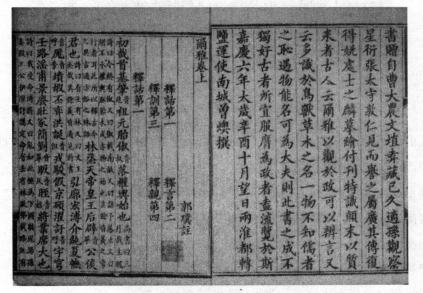

《尔雅》是最早出现"茶"字的古书

陆羽的《茶经》将那些散落在浩如烟海的史籍中的有关茶的资料筛选出来，逐一做了梳理、归类、整合。特别是陆羽《茶经·七之事》中，引述了几十本典籍中有关茶事的记载，记述的人物有几十个，涉及的茶事内容十分广泛，有茶的特征、特性、产地、饮用、保健、药用、待客、倡廉、代酒、解乏、茶市、茶神话、茶故事、品茶、鉴赏、祭祀等。除《茶经·七之事》之外，《茶经》的其他章节中也有不少史书的引用，如《茶经·一之源》中，讲到茶字字源和茶的五种称谓的历史记载；于 4000 年前的神农氏，并列举了历代与茶有《茶经·六之饮》中，讲到"茶之为饮，发乎关的历史人物。所以说，《茶经》是唐代中期神农氏……"指出了茶的发现与利用，起源及唐以前的茶事总结。

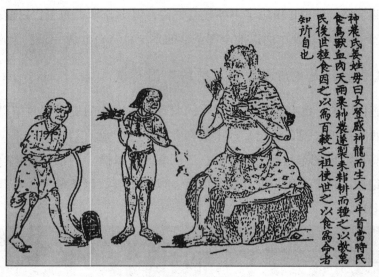

《神农本草经》中的神农画像

（三）《茶经》开了中国茶区划分的先河

唐代的茶树栽培区域，按陆羽《茶经》所述，已遍及四川、重庆、陕西、河南、安徽、湖南、湖北、江西、浙江、江苏、贵州、福建、广东、广西等十四个省、自治区或直辖市的四十二个州和一个郡，与现今我国的茶区分布相差无几。只是由于当时的云南属南昭国辖地，所以陆羽未将云南列在其中。

陆羽在《茶经》中，第一次将中国产茶区域划分成八个茶区：

山南茶区：

包括峡州（今湖北省宜昌一带）、襄州（今湖北襄阳一带）、荆州（今湖北省江陵一带）、衡州（今湖南省衡阳一带）、金州（今陕西省安康一带）、梁州（今陕西省汉中一带）。

淮南茶区：

包括光州（今河南省潢川、光山一带）、舒州（今安徽省怀宁一带）、寿州（今安徽省寿县一带）、蕲州（今湖北省蕲春一带）、黄州（今湖北省黄冈、新州一带）、义阳郡（今河南省信阳一带）。

浙西茶区：

包括湖州（今浙江省湖州一带）、常州（今江苏省武进一带）、宣州（今安徽省宣城一带）、杭州（今浙江省杭州一带）、睦州（今浙江省建德一带）、歙州（今安徽省歙县一带）、润州（今江苏省镇江一带）、苏州（今江苏省苏州一带）。

剑南茶区：

包括彭州（今四川省彭州市一带）、绵州（今四川省绵阳一带）、蜀州（今四川省成都、重庆一带）、邛州（今四川省邛崃一带）、雅州（今四川省雅安一带）、泸州（今四川省泸州一带）、眉州（今四川省眉山一带）、汉州（今四川省广汉一带）。

浙东茶区：

包括越州（今浙江省绍兴、宁波一带）、明州（今浙江省宁波一带）、婺州（今浙江省金华一带）、台州（今浙江省临海一带）。

黔中茶区：

包括思州（今贵州省思南一带）、播州（今贵州省遵义一带）、费州（今贵州省德江一带）、夷州（今贵州省凤冈、石阡一带）。

江西茶区：

包括鄂州（今湖北省武汉一带）、袁州（今江西省宜春一带）、吉州（今江西省吉安一带）。

岭南茶区：

包括福州（今福建省福州、闽侯一带）、建州（今福建省建瓯、建阳一带）、韶州（今广东省曲江、韶关一带）、象州（今广西壮族自治区象州一带）。

陆羽开创的中国茶区划分，对当时乃至现今的茶叶生产，有着十分重要的指导意义。

（四）《茶经》创导的"煮茶法"是中国茶艺的典范

唐时，饮茶已在全国范围内普及开来，陆羽在总结前人煮茶的基础上，创导了"陆氏煮茶法"。在《茶经·四之器》中，陆羽列出了煮饮用具二十四器，提出了煮茶的具体方法和步骤。在《茶经·四之器》"风炉"一节中，指出在风炉炉身所开的三窗之上，刻有"伊公羹，陆氏茶"六个字（伊公是指伊尹，商初大臣，善调羹汤；陆氏茶，指的就是陆羽自己的煮茶法），说明陆羽对自己的煮茶法很自信。在《茶经·六之饮》中，陆羽提出了煮好茶须把握好九个方面，即制好茶、选好茶、配好器、择好（燃）料、用好水、烤好茶、碾好茶、煮好茶、饮好茶。所以，唐代封演在《封氏闻见记》中记述："楚人陆鸿渐为茶论，论茶之效，并煎茶炙茶之法，造茶具二十四之事，以都统笼贮之。远近倾慕，好事者家藏一副。有常伯熊者，又因鸿渐之论广润色之，于是茶道大行。"这一论述非常明确地指出了，陆羽的煮茶法当时已产生了广泛的社会影响。"陆羽煮茶法"是中国茶艺的最早的典范，常伯熊只是在"陆氏煮茶法"的基础上加以润色而已。

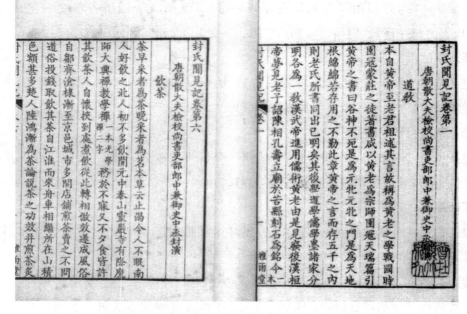

封演《封氏闻见记》记述了唐代社会大兴陆羽煮茶法

（五）《茶经》中的许多论述，至今仍有重要的现实意义

陆羽《茶经》的问世，虽然距今已有一千二百多年了，然而《茶经》中的许多论述，至今仍具有重要的现实意义。

其一，《茶经·一之源》中，有"茶者，南方之嘉木也……其巴山、峡川有两人合抱者，伐而掇之"的记述，这对后人研究茶树的起源与发源地有很大帮助；"上者生烂石，……下者生黄土""法如种瓜，三岁可采""笋者上，牙者次"等论述，都与现代科学制茶的理论与实践是相吻合的；"茶之为用，性至寒，为饮最宜精行俭德之人。若热渴、凝闷、脑痛、目涩、四肢烦、百节不舒，聊四五啜，与醍醐、甘露抗衡也。"充分论述了茶的功效，同时也提出了"精行俭德"的茶道精神。这在现代研究茶的功效与普及茶文化中，仍有重要的指导意义。

其二，《茶经·四之器》中提出的：喝茶要选好茶具，盛茶杯碗要与茶色相匹配等；《茶经·五之煮》中提出的：煮茶要用清洁活水，烧水不能"老"，茶与水的比例要适当。这些，对于现代茶艺工作者研究如何泡好茶，都是具有现实意义的。

其三，《茶经·七之事》中，从三皇炎帝神农氏、鲁周公《尔雅》……直到《本草》，从近五十本典籍中归纳出的茶事历史记载，对现代茶文化工作者研究中国茶文化的历史，具有十分重要的参考价值。

其四，《茶经·八之出》中，记述了唐代的茶区分布，并列举了一些品质好的茶叶产出的地名。这些记载，对现代各地的名优茶开发具有参考意义。

陆羽《茶经》中的许多论述，至今仍具有重要的现实意义

由于《茶经》总结出了茶学学科中具有规律性的东西，并使之系统化、理论化，所以历经一千二百余年，《茶经》一直被茶学界视为宝典。

（六）《茶经》使饮茶在全国范围内进一步得到普及

在秦汉前，饮茶主要限于巴蜀一带。明末清初史学家顾炎武曾道："自秦人取蜀而后，始有茗饮之事"，说明饮茶是秦统一巴蜀之后才开始传播开来。《雨山墨谈》中有

五代顾闳中绘《韩熙载夜宴图》（局部），反映了当时茶宴、茶会之风兴盛的情景

赵飞燕赐茶的故事，说明在西汉时长安宫廷或官宦之家已知道饮茶。有关史料表明：在汉代，长江下游已开始种茶。到三国时，据《吴志》记载，饮茶还仅限于上层社会，民间很少饮茶。晋以后唐以前，在江南一带，"坐客竞相饮"，敬茶已成为一种礼仪，但北方饮茶还是不多。直到唐初时，饮茶才随着禅教的盛行逐渐推广开来。中唐时，由于《茶经》问世，文人学士竞向传抄，进一步推动了国人的饮茶风尚。唐代杨华《膳夫经手录》称："茶，古不闻食之，近晋宋以降，吴人采其叶煮，是为茗粥；至开元、天宝之间，稍稍有茶；至德、大历遂多；建中以后盛矣。"表明在唐玄宗开元、天宝年间，北方饮茶不多；至肃宗、代宗时，才多了起来；至德宗、建宗以后，就兴盛起来了。《新唐书·陆羽传》称：陆羽"著经三篇，言茶之原、之法、之具尤备，天下益知饮茶矣。"表明《茶经》对推动与普及饮茶起到了很好的作用。

（七）《茶经》是对茶文化的一大贡献

从陆羽的全部经历和他从事的事业来看，当是个文人墨客，故而历代文人颇以有陆羽为荣。苏轼在《寄周安孺茶》诗中说："唐人未知好，论著始于陆"；梅尧臣说："自从陆羽生人间，人间相约事春茶"；陈师道说："夫茶之著书，自羽始。其用于世，亦自羽始。羽诚有功于茶者。"文人们以"读茶经""续茶经"为雅事，并以自比陆羽自雅，陆游曾自称是"水品茶经常在手，前身疑是竟陵翁"。

（八）《茶经》在国内外有百余个版本

陆羽《茶经》问世后，自唐至今，在国内外已有百余个版本，如宋代的百川学海本、明代的新安吴旦刊本、程福生刊本、孙大绶刊本、汪士贤刊本、玉茗堂皇刊本、程荣刊本、山居杂志本、莆田和氏刻本、郑熜校江户刊本；清代的宛委山堂、仪鸿堂刊本、寿春堂续茶经本、唐人说荟本、地理书抄本、学津讨原本、道光天门县志本、四库全书本、陆廷灿本；民国时期的常乐重刻陆子茶经本、沔阳卢氏慎始基斋影印本、新明重刻陆子茶经本、林荆南茶经白话浅释本、张迅齐茶话与茶经本、黄炖岩中国茶道本，等等。

其实，现存的《茶经》版本，大多为《百川学海》本《茶经》系列。此外，还有宛委山堂《说郛》本系列、《四库全书》本《茶经》系列。

此外，在东邻韩国、日本等国，也有《茶经》版本的收藏与刊印。

由上可见，陆羽《茶经》对中国，乃至世界所产生的作用和影响。

二、《茶经》答疑

（一）陆羽试茶，品泉论水

"水为茶之母"，水与茶的关系非常密切。这是因为茶的色、香、味、形，要通过与水的交融才能展示出来。所以，陆羽对煮茶择水有着充分的认识。他在《茶经》中认为，要烹得好茶，"水功居其半"。为此，陆羽在深入茶山之中问茶的同时，总不忘品评天下之水。时至今日，人们仍可以在古籍和一些茶文化遗存中，找到陆羽寻水的踪影。

（二）按实践尝试，强调择水先择源

陆羽认为：在饮茶过程中，水对茶有着不可低估的作用。为此，陆羽在问茶的同时，足迹踏遍江河山泉，择水煮茶，根据"经历所至"，在《茶经》中提出："其水，用山水上，江水中，井水下。"但陆羽对水的论述说得也很辩证，如他说：山泉水虽好，也不是所有的山泉水都可用来沏茶；山泉水也有优劣之分。陆羽进一步写道："其山水，拣乳泉、石池慢流者上。"也就是说：激流涌滚，"其瀑涌湍漱"的山泉水并不适合煮茶，陆羽认为这种山泉"勿食之"，不宜用来煮茶。而对江水，陆羽在《茶经》中说："其江水，取其人远者。"也就是说：在污染少，只要是远离人烟地方的江水，仍不失其为煮茶好水。对井水也一样，陆羽认为只要汲取清洁的活水井中的水沏茶，同样能取得好效果。陆羽的沏茶择水之说，至今仍具有现实指导意义。

（三）评点天下水品二十等

根据张又新《煎茶水记》记载：陆羽在辨别扬子江南零水时，超群的辨水技能，博得了众人喝彩。于是御史李季卿要求陆羽根据自己的实地考察与调研，提出天下宜茶水品。为此，按陆羽口授，认为"楚水第一，晋水最下"。并把天下宜茶水品，评点为二十等。它们是：

庐山谷帘泉，被陆羽评定为"第一泉"

庐山康王谷水帘水，第一；

无锡县惠山寺石泉水，第二；

蕲州（今湖北蕲春）兰溪石下水，第三；

峡州（今湖北宜昌附近）扇子山下有石突然，泄水独清冷，状如龟形，俗云蛤蟆口水，第四；

苏州虎丘寺石泉水，第五；

庐山招贤寺下方潭水，第六；

扬子江南零水，第七；

洪州（今江西南昌一带）西山西东瀑布水，第八；

唐州（今河南泌阳）柏岩县淮水源，第九；

庐州（今安徽合肥一带）龙池山岭水，第十；

丹阳县观音寺水，第十一；

扬州大明寺水，第十二；

汉江金州（今陕西石泉、旬阳一带）上游中零水，第十三；

归州（今湖北秭归一带）玉虚洞下香溪水，第十四；

商州（今陕西商县一带）武关西洛水，第十五；

吴淞江水，第十六；

天台山西南峰千丈瀑布水，第十七；

郴州圆泉水，第十八；

桐庐严陵滩水，第十九；

雪水，第二十。

无锡惠山寺附近的惠山泉，被陆羽评定为"第二泉"

苏州虎丘剑池西南的虎丘寺石泉水，被陆羽评定为"第五泉"

庐山招隐泉，被陆羽评定为"第六泉"

镇江中泠泉，被陆羽评定为"第七泉"唐代另一位鉴水家刘伯刍评定它为"天下第一泉"

洪州（今江西南昌）洪崖瀑布，被陆羽评定为"第八泉"

湖南郴州圆泉水，被陆羽评定为"第十八大泉"

扬州大明寺泉，被陆羽评定为"第十二泉"唐代刘伯刍评其为"天下第五泉"

富春江的严陵滩水，被陆羽评定为"第十九泉"

顾渚山金沙泉为唐代贡泉，与唐代贡茶紫笋茶齐名

（四）陆羽论水，开启了沏茶择水的风尚

　　陆羽把通国之水，分为山水、江水、井水，以及上、中、下三分品第之法，虽然简略，却开启了沏茶须择水的风尚。而张又新在《煎茶水记》中所述：陆羽的天下茶

水品第二十等，依今人看来，显然把陆羽鉴水的本领夸大了，还带上了一些神奇色彩。试想，远在一千二百多年前的唐代，尽管陆羽有丰富的品茶评水的本领，但要在不同的环境、不同的条件下，以一个人的力量，同时品评各地数以百计的水品，最终排出二十等名次，并加以评述，这显然是有困难的。不过，不论陆羽品水的结论是否正确，但他强调茶叶与水质的关系，提出泡茶用水有好坏之分，并采用调查研究的方法去品评水质，是符合科学道理，值得学习的。

特别值得一提的是：陆羽品水开创了中国茶学史上有关鉴别沏茶水质的学术争论。宋代欧阳修针对陆羽的"泉水上，江水中，井水下"的论述，结合天下水质品第分二十等的提法，在《大明水记》中写道：水味尽管有"美恶"之分，但把天下之水一一排出次第，这是"妄说"。而明代徐献忠认为：欧阳修在《大明水记》中对陆羽南零品水的异议，是欧阳修自己"不甚详悟尔"造成的。

湖北天门西塔寺旁的文学泉，又称"陆羽井"

有关陆羽品水的争论，自唐至清，延续千年，虽然仁者见仁，智者见智，没有最终结论，但却进一步引起了中国人在日常生活中对饮茶用水的追求与审度。

（五）天门文学泉，是陆羽孩提时为积公煮茗汲水之处

文学泉位于湖北天门市北门外，其旁为龙盖寺，即后来的西塔寺。陆羽孩提时就

生活在这所寺院内。据史料记载：文学泉为晋代高僧支遁开凿，原本是口三眼井。陆羽在游历江南调研茶事前，一直在此三眼井中汲水，为智积禅师煮茗品茶。又因为陆羽长大后，曾诏拜"太子文学"，徙太常寺太祝。人们为纪念陆羽"品泉问茶"的功绩，遂将三眼井命名为文学泉，又名陆子（陆羽）井。五代后梁裴迪（907—933年）作《西塔寺陆羽茶泉》诗，结尾时，作者感慨万千，茶泉虽然已经"清冷"，但陆羽"高风"依然存在。后西塔寺堕毁，陆子井湮没。直到明嘉靖庚子年（1540年），遂在西塔寺旧址建陆子茶亭，以寓怀古之意。之后，陆子井再度湮没，直到清乾隆三十三年（1768年），因久旱无雨，人们在荷花塘挖池寻水时，才找到一块断碑，上刻"文学"两字，并终得泉水。后经考证，方知是文学泉旧址，遂建亭立碑，使胜迹复生。现今的文学泉，口径近一米，上覆八字形巨石，并开有三孔，呈品字状。井后为六角尖顶重檐的碑亭，亭内有石碑，正面题有"文学泉"三字，背面题有"品茶真迹"字样。亭后为小庙，庙内线刻端坐品茶的陆羽像，颇有风采。

"品茶真迹"石碑

（六）余杭陆羽泉，陆羽汲泉煮茗编《茶经》

陆羽泉，又称陆羽井，位于杭州市余杭双溪的将军山麓。史载，大约在唐乾元时，陆羽下榻杭州，与灵隐寺住持道标相识。其时，又与近旁余杭径山寺法钦和尚相识，并结庐于径山旁的苎山，后又寓居双溪将军山麓，在此调研茶事，汲泉煮茶，为编著《茶经》收集资料。后人为纪念陆氏业绩，遂将此泉冠名为陆羽井。清嘉庆《余杭县志》载："陆羽泉，在县西北三十五里，吴山界双溪路侧，广二尺许，深不盈尺，大旱不竭，味极清洌。"又说："唐陆鸿渐隐居苕霅，著《茶经》，其地常用此泉烹茶，品其名次，以为甘洌。"随着历史变迁，陆羽泉一度湮没。如今的陆羽泉，是 20 世纪 80 年代修复的。

余杭径山寺的法钦和尚是径山茶之祖

余杭径山寺及径山茶园

余杭双溪陆羽泉遗存

庐山招隐泉旁的千年古桥——观音桥（原称"栖贤桥"，又称"三峡桥"）

（七）庐山招隐泉，招来苕溪桑苎翁

招隐泉位于江西庐山东南的石人峰麓，栖贤谷旁。泉水源自五老、汉太乙诸峰汇合的三峡涧。清人查慎行说：三峡涧上有99条溪，涧下有24泓潭。招隐泉西侧的观音桥为全国重点文物保护单位，建于宋祥符七年（1014年），为中国现存最早的石拱桥之一，因地处山势险要的栖贤谷，故原称"栖贤桥"；又因横跨断壁悬崖的三峡涧，又称"三峡桥"。据《庐山志》载："招隐泉旁的栖贤寺，建于南齐永明七年（489年），唐宝历初，江州（今江西九江市）刺史将该寺迁至招隐泉旁，并在此读书，故名栖贤寺。"

庐山招隐泉旁的栖贤寺

栖贤寺，其上有亭，叫"六泉亭"。泉水从亭内石龙口中流出，终年不枯，四季长流；且水质好，清纯滑口，用来沏茶，色清味醇，为上等水品。后经唐代陆羽品评，定"庐山招贤寺下方桥潭水，第六"。于是招隐泉名声大振，自中唐始，有"天下第六泉"之美称。至今，泉边仍竖立着一块石碑，上书"陆鸿渐（即陆羽）品为天下第六泉"几个大字。因陆羽在招隐寺品泉著书，南宋周必大就称招隐泉为陆子泉。之后李溉之、王子充又直接称它为陆羽泉。宋人邹士驹在《招隐泉》诗中称："龙首清泉味无穷，长流清韵此山中。古今招隐何人至，只有苕溪桑苎翁。"说招隐泉只招隐了晚年居

栖贤寺附近的六泉亭，泉水自亭内石龙口流出

住在浙江苕溪著茶书、立茶道、自称为桑苎翁的陆羽。相传，陆羽为了品评天下煮茶名泉，曾于唐上元年间（760—761年），登庐山，下康王谷，在评谷帘泉为"天下第一泉"后，到栖贤寺小憩，发现在通往栖贤寺小道旁有一眼泉水，它从自然形成的形拟龙首的石缝中涌出，流入泉潭。陆羽随即呷了一口，细细品味，深觉甘冽中有香甜，鲜爽中有清凉。此后，他多次来此，仰观山色，俯视清泉，取水煮茶，最后将它定为"天下第六泉"。从此，观音桥、栖贤寺、三峡涧也因为有"六泉"水而名声远播，吸引了无数名人雅士来此品茗观景。宋代大诗人苏东坡于元丰七年（1084年）游庐山到此，写出了《记游庐山》；宋代著名诗人苏辙，怀感作《三峡桥》诗；宋代"苏门四学士"之一的黄庭坚，留下"三峡涧"三个大字；元代诗人欧阳玄，留下了"百尺悬潭万仞山，一虹横枕翠微间"的感叹；明代"江南第一才子"唐寅来此游历后，泼墨挥就《庐山三峡桥图》；清代诗人屈大均亦有感作诗，称："二十四潭作一桥，惊泉喷薄几时消？一山瀑布归三峡，小小天风作海潮。"如今，用六泉水烹庐山云雾茶，已成为庐山一绝。而招隐泉之名，几乎已被陆羽评定的"天下第六泉"所掩盖。

（八）上饶陆羽泉，是陆羽开茶山、凿井泉、植茶种竹之地

　　陆羽泉，位于江西上饶市茶山旁，其地现为上饶第一中学校园。它是后人为纪念茶圣陆羽在上饶隐居期间，在此开茶山、凿井泉、植茶种竹而命名的。在历史上，其地原属广教寺，后人又称它为茶山寺，始建于唐哀帝天佑年间。不过，陆羽挖井在先，建寺在后。据查，陆羽大约于唐建中四年（783 年）后从湖州来到信州（上饶），在后来的茶山广教寺旁建山舍，挖井泉，栽茶种竹，在此隐居下来。据清道光《上饶县志》载："陆鸿渐（陆羽）宅，在府城西北茶山广教寺。昔唐陆羽尝居此。……《图经》：羽性嗜茶，环居有茶园数亩，陆羽泉，一名为茶山寺。"对此，历代志书和名家诗文广有记载。唐代诗人孟郊在《题陆鸿渐上饶新开山舍》中称："惊彼武陵状，移归此岩边。开亭拟贮云，凿石先得泉。啸竹引清吹，吟花成新篇。乃知高洁情，摆落区中缘。"说这时的陆羽，开亭，凿泉，啸竹，已成为"摆落区中缘"的隐士。清人张有誉《重修茶山寺记》亦有记载。

江西上饶茶山寺陆羽泉遗存

（九）苏州虎丘石泉，为陆羽亲手开掘

　　石泉位于江苏省苏州市阊门外虎丘山。虎丘，因"丘如蹲虎"而得名。也有说它是春秋晚期时，吴王夫差葬其父于此。葬后三天，有"白虎蹲其上，故名虎丘"。其地景色宜人，有"塔从林中出，山向寺中藏""红日隐檐底，青山藏寺中"之说。唐代爱茶诗人白居易任苏州刺史时，戏称自己对虎丘的钟情是："一年十二度，非少也非多。"

　　虎丘山上的石泉，位在剑池附近的千人岩右侧，冷香阁北面。据《苏州府志》记载，唐德宗贞元中，陆羽曾寓居虎丘，在此汲泉品茗、调研茶事时，发现虎丘山泉水清澈如镜，甘洌可口，是煮茶好水。于是便在虎丘山的剑池旁挖山凿井，汲水会友品茗，并且还在井泉旁开山种茶，用泉水灌浇茶园，使茶成为苏州一业。陆羽还根据自己的游历所至，通过比较，认为"苏州虎丘寺石泉水，第五"。后人为纪念陆羽对茶学做出的卓越贡献，又将陆羽亲手开掘的虎丘石泉，称之为陆羽井或陆羽泉。

苏州虎丘山剑池旁的石泉，为陆羽亲手开凿，并评定其为"第五泉"

　　与陆羽同时代的唐代鉴水家刘伯刍，也根据自己的经历所至，评出天下最宜茶水品七等，称"苏州虎丘寺石泉水，第三"。于是，苏州虎丘石泉水，又有"天下第三泉"之称。

（十）陆羽制茶，谈技说法

唐代陆羽《茶经·六之饮》中称："饮有粗茶、散茶、末茶、饼茶"。但据《茶经》记载：唐代无论是民间饮用，还是文人互赠和聚会品饮，饮用的大多也是饼茶。所以陆羽在《茶经·三之造》中，重点介绍了饼茶的采制工序。

（十一）采茶时间以晴天为宜，春天为好

据陆羽《茶经·三之造》记述："晴，采之………""凡采茶，在二月、三月、四月之间。"说明唐代制造饼茶的原料，须在春茶季节的晴天采摘。据查，唐代贡茶——紫笋茶就是在每年早春"春分"时节采摘，清明前急送到长安，这样才能赶上皇室的"清明宴"。可能有人怀疑：如此早春能采茶吗？现代朱自振《茶史初探》认为："隋唐时期，是中国五千年来的第三个温暖期"，从书中的中国科学院南京地理研究所陈家其先生提供的公元200年后的气温变化曲线图可以看出，隋唐时的气温要比当今清明时高7~9℃。说明唐代时，春分时节是有茶可采的。

大唐茶宴壁画

唐代制造饼茶的原料紫笋茶产于湖州顾渚山谷

唐代制造饼茶的原料紫笋茶鲜嫩芽叶

（十二）制茶原料选"笋者""叶卷"为上

陆羽《茶经·三之造》称：细嫩的茶树芽叶，"若薇蕨始抽"。《茶经·一之源》又称："笋者上，牙者次。叶卷上，叶舒次。"这里，"若薇蕨始抽"，就是指茶芽萌发后，一芽一二叶初展时，像刚从土中抽生的蕨类植物那样，呈卷曲状，未完全伸展开。

所谓"笋者上，牙者次。叶卷上，叶舒次"，前者指的是茶芽如笋状粗壮肥嫩者为

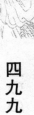

好，茶芽像犬牙状瘦小者就差；后者是指茶树幼嫩叶片，两边叶缘向叶背卷曲者为好，叶子大而舒展平坦者较差。说明要制造好的饼茶，芽叶原料必须讲究。

茶芽"笋者上，牙者次。叶卷上，叶舒次"

（十三）唐代的采茶和制茶工具与今有别

根据《茶经·二之具》所述，唐时制饼茶的采摘和制造工具有：籯（采茶篮）、釜（蒸茶用的水锅）、甑（蒸茶用的桶）、箅（蒸叶用牝篮）、杵臼（捣茶用的臼）、规（压制饼茶的圈模）、承（制茶用的台子）、襜（垫模具用的布）、芘莉（摊放茶饼用的筛子）、棨（饼茶穿孔用的锥刀）、朴（穿串饼茶用的牝绳篾）、焙（烘茶用的地灶）、贯（穿茶烘焙用的小竹竿）、棚（焙茶架）、穿（穿串干饼茶用的绳）和育（贮茶用的笼）。

（十四）唐代饼茶的采制技能

根据《茶经·二之具》采茶、制茶工具的排序，我们做个模拟试验：采茶时，要用一种叫籯的竹篮子；采来的细嫩芽叶放在小竹篮中待蒸；锅中放水，蒸茶桶放在烧水锅上，水烧开后，将装有茶叶的小竹篮置于蒸茶桶中，开始蒸茶；蒸到一定程度（熟）后，提出小竹篮，倒出蒸叶，放在杵臼中捣碎；然后将捣碎的叶子放到圈模中压紧压平，退出圈模，列放到竹筛上摊晾；晾至半干后，用锥刀在饼茶中心穿一孔，用小竹竿穿成串，置烘架上；烘架放在烘茶地沟灶上，生火烘茶；待茶烘干后，用绳子穿成一串串，封装好，饼茶就做好了。

唐代捣茶用的石臼

紫笋研膏饼茶加工：（1）采茶

紫笋研膏饼茶加工：（2）洗茶

紫笋研膏饼茶加工：（3）蒸茶

紫笋研膏饼茶加工：（4）捣茶

紫笋研膏饼茶加工：（5）拍饼

紫笋研膏饼茶加工：（6）串饼

紫笋研膏饼茶加工：（7）焙茶

（十五）唐代饼茶制造有七道工序，三种花式

据陆羽《茶经·三之造》中记述：饼茶的制造工序有："采之，蒸之，捣之，拍之，焙之，穿之，封之，茶之干矣。"说明唐代饼茶的采制须经过七道工序。

陆羽《茶经·二之具》中，讲到"规"时，说："一曰模，一曰棬，以铁制之，或圆、或方、或花。"规，是制造饼茶的圈模。同时，文中说明制造出的饼茶有圆形的，也有方形的，还有花形的。

另据唐代毛文锡《茶谱》记述："建州方山之露牙及紫笋，片大极硬，须汤渍之，方可碾。"说明饼茶每片较大。又说："渠江薄片，一斤八十枚。"说明当时也有 1 斤干茶做成 80 片的薄饼茶。如果按唐代度量衡制换算，一斤相当于现今的 661 克计算，这

紫笋研膏饼茶加工：（8）封装

样每饼薄片茶只有 8 克重。《茶谱》中还说："宣城县有丫山小方饼""衡州之衡山、封州之西乡，茶研膏为之，皆片团如月。"说明唐时的饼茶，有方有圆，有大有小。

按照陆羽《茶经·三之造》饼茶制作工序制成的饼茶

（十六）饼茶加工过程中的难点

陆羽《茶经》中论述了饼茶加工过程中的几个难点：

难点一：

《茶经·二之具》说的"釜涸，注于甑中"，意思是说，要注意蒸茶锅中必须有水，水不足时要及时加水，保证有足够的蒸汽量。

难点二：

《茶经·二之具》说的"縠木枝三丫者制之，散所蒸牙笋并叶，畏流其膏"，意思是说，蒸茶叶量多时要及时翻拌，使蒸叶上下均匀，并防止茶汁流失。

难点三：

《茶经·二之具》说的"襜，一曰衣，以油绢或雨衫单服败者为之，以襜置承上，又以规置襜上，以造茶也。茶成，举而易之"，意思是说，台子上先要铺一块绢，将圈模放在绢上，压好的饼茶才不会粘在台子上，易于脱模取出饼茶。

难点四：

《茶经·二之具》说焙茶时，"茶之半干，置下棚；全干，升上棚"。意思是说，烘饼茶时，半干半湿的饼茶置下层，离火近点，易烘干；烘至近干时，移至上层，离火远点，不会烘焦。

难点五：

《茶经·五之煮》说的"其始，若茶之至嫩者，蒸罢热捣。叶烂，而牙笋存焉"，意思是说，细嫩芽叶蒸了之后要趁热捣碎，但不必捣得过细，只要芽叶都捣烂了即可，少量嫩茎未完全碎断也不要紧。

仿照陆羽《茶经》烘焙的饼茶

（十七）饼茶质量好坏的鉴别

陆羽《茶经·三之造》称："茶有千万状，卤莽而言，如胡人靴者，蹙缩然；犎牛臆者，廉襜然；浮云出山者，轮囷然；轻飙拂水者，涵澹然；有如陶家之子，罗膏土以水澄泚之；又如新治地者，遇暴雨流潦之所经。此皆茶之精腴。有如竹箨者，枝干坚实，艰于蒸捣，故其形籭簁然；有如霜荷者，茎叶凋沮，易其状貌，故厥状委萃然。此皆茶之瘠老者也。"认为饼茶凡表面平整、光润、稍有皱纹者是好茶；如果叶子太老，茎梗粗叶显露者是劣茶。

（十八）陆羽煮茶，艺中有道

在中国饮茶史上，唐代陆羽的煮茶技艺已达到相当精致的程度，为人感叹不已。据陆羽《茶经》记载：唐代无论是民间饮用，还是文人互赠和聚会品饮，饮用的大多也是饼茶。

（十九）强调煮茶技艺，提倡清饮

唐时，"茶圣"陆羽在《茶经》中认为：此前采用的"以汤沃焉"，再加葱、姜、橘皮等添加物，用以调味，"煮之百沸"，如此煮茶调制的茶汤，犹如"沟渠间废水"，不可取。陆羽提倡的饮茶方法，不但注重茶性，而且要求茶要好、水宜选用鲜活山泉、火候掌握要恰当、器具选择要与茶性相配；同时，还特别强调煮茶技艺。对泡茶程序，陆羽也提出了一些要求，认为只有这样，才能煮出一碗好茶来。

（二十）煮茶前，先要烤茶、碾茶和罗茶

根据陆羽《茶经》所述：唐时，人们饮用的主要是蒸压而成的饼茶。在煮茶前，先要烤茶，即用高温"持以逼火"，并由近及远，经常翻动，"屡其翻正"，否则会"炎凉不均"，烤到饼茶面上起"蛤蟆背"状小泡时，当为适度。

烤好的茶要趁热用富含韧性的剡纸包好，以免香气散失。待烤好的饼茶慢慢冷却后，再将饼茶敲成小块；尔后再将小块状的茶碾碎，直至全部呈"细米状"为止。

碾好的茶要过罗（筛），直至全部茶粒过罗呈"细米状"。

最后，将碾碎后的茶粒，贮于合（盒）中，待用。

（二十一）煮茶时，对烧水、置茶和加盐有严格要求

煮茶须用风炉和釜作烧水器具，以活炭和硬柴作燃料，用鲜活山泉水煎煮。

煮茶时，当烧到水有"鱼目"气泡，"微有声"，即"一沸"时，加适量盐调味，并除去浮在表面状似"黑云母"的水膜，否则"饮之则其味不正"。

接着继续烧水，到釜中水的边缘有气泡"如涌泉连珠"，即"二沸"时，先在釜

唐代茶碾

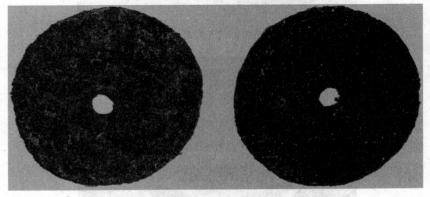

唐代煮茶前先要烤茶。图右为烤好的饼茶

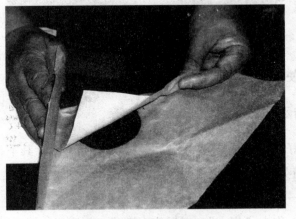

烤好的茶要趁热用富含韧性的剡纸包好

中舀出一瓢水（待用），再用竹箂（筷）置沸水中边环状搅拌，边在沸水漩涡中心投入适量碾好的细米状茶末。

继续烧煮，到釜中的茶汤气泡如"腾波鼓浪"，即"三沸"时，立即加入"二沸"

煮茶前，先将烤好的茶敲成小块，再碾碎

碾碎的茶要过罗（筛），颗粒以细米状为度

时舀出的那瓢水，使茶汤即刻停止沸腾，以"育其华"。

（二十二）陆羽主张饮茶以热饮为上

陆羽主张，煮好的茶汤要趁热"连饮之"，因为"重浊凝其下，精华浮其上"，茶汤一旦冷了，"则精英随气而竭，饮啜不消亦然矣"。

陆羽还认为，一般烧水煮茶，酌分五碗，少的也可分为三碗。还指出饮茶时舀出的第一碗茶汤最好，称为"隽永"，以后依次递减，到第四、第五碗以后，如果不特别口渴，就不值得饮了；若想再饮，则需重新再煮。

煮茶时，水烧至有"鱼目"气泡，"微有声"，即"一沸"

继续烧水至边缘有气泡"如涌泉连珠"，即"二沸"

水烧至"二沸"时，先舀出一瓢水待用

茶

经

舀出一瓢水后，用竹筷在沸水中搅出漩涡

在漩涡沸水中心投入细米状茶末

投入茶末后继续烧煮

当茶汤烧至"三沸"时，加入"二沸"时舀出的那瓢水

加入"二沸"时舀出的那瓢水，使茶汤即刻停止沸腾，以"育其华"

将煮好的茶酌分三至五碗

唐代越窑青瓷茶碗茶托

唐代琉璃茶碗茶托

唐代越窑青瓷画花执壶

第二章 《茶经》与其他茶典

第一节 《茶经》释译

一、茶之源

【原文】

茶者，南方①之嘉木②也。一尺、二尺乃至数十尺。其巴山③、峡川④、有两人合抱者，伐而掇之⑤。其树如瓜芦，叶如栀子，花如白蔷薇，实如栟榈⑥，蒂如丁香，根如胡桃。（瓜芦木，出广州，似茶，至苦涩。栟榈，蒲葵之属，其子似茶。胡桃与茶，根皆下孕，兆至瓦砾⑦，苗木上抽。）其字，或从草，或从木，或草木并。（从草，当作"茶"，其字出《开元文字音义》⑧；从木，当作"搽"，其字出《本草》。草木并，作"荼"，其字出《尔雅》。）其名，一曰茶，二曰槚⑨，三曰蔎⑩，四曰茗，五曰荈⑪。（周公云："槚，苦茶。"杨执戟⑫云："蜀西南人谓茶曰蔎。"郭弘农⑬云："早取为茶，晚取为茗，或一曰耳。"）

【注释】

①南方：泛指秦岭以南的地方。

②嘉木：嘉，美好、优良。嘉木，即优良的树木。

③巴山：泛指四川省东部，即今重庆市地区和毗邻巴山的陕西南部一些地带。

④峡川：泛指湖北西部。

⑤伐而掇之：伐，砍下枝条。掇，采摘。

⑥栟榈：棕榈树。栟，读音 bing。

⑦根皆下孕，兆至瓦砾：下孕，在地下滋生发育。兆，指核桃与茶树生长时根将土地撑裂，方始出土成长。

⑧《开元文字音义》：字书名。唐开元二十三年（公元 735 年）编辑的字书。早佚。

⑨槚：读音 jiǎ。

⑩蔎：读音 shè，本为香草名。

⑪荈：读音 chuǎn。

⑫杨执戟：即扬雄，西汉人，著有《方言》等书。

⑬郭弘农：即郭璞。晋时人。注释过《方言》《尔雅》等字书。

【译文】

茶树是产于我国南方的一种优良树木。树高一尺、二尺，乃至数十尺。在巴山和峡川一带最粗的茶树需两人合抱，只有将它伐倒后才能采摘茶叶。茶树的树形像瓜芦，叶子像栀子，花像白色的蔷薇，种子与棕榈树的种子很相似，蒂儿像丁香，树根像胡桃。［原注：瓜芦树生长在广州一带，与茶相似，味道相当苦涩。棕榈与蒲葵类似，其种子与茶籽相似。胡桃与茶的根都是深根性，向下生长直达石砾层，苗木才能向上生长。］

【原文】

其地，上者生烂石，中者生栎壤，（栎字当从石为砾）下者生黄土。凡艺而不实①，植而罕②茂。法如种瓜，三岁可采。野者③上，园者④次。阳崖阴林，紫者上，绿者次；笋者⑤上，芽者次；叶卷上，叶舒次⑥。阴山坡谷者，不堪采掇，性凝滞，结瘕疾⑦。

【注释】

①艺而不实：指种植技术。

②罕：稀少。

③野者：这里指野生的。

④园者：人工种植的。

⑤笋者：茶叶肥壮的像笋。

⑥叶卷上，叶舒次：叶片呈卷状者质量好，舒展平直者质量差。

⑦性凝滞，结瘕疾：凝滞，凝结不散。瘕，腹中痞块。《正字通》："腹中积块，坚者曰症。有物形曰瘕。"

【译文】

种茶的土壤，以岩石充分风化的土壤为最好，含有碎石子的砾壤次之（"栎"应当从石写作"砾"），黄色黏土最差。一般说来，茶苗移栽的技术掌握不当，移栽后的茶树很少长得茂盛。种茶倘若能像种瓜那样精心照顾，三年就可以采摘茶叶。生长在山林野外的茶叶品质比较好，园林栽培的品质比较差。生长在向阳山坡而且有树木遮阴的茶树，芽叶呈现出紫色的品质比较好，呈绿色的则比较差；芽叶如同春笋似的品质较好，芽叶短小的品质较差；芽叶呈卷状的品质较好，芽叶舒展平直的品质较差。背阴山谷里生长的茶树，就不能采摘茶叶，因为它的性质凝滞，喝了会使人腹胀。

【原文】

茶之为用，味至寒，为饮，最宜精行俭德之人。若热渴凝闷、脑疼目涩、四肢烦、百节不舒，聊四五啜①，与醍醐、甘露②抗衡也。采不时，造不精，杂以卉莽③，饮之成疾。茶为累也，亦犹人参。上者生上党④，中者生百济、新罗⑤，下者生高丽⑥。有生泽州⑦、易州⑧、幽州⑨、檀州⑩者，为药无效，况非此者！设服荠苨⑪使六疾不瘳⑫。知人参为累，则茶累尽矣。

【注释】

①啜（chuò）：饮。

②醍醐、甘露：皆为古人心中最美妙的供品。醍醐，酥酪上凝聚的油，味甘美。甘露，即露水，古人说它是"天之津液"。

③卉莽：野草。

④上党：唐时郡名，治所在今山西长治市长子、潞城一带。

⑤百济、新罗：唐时位于朝鲜半岛上的两个小国，百济在半岛西南部，新罗在半岛东南部。

⑥高丽：唐时周边小国之一，即今朝鲜。

⑦泽州：今山西晋城一带。

⑧易州：今河北易县一带。

⑨幽州：今河北大兴一带。

⑩檀州：今河北密云一带。

⑪荠苨：一种形似人参的野果。苨，读音 ní。

⑫六疾不瘳：六疾，指人遇阴、阳、风、雨、晦、明六气而生的多种疾病。瘳，痊愈。

【译文】

茶的性味至寒，最适合作饮品，是那些品行端正俭朴的人的最爱。如果感觉体热、口渴、闷躁、头疼、眼睛倦涩、四肢无力或全身关节不舒服，这时喝上四五口，效用可以和醍醐、甘露媲美。

如果采茶不适时，制茶不精细，或有其他杂草，这样的茶喝了是会生病的。喝茶会受害的道理和服人参也会受害一样。人参要数上党出产的最好，百济、新罗的为中等，高丽的为下等。泽州、易州、幽州、檀州等地出产的，作药无疗效，何况不是这样的东西？倘若服了荠苨，则使六疾都难以痊愈。知道连人参都会造成祸害的道理后，喝茶会受害也就很清楚了。

【点评】

本章以"茶之本源"为题，全面概述了茶的多方面内容，包括茶的产地起源和特性，大茶树，茶树的植物学性状，茶的名称、用字，茶树生长栽培的环境条件、栽培方法、鲜叶品质的高下及鉴别方法，茶的效用，以及采、造茶不得法就会对人造成妨害等。

首句"南方之嘉木"极其言简意赅，形象生动地概述了茶树的产地之源，以及茶树的秉性美好。茶之嘉，体现在两个方面，一是饮茶益人，二是在很长的历史时间里，茶都是高附加值的经济作物。

自战国末期楚国屈原（约前340—约前278）《楚辞》第八篇《橘颂》"后皇嘉树"起，中国古代文人即有以"嘉"称颂某类植物，或以某类植物的品质乃至美人以比况君子之性的传统，即"香草美人"的传统。陆羽《茶经》沿袭了这一传统，称茶为生长于南方的嘉木，与本章下文中的"精行俭德"相呼应，使植物之茶，标注了品德之性，吸引着读者跟随作者继续往下探究茶之知识。而陆羽称茶为嘉木亦为后人所承袭，至北宋文豪苏轼，更是将茶叶视为嘉叶，为其撰写了拟人化的传记作品《叶嘉传》，盛赞茶叶清白可爱风劲颖挺的君子资质，明代徐岩泉还称茶为居士并为其作传。

茶树原产于中国西南地区，《茶经》关于高数十尺的野生大茶树的描述与记载，在当时或许只是趣闻，只是陆羽如实记录其实地考察所获茶知识的一个小小的部分。而在中国大量的野生大茶树尚未被实地发现之前，《茶经》记载的野生大茶树就成为中国野生茶树的历史文献证据。这也可谓是《茶经》对于中国茶业的历史贡献之一。

关于茶树"植而罕茂"的论述，是首次论及茶的不宜移植之性，古时囿于知识技术，茶树移植之后很难成活，故而只能以种籽直播，所以此后人们将此局限称为茶的"不移"或"不迁"之性，甚至将这一植物种植现象比附到社会生活中，将茶引入婚姻之礼，用其"不迁"之性，来单向且严苛地要求婚姻中的女性。此后，甚至形成"三茶六礼"的婚姻习俗。

陆羽在本章首次将茶性与君子精行俭德之性相提并论，提升了茶的文化内涵。

云南邦崴千年大茶树

关于"茶之为用，味至寒，为饮，最宜精行俭德之人"一段文字，历来有两种标点方法，一种如本书的标点（另有将"为饮最宜精行俭德之人"不点断的，视为同一类标点法），另一种标点如下："茶之为用，味至寒，为饮最宜。精行俭德之人……"笔者以为，一则，性味寒凉宜饮之物甚多，不独于茶。二则，若只讲茶的功用最宜饮用，则须是与茶的其他功用相比较而言，但显然《茶经》至此并未论及茶在饮用之外的其他功用。所以，以行文逻辑而言，讲茶"为饮最宜"不妥。有持论者论证后一种标点法，其中一个最重要的论证是，认为若不以其方法标点，则后文"若热渴、凝闷……聊四五啜，与醍醐、甘露抗衡也"的饮茶行为就没有了主语，这个论证值得商榷。因为省略主语的句式，是多种语言中的常见现象，也是汉语的一个特征，表明谓语的行为主体可以是任何人。对于茶的功能作用来说，显然是适用于任何饮用之人的。将"精行俭德之人"点断给下文作主语，作为行为主体，反而是将茶的功用限定在只有"精行俭德之人"饮用才能有作用，而很显然事实并不是这样的。更何况，陆羽将其所著茶书名为《茶经》，是因为茶可以行之久远，经可以绳之于任何人。正是因为茶饮的功能对任何饮茶之人皆有，因而其至寒之味"最宜精行俭德之人"才值得特别提出。

本章关于茶的用字、茶的名称，对茶字的起源研究有所助益。

本章的一些撰述方法也值得称道：通过与其他植物相关部位类比的方法介绍茶的植物学性状；介绍种茶法时，也用为人所熟知的种瓜法相比；论述茶既益人但若采造不得法也会对人造成妨害时，则用人所熟知的中药名品人参作比。作为世界上第一部茶学著作，可以说作者陆羽是在茶尚不为人所遍知的情况下采用的最佳的介绍方法，对于图书与游学都不甚便利的古人来说，易于明白和掌握。

在大力宣扬茶的同时，陆羽对其中可能存在的问题绝不回避、绝不虚词掩饰，客观地陈述不好的茶可能会对人产生的危害，这在同类著作中是极为罕见的，这让人看到陆羽的科学态度、客观精神，对后人永远都有垂范作用。人们可以看到陆羽是站在人的高度，而非单纯站在茶的物质的立场上谈论茶叶，这对物质横行、利益至上的当下社会，是有启发意义的。

二、茶之具

【原文】

籝①，一曰篮，一曰笼，一曰筥②。以竹织之，受五升，或一斗、二斗、三斗者，茶人负以采茶也。（籝，《汉书》音盈，所谓："黄金满籝，不如一经。"③颜师古④云："籝，竹器也，受四升耳。"）

灶，无用突⑤者。

釜⑥，用唇口者。

甑⑦，或木或瓦，匪腰而泥。篮以箪⑧之，篾⑨以系之。始其蒸也，入乎箪；既其熟也，出乎箪。釜涸，注于甑中，（甑，不带而泥之）又以榖木枝三桠。者制之，散所蒸芽笋并叶，畏流其膏。

杵臼，一曰碓，惟恒用者为佳。

规，一曰模，一曰棬。以铁制之，或圆，或方，或花。

承，一曰台，一曰砧，以石为之。不然，以槐、桑木半埋地中，遣无所摇动。

檐⑩，一曰衣。以油绢或雨衫、单服败者为之。以檐置承上，又以规置檐上，以造茶也。茶成，举而易之。

芘莉⑪，一曰籯子，一曰筹筤⑫，以二小竹，长三尺，躯二尺五寸，柄五寸。以篾织方眼，如圃人土箩，阔二尺以列茶也。

棨⑬，一曰锥刀。柄以坚木为之。用穿茶也。

朴⑭，一曰鞭。以竹为之。穿茶以解茶也。

焙，凿地深二尺，阔二尺五寸，长一丈。上作短墙，高二尺，泥之。

贯，削竹为之，长二尺五寸，以贯茶焙之。

棚，一曰栈。以木构于焙上，编木两层，高一尺，以焙茶也。茶之半干，升下棚；全干，升上棚。

穿，江东、淮南剖竹为之。巴山峡川纫榖皮为之。江东以一斤为上穿，半斤为中穿，四两五两为小穿。峡中以一百二十斤为上穿，八十斤为中穿，五十斤为小穿。穿字旧作钗钏之"钏"字，或作贯串。今则不然，如"磨、扇、弹、钻、缝"五字，文以平声书之，义以去声呼之，其字以"穿"名之。

育，以木制之，以竹编之，以纸糊之。中有隔，上有覆，下有床，傍有门，掩一扇。中置一器，贮糖煨火，令煴煴然⑮。江南梅雨时，焚之以火。（育者，以其藏养为名。）

【注释】

①籯：竹制的箱、笼、篮子等盛物器具。

②筥：圆形的盛物竹器，一般用来盛米，也可以用盛茶。

③黄金满籯，不如一经：语出《汉书·韦贤传》，指留给儿孙满箱黄金，不如留给他一本有用的经书。

④颜师古：名籀，唐初经学家，曾注《汉书》。

⑤突：烟囱。

⑥釜：古代一种炊器，敛口圆底，有二耳，盛行于汉代。有铁制的，也有铜或陶制的。

⑦甑：古代的一种蒸炊器，类似于现代的蒸笼，里边还有带孔的隔板。

⑧箄：蒸笼中的竹屉。

⑨篾：长条细簿竹片。

⑩襜：又作"簷"，原指因物下覆，周围冒出的边沿，这里指铺在茶砧上的布，用来隔离砧与茶饼，以便于取制好的茶。

⑪芘莉：竹制的盘子类器具，脱模后的茶饼一般都放到"芘莉"上晾干。

⑫筹筤：竹制的笼、盘一类盛物器具。

⑬棨：穿茶饼用的锥刀。

⑭朴：一种竹制的穿茶工具。

⑮煴煴然：火热微弱的样子。煴，没有光焰的火。颜师古说："煴，聚火无焰者也。"

【译文】

籯，也叫篮、笼或筥。用竹子编织而成，容积通常为五升，也有一斗、二斗或三斗的，茶农采茶时背在肩上。（籯，《汉书》音"盈"，所谓："留给儿孙满箱黄金，不如留给他一本有用的经书。"颜师古说："篚，是一种竹制的容器，能容纳四升的东西。"）

灶，生火用的灶不要使用带烟囱的。

釜，用锅口有唇边的。

甑，用木头或陶土制成，在形似筐状的甑腰涂上泥。甑里面有蒸箄，并用细竹片系牢。蒸茶时，将芽叶放在蒸箄里；蒸熟后，就把茶叶从蒸箄里倒出来。锅里的水干了，可以往甑中加水，（甑不要带捆，要用泥封。）同时用三杈形箄的榖木翻拌、摊凉蒸好的芽叶，以防止茶汁的流失。

杵臼，又叫碓，以经常使用的为好。

规，又叫模或棬。通常用铁打制而成，呈圆形、方形，或各种其他花样形状。

承，又叫台或砧，用石料制成。如果是用槐木、桑木做成的，就要将槐木或桑木埋进土中，露出半截，使其牢固而不易晃动。

檐，又叫衣。通常用油绢或穿坏了的雨衣、单衣等做成。将"檐"放在"承"上，再将"规"放置在"檐"上，即可用来压制茶饼了。茶饼压好后取出来，继续压制下一块茶饼。

芘莉，又叫篝子或篣筤，用两根各长三尺的竹竿制成，用竹篾编成身长二尺五寸、柄长五寸、中间有"方眼"、宽二尺的土筛，像种菜人用的筛筤，用来铺放茶饼。

棨，又叫锥刀。手柄用坚硬的木材制成，是用来给茶饼穿洞眼的。

朴，又叫鞭。用竹子编成。用它把茶穿起来以方便搬运。

焙，在地上挖出深二尺，宽二尺五寸，长一丈的坑。坑周围砌上两尺高的矮墙，涂上泥。

贯：用竹子削制而成，有二尺五寸长。用它将茶穿起烘焙。

棚，又叫栈。把做好的木架子建在焙上，分上下两层，中间间隔一尺左右，用来烘茶。茶叶半干时，放在下层；茶烘得全干时，就把它放在上层。

穿，江东、淮南地区用竹篾编成；巴山、峡川用树皮做成。江东把穿成一斤的茶叶称为"上穿"，穿成半斤的称为"中穿"，穿成四两或五两的称为"下穿"。峡中地区则称穿成一百二十斤的为"上穿"，穿成八十斤的为"中穿"，穿成五十斤的为"小穿"。穿字，以前写成钗钏的"钏"字，或者写成贯串的"串"。现在改变了，如"磨、扇、弹、钻、缝"这五个字，以平声字书写，读起来用去声表达意义，此处把它叫作穿。

育，用木材做出框架，用竹篾编织后，再用纸裱糊。中间有隔层，上面有盖，下面有底，侧面开有小门，虚掩一扇。在中间放置一个器皿，架上炉子，点上小火以保持温热。江南梅雨季节时，就要烧起明火防潮了。（育，因有藏养作用而得名。）

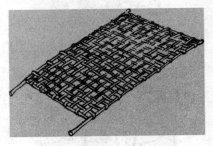

芘莉

【点评】

本章详细介绍了采摘、制造、贮藏蒸青饼茶的一系列十多种器具，从形状、质地、

穿

釜　甑

灶

蒸茶

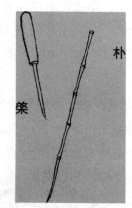

朴

棨

朴、篆

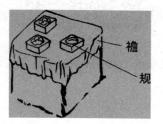

襜

规

襜、规

籯

育

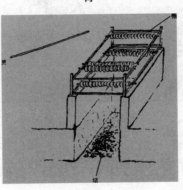

焙、棚

尺寸到用法、功能，一一详细列举。从系列用具中可以看到，唐代饼茶的生产工序紧凑而完整。从籝、芘莉、焙等用具的尺寸来看，唐代饼茶生产是有一定规模的，从中也可见唐代社会对茶叶的需求量较大。

虽然在《论语》中就有"工欲善其事，必先利其器"的成语，但是自汉武帝采纳董仲舒的建议"罢黜百家，独尊儒术"之后，中国古代士大夫以诗书传家，帝王官府以经义取士，先秦儒家倡导的六艺——诗、书、礼、易、乐、射，除诗、书外几乎被士人摒弃殆尽。士人们在日渐不能坐而论道的同时，也慢慢丧失了他们在科技、生产等方面的智力与能力。甚至在士人的评价体系中，技能与机巧都成了负面的能力与事物。在这样的社会文化背景下，陆羽对于采摘、制造、保藏茶叶工具的全面介绍，更显得难能可贵。

《十竹斋书画谱》之陆羽像

　　整套制茶工具的细致介绍，使得唐代蒸青饼茶的生产工艺能够在一千多年之后仍然清晰地展现在人们的眼前，使之不致因中国制茶工艺的发展演变舍之不用而尘封零落，也让人们看到当今独步天下的日本蒸青抹茶的源头所在。

　　在"茶人负以采茶"句中，陆羽首次提出了"茶人"的概念，负籝采茶的人也是茶人，与当下的茶人概念有所不同。陆羽之于茶，是从采摘、制造、煎煮到饮用全过程参与的，他所言茶人应该是指参与茶叶采制到饮用流程的人。然而由于时过境迁，社会分工的日益细致成熟，种茶摘茶的人成为茶农茶工，基本成为原料鲜叶或毛茶的单纯提供者，而不再是制作——贸易——消费这些被视作茶业重要环节从业的茶人了。茶叶在农、工、商三个领域利润的巨大差距，导致了在这三大产业领域茶叶从业人员地位的悬殊，种茶摘茶的人始终只能被称为"茶农"，参照陆羽的"茶人"概念，可知这种现象是种遗憾。缺少了种茶摘茶人的茶人概念可谓不完整，种茶摘茶人的地位畸轻，也正是茶业拼图不能很完整完美的重要原因之一。当代茶圣吴觉农在晚年曾经这样描述过茶人风格："我从事茶叶工作一辈子，许多茶叶工作者、我的同事和我的学生同我共同奋斗，他们不求功名利禄、升官发财，不慕高堂华屋、锦衣美食，不沉溺于声色犬马、灯红酒绿，大多一生勤勤恳恳、埋头苦干、清廉自守、无私奉献，具有君子的操守，这就是茶人风格。"然而，即使是不包括茶农在内的茶人，在茶业各环节中的所作所为，仍然存在着种种不尽如人意的现象，比如制假售假、以次充好、虚假宣传、恶意炒作等，距离吴觉农先生所推许的茶人风格相去甚远，有些甚至是背道而驰。而陆羽所提的茶人概念，应该是一个更为高远的警醒。

茶农翻炒龙井茶（丁珊供图）

三、茶之造

【原文】

凡采茶，在二月、三月、四月之间。

茶之笋者，生烂石沃土，长四五寸，若薇、蕨始抽，凌露采焉。茶之牙者，发于丛薄之上，有三枝、四枝、五枝者，选其中枝颖拔者采焉。

其日，有雨不采，晴有云不采；晴，采之，蒸之，捣之，拍之，焙之，穿之，封之，茶之干矣。

茶有千万状，卤莽而言：如胡人靴者，蹙缩然；犎牛[1]臆者，廉襜然；浮云出山者，轮囷[2]然；轻飙拂水者，涵澹然；有如陶家之子，罗膏土以水澄泚之；又如新治地者，遇暴雨流潦之所经。此皆茶之精腴。有如竹箨者，枝干坚实，艰于蒸捣，故其形籭簁然；有如霜荷者，茎叶凋沮，易其状貌，故厥状萎悴然。此皆茶之瘠老者也。

自采至于封，七经目。自胡靴至于霜荷，八等。

或以光黑平正言嘉者，斯鉴之下者；以皱黄、坳垤言嘉者，鉴之次也；若皆言嘉及皆言不嘉者，鉴之上也。何者？出膏者光，含膏者皱；宿制者则黑，日成者则黄；蒸压则平正，纵之则坳垤。此茶与草木叶一也。

茶之否臧[3]，存于口诀。

【注释】

①犎牛：野牛。《汉书》卷九六《西域传》："罽宾出犎牛。"颜师古注："犎牛，项上隆起者也。"

②轮囷：曲折回旋状。《史记》卷八三《邹阳传》："蟠木根柢，轮囷离诡。"裴骃集解："委曲盘戾也。"

③否臧：好坏。《易·师卦》："师出以律，否臧凶。"孔颖达疏："否谓破败，臧谓有功。"

【译文】

一般说来，采茶的季节通常在农历的二月、三月、四月之间。

生长最好的茶树，其柔嫩的枝茎和苗壮的幼芽犹如春笋，生长在风化比较完全的肥沃土壤里，长达四五寸，好像刚刚抽芽的薇、蕨，要在有露水的清晨前去采摘。次一等的茶树，其芽叶较为细弱，生长在草木丛生的地方，从一条老枝上有发出三枝、四枝、五枝新梢的，可以选择其中长势比较挺拔的进行采摘。

至于采摘的时间，当天有雨不采，晴天有云也不采；只有天气晴朗的时候才能采摘。采摘的茶叶，还要经过六道工序进行加工制造：上甑蒸熟，用杵臼捣碎，拍压成形，烘焙至干，穿饼成串，包装封好，这样就可以制成干燥的茶饼了。

茶饼的形状千姿百态，粗略地说，主要有以下八种：有的像北方游牧民族穿的靴子，表面皱纹很多；有的像野牛胸部的皮囊，有衣服飘动似的褶痕；有的像浮云出山，盘旋屈曲；有的像轻风拂水，微波荡漾；有的像陶工筛出的细土再经过清水沉淀出的泥膏，光滑润泽；还有的像新垦辟的土地被暴雨急流冲刷过似的，凹凸不平。以上这些都是精致的上等茶。有的茶叶好像笋壳一样，枝梗坚硬，很难蒸捣，因而制成的茶饼形状仿佛布满孔眼的箩筛一样；还有的茶叶好像经霜的秋荷一样，茎和叶都已经凋败，改变了原有的形状和风貌，所以制成的茶饼外貌就显得干枯憔悴。这两种就是比较粗劣、过老的低档茶。

综上所述，茶叶从采摘到封藏，共有七道工序；而茶饼的形状和品质则从类似游牧民族的靴子到好像霜打的秋荷，可以分为八个等级。

关于茶饼品质的鉴定，有人以为茶饼的外表光泽、色黑、平整，就是品质精美的好茶，其实这是下等的鉴别方法；有人以为茶饼的外表皱缩、色黄、凹凸不平，就是品质优良的佳茶，其实这是次等的鉴别方法；如果认为上述标准均不足以鉴别茶叶品质的优劣，而又能系统全面地指出好茶的优点和粗茶的缺点，这才是最好的鉴别方法。为什么这么说呢？因为压出汁液之后的茶饼表面就有光泽，而含有汁液的茶饼表面就皱缩；隔夜制造的茶饼就色黑，而当天制造的茶饼就色黄；蒸压坚实茶饼表面就平正，而压得不实甚至任其自然茶饼表面就凹凸不平。就这个意义上说，茶叶和其他草木叶子是一样的。

茶叶品质好坏的鉴别，另有一套口诀。（可惜茶圣陆羽没有记述下来，后人已无从知晓了。）

【点评】

本章概述了采制茶叶的节气时令要求，制茶的工序，以及成品茶的外形特征与鉴别方法。

陆羽首先明确采茶的时间是在二、三、四月之间，时当仲春、季春与孟夏，采制之茶主要是春茶。在陆羽之前，晋郭璞虽有"早取为茶，晚取为茗"即春茶秋茶皆有的记载，不过从晋杜育《荈赋》所言"月惟初秋，农功少体"来看，似乎还更重视秋茶一些，因为秋天农事——主要是粮食生产已经完成，此时采茶，不会妨碍农事，可见茶叶完全是农业的附属。《茶经》讲求采制春茶，完全是从茶叶本身特性出发的，因为春茶正如唐代杨晔《膳夫经手录》所言蒙顶茶："春时，所在吃之皆好"，这可谓是茶叶至陆羽时代的发展要求与体现，对此后茶叶的日益发展与繁荣有着决定性的影响。

陆羽在本章对采制茶叶的第一步——采茶提出了很高的要求，一是要带露采茶，二是采茶当日的天气须得是晴天无云。

　　晴天无云采茶的要求，从手工制茶的条件来讲，这是非常实用的经验之谈，适当的温度以及湿度对于手工制造好茶而言，是最基本的环境条件，辅之以当天完成的蒸、造、烘焙等工序，才能制出好茶。虽然晴天采茶的要求已经被实践证明比较合理，不过随着人们对茶叶研究的加深，以及生产茶叶条件的改善，加之新茶及时下树的要求，现在阴雨天也可以采茶了。

　　《茶经》"凌露采焉"即带露采茶的要求，曾经在宋代北苑官焙茶园的生产中达到无以复加的极致地步，为了保证鲜叶带露，必须在日出之前就完成采茶。为此，监造官在凌晨击鼓开采，在日出之前鸣钲收工："采茶不许见日出。"但是这样就使得能够采茶的时间极短。为了达到一定的采茶量，就要求有大量的采茶工，这只有不计成本的官焙茶园才能做到。而带露采茶实质上也只是保证了鲜叶的滋润，在此后对露水对于茶叶作用的认识趋于理性、茶叶生产规模日渐增大的情况下，这项要求逐渐不再为人讲求。但是陆羽对于鲜叶品质的讲求却一直是有指导意义的，只不过现在这项要求转向了芽叶嫩度等方面。

崔子忠《杏园夜宴图》（局部）

　　关于生产流程，陆羽总共只用了十四个字就交代了唐代蒸青饼茶的全部生产流程工序："采之，蒸之，捣之，拍之，焙之，穿之，封之"，与上一章《二之具》中相应的生产用具相互印证，简洁而清晰。

　　本章的绝大部分篇幅，都在阐述茶饼的品质与鉴别，表明成品茶的品质鉴定在唐代就是一个重要问题，表明陆羽对于这一问题的重视以及这一问题的难度之大。作为须加工而成的植物产品，加工品质与成品茶饼品质成等比对应，采制合时得宜者，大抵能制成"精腴"的好茶，反之只能制成"瘠老"的差茶。陆羽介绍了几种加工方式与茶饼表面特征的对应关联，唐代茶饼因为紧压成形，所以鉴别主要是从茶饼的外观色泽纹理着手。并称"茶之否臧，存于口诀"而不再作更多详细介绍。这表明中唐时已经有口诀言传鉴别饼茶的方法经验，可见鉴茶在当时已经是茶叶普泛而重要的问题。

　　《三之造》对成品饼茶的质量鉴别，与《一之源》中"采不时，造不精"的内容遥相呼应，但对于"杂以卉莽"掺杂甚至制假的茶饼鉴别尚未言及。当然，饼茶由于压制成饼，只能从表面以经验判别其品质，内中的夹杂是无法直观的，只有打开茶饼并煎煮品尝才能做到，现今普洱茶饼的鉴别问题依然如此。

　　不过，无论如何，陆羽《茶经》首次创立了成品茶的鉴别课题，此后，不论茶叶的制作工艺、外观形态如何发展，茶叶品质的鉴定始终是业界评审和消费者都要关心的重大问题。

虚谷《江天琴话图》（局部）

四、茶之器

【原文】

风炉灰承：风炉，以铜铁铸之，如古鼎形。厚三分，缘阔九分，令六分虚中，致其杇墁①。凡三足，古文书二十一字。一足云："坎上巽下离于中"②；一足云："体均五行去百疾"；一足云。"圣唐灭胡明年铸"③。其三足之间，设三窗，底一窗以为通飙漏烬之所。上并古文书六字：一窗之上书"伊公"二字；一窗之上书"羹陆"二字；一窗之上书"氏茶"二字，所谓"伊公羹、陆氏茶"④也。置墆㙤⑤于其内，设三格：其一格有翟焉，翟者，火禽也，画一卦曰离；其一格有彪焉，彪者，风兽也，画一卦曰巽；其一格有鱼焉，鱼者，水虫也，画一卦曰坎。巽主风，离主火，坎主水，风能兴火，火能熟水，故备其三卦焉。其饰，以连葩、垂蔓、曲水、方文之类。其炉，或锻铁为之，或运泥为之。其灰承，作三足铁柈⑥抬之。

【注释】

①杇墁：亦作"污墁""污墁"，是一种粉刷墙壁用的工具，这里指涂泥。

②坎、巽、离：都是八卦的卦名，坎为水，巽为风，离为火。

③圣唐灭胡：指唐平息安史之乱，时在唐广德元年（公元763年）。盛唐灭胡明年则是公元764年。圣唐灭胡明年铸，指这个鼎铸于公元764年。

④伊公：指商汤时的大尹伊挚，相传他善调汤味，世称"伊公羹"。萧统《七契》："伊公调和，易氏燔爨，传车渠之椀，置青玉之案。"陆，即陆羽自己。"陆氏茶"，陆羽的茶具。

⑤墆㙤：土堆。墆，贮藏。《广韵》："墆，贮也，止也。"

⑥柈：通"盘"，盘子。

鼎形风炉

【译文】

风炉（含灰承）：用铜或铁铸成，形同古鼎的样子，炉壁有三分厚，炉口上的边缘有九分宽，比炉壁多出的六分向内，下面虚空，用泥涂糊，形成炉膛。炉有三只脚，脚上铸有二十一个古字；一只脚上写有"坎上巽下离于中"；一只脚上写有"体均五行去百疾"；另一只脚上写有"圣唐灭胡明年铸"。三只炉脚之间有三个洞口，炉底下的一个洞用来通风漏灰烬。三个洞口写有六个古字：一个窗口上写有"伊公"二字，一个窗口上写有"羹陆"二字，一个窗口上写有"氏茶"二字，就是"伊公羹，陆氏茶"的意思。炉上有架锅用的垛，其内分为三格：一格上画有野鸡的图案，野鸡是火禽，此为离卦；一格上画有似虎非虎的彪，彪是风兽，此为巽卦；一格上画有鱼的图案，鱼是水虫，此为坎卦。"巽"主风，"离"主火，"坎"主水，风能使火烧旺，火能把水烧开，因此要有此三卦。炉身的装饰通常还有花卉、树木、流水及其他图案花纹等。风炉的炉身，有的用铁锻造而成，有的用泥土烧制而成。风炉的灰承，通常是一个有三只脚的铁盘，用以承受炉灰。

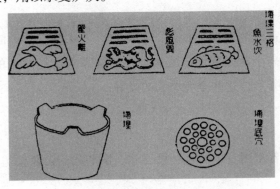

风炉纹样

【原文】

筥：以竹织之，高一尺二寸，径阔七寸。或用藤，作木楦如筥形织之。六出圆眼。其底盖若莉箧①，口铄②之。

【注释】

①莉箧：用小竹篾编成的长方形箱子。

②铄：指弄光滑。

【译文】

筥：用竹篾编织而成，高一尺二寸，直径七寸。或者用藤编织，先制作一个木楦头，用藤绕着它编织，六角圆眼花纹要明显。它的底盖要像长方形箱子口一样削平整。

【原文】

炭挝①：以铁六棱制之。长一尺，锐上丰中执细，头系一饰挝也，今之河陇②军人木吾③也。或作槌，或作斧，随其便也。

【注释】

①挝：榔头。
②河陇：黄河的甘肃地段。
③木吾：木棒。

【译文】

炭挝：是用铁打造成的六棱形铁棒。长一尺，一头细，从中间开始逐渐粗大。手拿细头，细头顶端安一小锤做装饰，就像现在河陇军人巡逻时用的木棒。也可以打造成锤形，或者打造成斧形，这些全凭个人的爱好。

【原文】

火筴：一名箸，若常用者，圆直一尺三寸。顶平截，无葱薹句锁①之属。以铁或熟铜制之。

【注释】

①葱薹句锁：薹，读音tàn，葱的籽实，长在葱的顶部，呈圆珠形。句，通"勾"，弯曲形。锁，即"锁"的异体字。

【译文】

火筴：又叫箸，就是平常用的火钳，圆直形，长一尺三寸，顶端平齐，饰有葱台、勾锁之类的东西。用铁或熟铜制成。

【原文】

鍑（音辅，或作釜，或作䥽）：以生铁为之。今人有业冶者，所谓急铁，其铁以耕刀之趄①炼而铸之。内抹土而外抹沙。土滑于内，易其摩涤；沙涩于外，吸其炎焰。方其耳，以令正也。广其缘，以务远也。长其脐，以守中也。脐长，则沸中；沸中，末易扬，则其味淳也。洪州^②以瓷为之，莱州^③以炻^④为之。瓷与石皆雅器也，性非坚实，难可持久。用银为之，至洁，但涉于侈丽。雅则雅矣，洁亦洁矣，若用之恒，而卒^⑤归于铁也。

【注释】

①耕刀之趄：耕刀，即锄头、犁头。趄，读音 jū。艰难行走之意，成语有"趑趄不前"，此处引申为坏的、旧的。

②洪州：唐时州名。治所在今江西南昌一带。

③莱州：唐时州名。治所在今山东莱州一带。

④炻：通石，近似陶器。

⑤卒：终究。

【译文】

·鍑（音辅，或作釜，或作鬴）：用生铁制造而成。如今有人经营冶炼业就用"急铁"，也就是坏锄头之类回炉再炼的铁。铸造时，模芯外面涂抹泥土，外模里面涂抹细沙。土能使锅内面光滑，便于洗刷，沙能使锅外粗涩，吸热很快。两个锅耳制成方形，使锅提起时端正。锅沿要宽，可以用得时间长些；锅腹要深，使煮茶的水不超过中部。这样，锅深了，茶水就在锅的中部沸腾，茶叶在沸水中翻滚不会溢出，用这种方法煮的茶水，味道就格外醇厚。洪州人用瓷制造锅，莱州人用石头制造锅。瓷锅和石锅都是雅致的东西，但天性不坚固不结实，很难持久使用。也有人用银制造锅，当然是很干净，但是过于奢侈华丽。而这些用瓷、石、银制造的锅，要说雅致，确实很雅致；要论洁净，也非常洁净，但如果想长久耐用，还是以铁制的为好。

【原文】

交床^①：以十字交之，剜^②中令虚，以支鍑也。

【注释】

①交床：锅座。

②剜：挖掉。

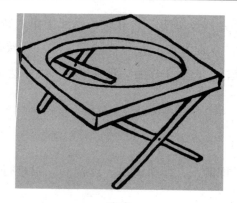

交床

【译文】

交床：是用十字交叉的木架拼制而成的，中间掏空，用来支放茶锅。

【原文】

夹：以小青竹为之，长一尺二寸。令一寸有节，节以上剖之，以炙茶也。彼竹之筱①，津润于火，假其香洁以益茶味。恐非林谷间莫之致。或用精铁、熟铜之类，取其久也。

【注释】

①彼竹之筱：筱，竹的一种，也称为小箭竹。

【译文】

夹子：用小青竹制成。长一尺二寸。青竹的上端一寸处，要留有竹节。竹节以下对半剥开，用来夹烤茶饼。小青竹的汁液，受到火烤后就会散发香气。增加茶叶的香味。但不去丛林深谷是找不见这种小青竹的，也可用精铁、熟铜打造夹子，会更经久耐用。

【原文】

纸囊：以剡藤纸①白厚者夹缝之，以贮所炙茶，使不泄其香也。

【注释】

①剡藤纸：产于唐时浙江剡县、用藤为原材料制成的纸，洁白细腻有韧性，为唐

时包茶专用纸。

【译文】

纸囊：用两层又白又厚的剡藤纸做成。用来贮放烤好的茶，使香气不散失。

【原文】

碾（含拂末）：碾以橘木为之，次以梨、桑、桐、柘①为之。内圆而外方。内圆，备于运行也；外方，制其倾危也。内容堕②而外无余。木堕，形如车轮，不辐而轴焉。长九寸，阔一寸七分。堕径三寸八分，中厚一寸，边厚半寸。轴中方而执圆。其拂末，以鸟羽制之。

【注释】

①柘（zhè）：一种树。
②堕（tuǒ）：同"砣"，碾砣。

筥

【译文】

碾（包含拂末）：用橘木制作最好，其次是用梨、桑、桐、柘等木制作。形状内圆外方。内圆，便于碾轮滚碾；外方，可提防碾的倾倒。碾槽以恰好容下碾轮没有多余的地方为最佳。碾轮，形状像车轮，但没有辐条只有一个轴穿在中间。碾槽长九寸，宽一寸七分。碾轮直径三寸八分。中心厚一寸，周边厚半寸。轴的中心是方形，两手抓的地方是圆形。用来刷茶末的"拂束"，是用鸟的羽毛制作而成的。

【原文】

罗合：罗末以合盖贮之，以则置合中。用巨竹剖而屈之，以纱绢衣之。其合，以竹节为之，或屈杉以漆之。高三寸，盖一寸，底二寸，口径四寸。

则，以海贝、蛎蛤之属，或以铜、铁、竹匕[1]策之类。则者，量也，准也，度也。凡煮水一升，用末方寸匕[2]，若好薄者，减之；嗜浓者，增之。故云则也。

水方，以椆木、（音胄，木名也。）槐、楸、梓等合之，其里并外缝漆之。受一斗。

【注释】

①竹匕：用竹制成的匙子。

②用末方寸匕：用竹匙挑起茶叶末大概一平方寸。陶弘景《名医别录》："方寸匕者，作匕正方一寸，抄散取不落为度。"

罗合

【译文】

罗合，罗是用来筛茶末用的，合即盒子，用来贮存筛好的茶末。把则放在盒中。将粗大的竹子劈开做成罗筛，并把罗筛弯曲成筒状，用纱或绢铺在底部做筛网。盒用竹节制成，或用杉树片弯曲成圆形，再涂上油漆。盒高三寸，盖一寸，底二寸，盒口直径四寸。

则，用贝壳、蛤蜊之类的壳，或用铜、铁、竹制成的匙、小箕之类充当。则就是度量标准的意思。通常情况下烧一升的水，就按一方寸匕的匙量取茶末。如果喜欢味道清淡些的，就减少用量；喜欢喝浓茶的，就增加茶末。因此，这种容器被称为则。

水方：用椆、槐、楸、梓等木料制成，内外缝隙都用漆封实。水方可以盛一斗水。

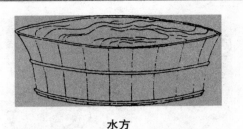

水方

【原文】

漉水囊①，若常用者，其格，以生铜铸之，以备水湿，无有苔秽、腥涩意。以熟铜苔秽，铁腥涩也。林栖谷隐者，或用之竹木。木与竹非持久涉远之具，故用之生铜。其囊，织青竹以卷之，裁碧缣以缝之，纽翠钿以缀之，又作油绿囊以贮之。圆径五寸，柄一寸五分。

瓢，一曰牺杓。剖瓠为之，或刊木为之。晋舍人杜毓②《荈赋》云："酌之以匏。"匏，瓢也，口阔，胫薄，柄短。永嘉中，余姚人虞洪入瀑布山采茗，遇一道士，云："吾，丹丘子，祈子他日瓯牺之余③，乞相遗也。"牺，木杓也。今常用以梨木为之。

竹夹，或以桃、柳、蒲葵木为之，或以柿心木为之。长一尺，银裹两头。

鹾簋④揭，以瓷为之，圆径四寸，若合形，或瓶、或罍，贮盐花也。其揭，竹制，长四寸一分，阔九分。揭，策也。

【注释】

①漉水囊：即滤水袋。漉，过滤。

②杜毓：字方叔，西晋文学家，与左思、陆机齐名，曾任中书舍人等职。

③瓯牺之余：指喝盛的茶。瓯、牺，盛茶的器具在。王浮《神异记》有记载："余姚人虞洪入山采茗，遇一道士，牵三青牛，引洪至瀑布曰：'予丹丘子也，闻子善具饮，常思见惠。山中有大茗可以相给，祈子他日有瓯牺之余，乞相遗也。'"

④鹾簋：盐罐。鹾，盐。《礼记·曲礼》："盐曰咸鹾。"簋，古代盛食物的圆口竹器。

【译文】

漉水囊，滤水用具，和平常用的一样。它的外框一般都是用生铜铸造的，以免被水打湿后生出铜苔和污垢，产生腥涩气味。在山林中隐居的人，也会用竹木制成漉水

漉水囊、绿油囊

篇

囊。但竹木制品不耐用，不便携带远行，因此选用生铜。漉水囊用竹篾编织卷曲成形，裁剪碧绿色细密的绢缝制，并用金银宝石等装饰，又做绿色的口袋把整个漉水囊装起来。漉水囊的圆口径约为五寸，柄长一寸五分。

瓢，又叫牺杓，把葫芦劈开或削木而成。晋朝杜毓的《荈赋》中说："酌之以匏。"匏，就是瓢，口阔、瓢身薄、手柄短。晋永嘉年间，余姚人虞洪到瀑布山采茶，遇见一位道士对他说："我是丹丘子，希望你日后能把瓯牺里多余的茶送些给我。"其中的"牺"，就是木杓，现在通常用梨木挖成。

竹夹，用桃木、柳木、蒲葵木或柿心木做成。长一尺，两端用银包裹起来。

鹾簋（揭），用瓷制成，圆形，直径四寸，形状像盒子、瓶子或小坛子，是装盐用的。揭是竹制的，长四寸一分，宽九分。这种揭，是取盐用的工具。

【原文】

熟盂，以贮熟水，或瓷、或砂，受二升。

碗，越州上①，鼎州次、婺州次，岳州次，寿州、洪州次②。或者以邢州③处越州上，殊为不然。若邢瓷类银，则越瓷类玉，邢不如越一也；若邢瓷类雪，则越瓷类冰，邢不如越二也；邢瓷白而茶色丹，越瓷青而茶色绿，邢不如越三也。晋杜毓《荈赋》所谓："器择陶拣，出自东瓯。"瓯，越州也。瓯，越州上，口唇不卷，底卷而浅，受

半升以下。越州瓷、岳瓷皆青，青则益茶。茶作红白之色，邢州瓷白，茶色红；寿州瓷黄，茶色紫；洪州瓷褐，茶色黑，悉不宜茶。

畚④，以白蒲卷而编之，可贮碗十枚。或用筥，其纸以剡纸夹缝令方，亦十之也。

札，缉栟榈皮，以茱萸木夹而缚之，或截竹束而管之，若巨笔形。

涤方，以贮洗涤之余。用楸木合之，制如水方，受八升。

滓方，以集诸滓，制如涤方，处五升。

巾，以絁布⑤为之。长二尺，作二枚，互用之，以洁诸器。

具列，或作床，或作架。或纯木、纯竹而制之，或木或竹，黄黑可扃⑥而漆者。长三尺，阔二尺，高六寸。具列者，悉敛诸器物，悉以陈列也。

都篮，以悉设诸器而名之。以竹篾，内作三角方眼，外以双蔑阔者经之，以单蔑纤者缚之，递压双经，作方眼，使玲珑。高一尺五寸，底阔一尺，高二寸，长二尺四寸，阔二尺。

【注释】

①越州：治所在今浙江绍兴地区，唐时越窑主要在余姚，所产青瓷，极名贵。鼎州：治所在今陕西径阳三原一带。婺州：治所在今浙江金华一带。

②岳州、寿州、洪州：都是唐时州郡名，治所分别在今湖南岳阳、安徽寿县、江西南昌一带。

③邢州：唐时州郡名，治所在今河北邢台一带。

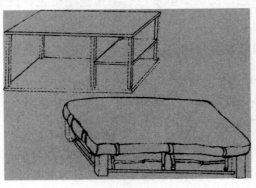

具列

④畚：即簸箕。

⑤絁布：粗绸。

⑥扃：可关锁的门，这里用作动词，是作关门用的意思。

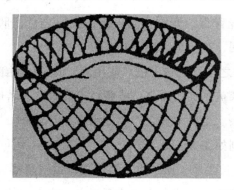

畚

【译文】

熟盂，用来盛开水的，瓷或陶制成，容量是两升。

碗，以越州出产的品质为最好，鼎州、婺州的次之，岳州的也很好，寿州、洪州的则差些。有人认为邢州出产的比越州好，我觉得并非如此。如果说邢瓷质地如银，越瓷就像玉一般，这是邢瓷不如越瓷的第一点；如果说邢瓷像雪，那么越瓷就像冰，这是邢瓷不如越瓷的第二点；邢瓷洁白可以使茶汤显得更红，越瓷的青色可以使茶汤显得更绿，这是邢瓷不如越瓷的第三点。晋代杜毓的《荈赋》中说："器择陶拣，出自东瓯。"瓯，就是越州，越州出产的品质最好，碗口不卷边，底部边缘卷而浅，容量不超过半升。越瓷、岳瓷都是青色，易于呈现茶的汤色。茶色淡红，邢瓷是白色，使茶汤呈红色；寿州瓷是黄色，使茶汤呈紫色；洪州瓷是褐色，使茶汤呈黑色，这些都不适合饮茶用。

畚，用白蒲草卷编成的盛物用具，可以装十只碗。有的用竹筥装碗。竹筥里的纸衬用双层的剡纸缝成，呈方形，也能装十个碗。

札，一种刷子，选取拼榈皮，用茱萸木包上并捆紧，或割下一段竹子，在竹管装上拼榈皮，把它扎紧，像一枝大笔的形状。

涤方，用来贮存洗涤后的水。它用楸木制成，制法和水方一样，容量为八升。

滓方，用来盛放各种茶渣，制法如同涤方，容量为五升。

巾，用粗绸子做成，长二尺，做成两块，交替使用，用来清洁各种器具。

具列，或做成床，或做成架，可以用木材或竹子制成。有的也用木材做成竹子的样子，把木架上的横杠漆上黄黑相间的颜色。具列长三尺，宽二尺，高六寸，用来收放和陈列各种器具。

清代茶园

都篮，是因放置各种器具而得名。里面用竹篾织成三角形方眼，外面用较宽的双篾做经线，用细的单篾编织，交替压着经线织成方眼，使都篮形状玲珑美观。篮高一尺五寸，长二尺四寸，宽二尺。篮底宽一尺，高二寸。

【点评】

本章详细介绍了全套茶具二十四组共计二十九种器具的尺寸、材质、功能以及装饰图案，包括生火、煮茶、烤碾罗取茶、盛取盐、盛取水、饮用、清洁和陈设八大方面，大者厚重如风炉，小者轻微如拂末、纸囊，无一不备。

设计成套茶具"二十四器"专门用于饮茶，是陆羽的首创。专门茶具的出现，是茶文化成熟与独立的标志之一。茶道艺与完整成套的茶器具密不可分，因为它们正是"茶道大行"的载体，完整的煮饮茶程式，凭借成套茶具而行。而其之所以能称为茶道者，尚有陆羽对于茶及社会政治文化相关的一些理念，这些理念，陆羽以简洁的文字与图形卦象等，镌刻在了茶具之上。

风炉，是二十四器中的重器，在陆羽自己所设计的风炉上，集中镌刻了陆羽的一些相关思想理念。一是匡时济世的思想。在炉身三个风窗上刻六字成二句："伊公羹，陆氏茶"，直言陆羽对于茶和《茶经》所寄予的厚望。商汤武王时，伊尹操俎负鼎煮羹理政而为名相，陆羽以自己所煮之茶与伊尹治理国家所煮之羹对称而言，表明他自己希望茶可以凭借《茶经》跻入时世政治从而有助于匡时济世的向往与抱负。在与耿湋的《连句多暇赠陆三山人》诗中，在被耿湋称赞"一生为墨客，几世作茶仙"时，陆羽曾吟出如下的两句诗："喜是攀阑者，惭非负鼎贤"，再度表明他有伊公负鼎的政治理想。二是社会和平的理想。在风炉的三足上，分别刻写了三句文字，其中一足之上书刻"圣唐灭胡明年铸"，"圣唐灭胡"指唐朝彻底平定安史之乱。唐玄宗天宝十四载（755年），安禄山叛，安史之乱爆发。唐廷依靠郭子仪、李光弼等九节度使的统兵以及向回纥借兵，于广德元年（763年）彻底平定历时近八年的安史之乱。陆羽在自己设计的风炉上对于唐朝彻底平定安史之乱历史事件大书特书，表明他对社会和平的向往。过去一百多年的中国历史，也印证了陆羽的理想，只有在和平的年代，和平的社会，才能有讲求茶道的茶。三是和谐健体的思想。风炉一足之上书"体均五行去百疾"，五行学说认为世界万物都是由金、木、水、火、土五种基本元素构成的，在不同

太极八卦图

的事物上有不同的表现。五行之间相生相克，形成各种自然和人生现象。五行在人体中对应着五脏：肝、心、脾、肺、肾，如果人体的五行均衡协调，人就不会生任何疾病。表明陆羽通过茶对自然和谐、养身健体的追求。风炉另一足之上书刻"坎上巽下离于中"，风炉内的墒墲分三格，分别刻画坎、巽、离三卦，又涉及了八卦理论，它是比五行理论更为繁复的表现和演变人生与自然现象的理论。因为三卦在风炉煮水时相

生相成，所以陆羽是在相生相成均衡和谐的层面上运用五行八卦理论，以期为茶、为人，求得均衡与健康。

在茶具的取材上，陆羽多次表现了他的自然主义的观照，如多用木、竹、铁制作茶具等，可以给现代人的启示是：对器具的过度追求，是不必要的，它们或会损害茶味品质甚至人体健康，或会伤及事茶之人的"精行俭德"。

而在各种适宜的器具上，陆羽都不忘记给以适当的装饰，如在风炉上饰以"连葩、垂蔓、曲水、方文之类"，在炭挝"执细头系一小以饰挝"，等等。这些美学的观照，似乎是一种本能，表现了陆羽对于茶，乃至对于生活的热爱。

本章还特别讲求茶具与茶汤的相互协调映衬，陆羽通过对茶碗的具体论述表达出来的对于器具与茶汤效果的协调与互相映衬的观念，可以说是择器的根本原则，对于择器配茶、茶席茶会设计等，至今仍有指导意义。

五、茶之煮

【原文】

凡炙茶，慎勿于风烬间炙，嫖焰如钻①，使炎凉不均。持以逼火，屡其翻正，候炮出培塿②，状虾蟆背，然后去火五寸。卷而舒，则本其始又炙之。若火干者，以气熟止；日干者，以柔止。

其始，若茶之至嫩者，蒸罢热捣，叶烂而芽笋存焉。假以力者，持千钧杵亦不之烂。如漆科珠③，壮士接之，不能驻其指。及就，则似无穰骨也④。炙之，则其节若倪倪⑤，如婴儿之臂耳。既而承热用纸囊贮之，精华之气无所散越，候寒末之。[原注：末之上者，其屑如细米；末之下者，其屑如菱角。]

【注释】

①嫖 biāo：迸飞的火焰。

②炮 páo：用火烘烤。培塿：小山或小土堆。

③漆科珠：张芳赐、蔡嘉德解释为漆树籽，圆滑如珠。

④穰 ráng：禾的茎秆。

⑤倪倪：弱小的样子。

【译文】

炙烤茶饼时，注意不要在有风火的地方烤，因为风吹，使火焰飘忽不定，会导致冷热不能均匀。要靠近火烤，同时不断地翻动，等到茶叶表面被烤出一个个像小丘一样的疙瘩，样子像蛤蟆背时，就离火五寸继续烤。卷曲的茶叶又伸展开来时，则应按开始的方法再烤。做茶时，用火烘干的要烤到有了茶香气为止；靠太阳晒干的，烤到茶饼柔软为止。

制茶之初，假如茶叶非常幼嫩，就要蒸熟后趁热春捣，这样叶子被捣烂了芽头也还能保持完好。即使力气大的人，用极重的杵来春捣，也不易捣烂芽头。这就像圆滑的漆树籽一样，虽然轻而小，但壮士反而捏不住它。春好了的茶，就像没有骨头的东西一样。烤茶时，它们柔软得好似婴儿的手臂。接着趁热放在纸袋子里，以免茶叶的香气散失掉。等到茶叶冷了，再取出来碾成末。[原注：好的茶末像细米粒，不好的像菱角。]

【原文】

其火用炭，次用劲薪。[原注：谓桑、槐、桐、枥之类也。]其炭，曾经燔炙①，为膻腻所及，及膏木、败器不用之②。[原注：膏木为柏、桂、桧也。败器，谓朽废器也。]古人有劳薪之味③，信哉！

其水，用山水上，江水中，井水下。[原注：《荈赋》所谓："水则岷方之注④，挹彼清流。"]其山水，拣乳泉、石池漫流者上⑤；其瀑涌湍漱⑥，勿食之。久食，令人有颈疾。又多别流于山谷者，澄浸不泄，自火天至霜郊以前⑦，或潜龙蓄毒于其间⑧，饮者可决之，以流其恶，使新泉涓涓然，酌之。其江水取去人远者，井水取汲多者。

其沸，如鱼目⑨，微有声，为一沸；缘边如涌泉连珠，为二沸；腾波鼓浪，为三沸。已上，水老，不可食也。初沸，则水合量调之以盐味⑩，谓弃其啜余⑪，[原注：啜，尝也，市税反，又市悦反。]无乃䣀𬘬而钟其一味乎⑫？[原注：䣀古暂反，𬘬吐滥反，无味也。]第二沸出水一瓢，以竹夹环激汤心，则量末当中心而下。有顷，势若奔涛溅沫，以所出水止之，而育其华也⑬。

【注释】

①燔 fán：火烧，烤炙。

②膏木：有油脂的树木。

③劳薪之味：指用陈旧或其他不适宜的木柴烧煮而使味道受影响的食物。

④岷方之注：岷江流淌的清水。

⑤乳泉：从石钟乳滴下的水，富含矿物质。

⑥瀑涌湍漱：山泉汹涌，翻腾冲击。

⑦火天：热天，夏天。霜郊：疑为霜降之误。霜降：节气名，公历 10 月 23 日或 24 日。火天至霜郊，指公历 6 月至 10 月霜降以前的这段时间。

⑧潜龙：潜居于水中的龙蛇，蓄毒于水内。周靖民《茶经》校注认为：实际是停滞不泄的积水（死水），滋生了细菌和微生物，并且积存有大量动植物腐败物，经微生物的分解，产生一些有害人身的可溶性物质。

⑨鱼目：水初沸时水面出现的像鱼眼睛的小水泡。唐宋时也称为虾目、蟹眼。

⑩则水合量：估算水的多少调放适量的食盐。则，估算。

⑪弃其啜余：将尝过剩下的水倒掉。

⑫无乃齸䑋而钟其一味乎：不能因为水中无味而过分加盐，否则岂不是成了只喜欢盐这一种味道了吗？齸䑋，无味。

⑬华：精华，汤花，茶汤水表面的浮沫。

【译文】

烤茶的火，用炭烧最好，其次是用火力猛的木柴（原注：指桑、槐、桐、枥等类的木柴）。烤过肉或染有膻味和油腻的木炭，或是含有油脂的木材和朽坏的木器，都不可用来烤茶。（原注：膏木是指柏树、桂树、桧树之类；败器是指朽废了的木器。）古人有"劳薪之味"的说法，诚然是可信的。

煮茶的水，以山水最好，其次是江河水，井水最差。（原注：《荈赋》说："水要取与江河之源相通的，汲取其最清洁的部分。"）山水选择钟乳石上滴下的水，或石池里流动缓慢的水最好；山上的喷泉水、急流水以及湍急的水和急速旋转的水都不要取来喝，人经常喝这种水会使颈部生病。有些山谷中的水虽然看上去很清，但不流动，从夏天到秋天降霜之前，会有虫蛇与草木的积毒潜浸在里面。喝这种水，要先掘开塘口让有毒的积水流走，等新泉水细细流动时，再汲取饮用。江河的水，要到离人烟较远的地方去取。井水要到经常汲水的井中汲取。

水沸腾时，当水煮到出现鱼眼大的气泡，并微有沸声时，是第一沸；边缘连珠般的水泡向上冒涌时，是第二沸；水面波浪翻腾时，是第三沸。三沸之后，水已煮老，就不要再喝它了。当水刚刚沸腾时，要根据水的多少适当加入一点食盐来调味，尝尝水味，把尝后剩余的丢掉，不要因无味而过多加盐，否则岂不成了喜欢盐水这一种味道了吗？第二沸时，舀出一瓢水，随后用竹笑环搅水汤中心，用"则"量出定量的茶末，于沸水中心投下。不一会儿，沸水就如波涛一般溅出许多沫子，这时用先前舀出的水浇进去，制止沸腾，使其生成"华"。

【原文】

凡酌，置诸碗，令沫饽均①。（原注：字书并《本草》②：饽，茗沫也，蒲笏反。）沫饽，汤之华也。华之薄者曰沫，厚者曰饽，细轻者曰花。如枣花漂漂然于环池之上；又如回潭曲渚青萍之始生③；又如晴天爽朗，有浮云鳞然。其沫者，若绿钱浮于水渭④；又如菊英堕于樽俎之中⑤。饽者，以滓煮之，及沸，则重华累沫，皤皤然若积雪耳⑥。《荈赋》所谓"焕如积雪，烨若春薮⑦"，有之。

第一煮水沸，而弃其沫，之上有水膜，如黑云母⑧，饮之则其味不正。其第一者为隽永，〔原注：徐县、全县二反。至美者，曰隽永。隽，味也。永，长也。味长曰隽永，《汉书》蒯通著《隽永》二十篇也⑨）。或留熟盂以贮之⑩，以备育华救沸之用。诸第一与第二、第三碗次之，第四、第五碗外，非渴甚，莫之饮。

凡煮水一升，酌分五碗⑪。（原注：碗数少至三，多至五；若人多至十，加两炉。）乘热连饮之，以重浊凝其下，精英浮其上。如冷，则精英随气而竭，饮啜不消亦然矣。

茶性俭，不宜广，广则其味黯澹。且如一满碗，啜半而味寡，况其广乎！

其色缃也⑫，其馨欸也，（原注：香至美曰欸，欸音使。）其味甘，槚也；不甘而苦，荈也；啜苦咽甘，茶也。（原注：《本草》云其味苦而不甘，槚也；甘而不苦，荈也。）

【注释】

①饽 bō：茶汤表面上的浮沫。

②字书：当指其时已有的字典，如《说文解字》《广韵》《开元文字音义》等。

③回潭：回旋流动的潭水。曲渚：曲曲折折的洲渚。渚，水中陆地。

④绿钱：苔藓的别称。

⑤菊英：菊花，不结果的花叫英，英是花的别名，《楚辞·离骚》："夕餐秋菊之落

英。”樽：盛酒的器皿，尊、樽、罇诸字同义。俎：盛肉的器皿。

　　⑥皤 pó 皤：白色。

　　⑦烨 yè：明亮，火盛，光辉灿烂。敷 fū：花的通名。

　　⑧黑云母：云母为一种矿物结晶体，片状，薄而脆，有光泽。因所含矿物元素不同而有多种颜色，黑云母是其中的一种。

　　⑨蒯通著《隽永》二十篇也：语出《汉书·蒯通传》，文曰：“（蒯）通论战国时说士权变，亦自序其说，凡八十一首，号曰《隽永》。”此处所引“二十篇”当有误。

　　⑩或留熟盂以贮之：将第一沸撇掉黑云母的水留一份在熟盂中待用。

　　⑪酌分五碗：唐代一升约为 600 毫升，则一碗茶之量约为 120 毫升。

　　⑫缃 xiāng：浅黄色。汉刘熙《释名》卷四《释采帛》：“缃，桑也，如桑叶初生之色也。”

【译文】

　　饮茶时，将茶倒入碗中，要使沫饽尽量均匀。（《字书》与《本草》说：“沫、饽，都是茶上面的泡沫。”饽，蒲笏反切。）沫饽是茶汤的精华，薄的叫沫，厚的就叫饽，轻微细小的叫花。花就像枣花落在池塘中缓缓漂动，又像曲折的潭水和绿洲上新生的浮萍，又像晴朗的天空中浮云飘过。沫好似水中青苔浮在岸边，又如同菊花纷纷落入杯中。饽是茶渣煮出来的，水沸腾时，沫饽不断生成积累，层层堆积如白雪一般。《荈赋》中说：“明亮像积雪，灿烂如春花”，描写的就是这番景象。

　　第一次煮沸的水，要把表面一层像黑色云母的水膜去掉，它会影响水的味道。从锅中舀出的第一碗水为“隽永”。（隽，徐县、全县反切。隽永是指上好的东西。隽，味道。永，长久。隽永即指味道长久。《汉书》：蒯通著《隽永》二十篇。）茶汤贮存在熟盂中，用来止沸和育华。之后舀出的第一、第二、第三碗味道略差些，第四、第五碗之后的茶汤，如果不是渴得太厉害，就不值得饮用了。通常煮一升水的茶，分为五碗，（少则三碗，多则五碗，如果人数超过十个，就应该多加两炉茶。）茶应该趁热饮用，这是因为杂质浊物沉淀在底下，而精华则浮在上面。茶冷却后，精华就会随着热气挥发了，喝起来自然就不受用了。

　　茶性俭，煮的时候水不宜多，水越多味道就越淡薄。如同一碗茶，喝了一半，味道就觉得差些了，何况是水加多了呢！茶的汤色浅黄，茶香四溢。（馤，音使，指香味特别好。）品其味道甘甜的是“槚”；不甜而苦的是“荈”；入口时略带苦味，咽下去又有回甘的则是"茶"。

【点评】

本章较为系统地介绍了唐代末茶完整的煮饮程式：炙茶→碾（罗）茶→炭火→择水→煮水→加盐加茶粉煮茶→育汤花→分茶入碗→趁热饮茶。

陆羽对炙茶程序着墨甚多，从对烤炙好的茶要趁热用纸囊贮藏，使"精华之气无所散越"的要求来看，炙茶这一程序对将饮之茶有着焙香的作用。不过很可惜，这一程序在宋代蔡襄《茶录》之后，被认为只有在饮用陈茶时才需在碾茶前烤炙，因而在宋代的团饼茶饮用程序上实际取消了这一步骤。

对于煮茶所用燃料，陆羽论之甚详，要以火力强劲和不能损害茶味为重。最为要用者是炭，其次是用火力强劲的木材。因为炭火火力通彻，又没有火焰，没有火焰就不会有烟，就不会有烟气侵损茶味。在烹饪过程中使用，已经沾染了荤膻油腻气味的炭材，以及有油脂的树木，与陈旧家具、工具的废弃木材等，看起来虽然不浪费，但都不可用于煮茶，因为这些材料都会污染茶水之味。

关于煮茶之水，陆羽认为山水、江水、井水，只要所取适宜，都为可用，而以山水为上。当然山水也有很多种，陆羽仔细分析了各种条件下的山水情况，并指导如何取用。江水取离人类活动远的地方的，这样人类活动不致沾染江水。井水要用使用多的井里的，这种井里的水能够保证常汲常新，流动鲜活。总之，只要是清洁流动的水皆可，而以甘美而清冽的泉水为最好。至北宋，前者被苏轼总结为"活水"，后者被宋徽宗赵佶论述为"以清轻甘洁为美"。陆羽年轻时在家乡与贬官竟陵的崔国辅相与交游的三生中，一项重要的活动内容就是品茶论水，此后陆羽对于煮茶用水一直都非常重视，所到之处依然品茶评水。唐代张又新著《煎茶水记》时，记录了陆羽曾经将其所经历的天下宜茶之水品评等第列出二十种，成为中国南北大地"天下第×泉"的源头。重视饮茶用水成为此后茶人的一个传统，唐宰相李德裕甚至有千里运惠山泉的故事。

陆羽对于煮水的论述，首开风气之先。他将水烧开沸腾分为三个程度，并将一沸之水形象地比喻为"鱼目"。从此，鱼目蟹眼成为后出茶书论煮水时的专用名词，更是特别成为诗文创作中的一个极为醒目的意象。陆羽认为对茶最适合的是在水达到二沸时加入末茶粉煮茶，三沸以上的水老，不可用来煮茶饮用。这一经验论断一直为人继承，至今仍有着现实的指导意义，所区别者，是现在有更多的科学研究手段，通过量化的分析，更为科学地证明陆羽的经验性论断。

宋煮茶画像砖（拓片）

　　陆羽关于茶汤表面沫饽的形象描绘，再次展示了他对茶的美好感受与热爱之情，也让人们再次看到了他的文学才华，他的朋友权德舆（官至宰相）曾经这样称赞他："词艺卓异，为当时闻人"，说明了陆羽的文学成就与影响很大。

　　本章关于茶需趁热连饮，否则茶味就不好的经验，至今仍然正确。

　　本章"茶性俭，不宜广"的论述，与《一之源》所论茶之为饮"最宜精行俭德之人"相呼应。

六、茶之饮

【原文】

　　翼而飞，毛而走，呿而言①，此三者俱生于天地间，饮啄以活，饮之时义远矣哉！至若救渴，饮之以浆；蠲②忧忿，饮之以酒；荡昏寐，饮之以茶。

　　茶之为饮，发乎神农氏③，闻于鲁周公④，齐有晏婴⑤，汉有扬雄⑥、司马相如⑦，吴有韦曜⑧，晋有刘琨、张载、远祖纳、谢安、左思之徒⑨，皆饮焉。滂时浸俗⑩，盛于国朝，两都并荆俞（俞，当作渝。巴渝也。）间⑪，以为比屋之饮。

饮有粗茶、散茶、末茶、饼茶者。乃斫、乃熬、乃炀、乃舂，贮于瓶缶之中，以汤沃焉，谓之痷⑫茶。或用葱、姜、枣、橘皮、茱萸、薄荷之属，煮之百沸，或扬令滑，或煮去沫，斯沟渠间弃水耳，而习俗不已。

【注释】

①呿而言：指开口会说话的人类。呿，张口。《集韵》："启口谓之呿。"

②蠲：免除。《史记·太史公自序》："蠲除肉刑。"

③神农氏：传说中的上古三皇之一、农业和医药的发明者，教民稼穑，号神农，后世尊为炎帝。因有后人伪作的《神农本草》等书流传，其中提到茶，故云"发乎神农氏"。

④鲁周公：名姬旦，周文王之子，辅佐武王灭商，建西周王朝，"制礼作乐"，后世尊为周公，因封国在鲁，又称鲁周公。后人伪托周公作《尔雅》，讲到茶。

⑤晏婴：又称晏子，字仲，谥平，春秋之际大政治家，为齐国名相。相传著有《晏子春秋》，讲到他饮茶事。

⑥扬雄：字子云，蜀郡成都（今属四川）人，西汉文学家、哲学家、语言学家，成帝时为给事黄门郎，著有《剧秦美新》等。

⑦司马相如：字长卿，蜀郡成都人。西汉著名文学家，著有《子虚赋》《上林赋》等。

⑧韦曜：字弘嗣，三国时人，在东吴历任中书仆射、太傅等要职。

⑨刘琨：字越石，中山魏昌人（今河北省无极县），西晋诗人，曾任西晋平北大将军等职。张载：字孟阳，安平人（今河北省深州市），西晋文学家，有《张孟阳集》传世。远祖纳，即陆纳，字祖言，吴郡吴人（今江苏苏州）。东晋时任吏部尚书等职，陆羽与其同姓，故尊为远祖。谢安：字安石，陈国阳夏人（今河南省太康县），东晋名臣。历任太保、大都督等职。左思：字太冲，山东临淄人，著名文学家，代表作有《三都赋》《咏史》诗等。

⑩浸俗：渗入日常生活中而成为一种习俗。

⑪两都：长安和洛阳。荆州：治所在今湖北江陵。渝州，治所在今四川重庆一带。

⑫痷：病。

【译文】

能用翅膀飞翔的禽类，有毛而奔走的兽类，开口能言语的人类，这三者都生于天

神农尝百草

地之间世间，都是以喝水、吃东西维持生命存活下来的，可见饮的作用之大，意义之深远。人为了解渴，则喝水；为了消除烦闷忧愤，则饮酒；为了清除头昏困顿，就饮茶。

茶作为一种可以饮用的东西，从神农氏开始，到周公旦记载下来，才得以流传而为大家所知。春秋齐国之晏婴，汉朝之扬雄、司马相如，三国时吴国之韦曜，晋代之刘琨、张载、陆纳、谢安、左思等人都喜欢饮茶。后来饮茶这一习惯广泛传开，渗入日常生活，逐渐成为一种习俗，并在唐朝兴盛起来。在长安、洛阳两个都城以及荆州、渝州等地方，家家户户都喝茶。

茶的种类，有粗茶、散茶、末茶、饼茶等。要饮用饼茶时，分别用刀砍开，炒焙，烤干，捣碎，然后放到瓶缶中，用开水冲泡，这是浸泡的茶。有人把葱、姜、枣、橘皮、茱萸、薄荷等东西加进去，然后把它们煮开好多次，或者把茶汤扬起令其润滑，或者煮好后把上面的沫去掉，这样煮出来的茶就好像倒到沟渠里面的废水一样不能饮用，但是这种习惯至今还存在。

【原文】

於戏！天育万物，皆有至妙，人之所工，但猎浅易。所庇者屋，屋精极；所著者衣，衣精极；所饱者饮食，食与酒皆精极。凡茶有九难：一曰造，二曰别，三曰器，四曰火，五曰水，六曰炙，七曰末，八曰煮，九曰饮。阴采夜焙，非造也；嚼味嗅香，非别也；膻鼎腥瓯，非器也。膏薪庖炭，非火也；飞湍壅潦①，非水也；外熟内生，非炙也；碧粉缥尘，非末也；操艰搅遽②，非煮也；夏兴冬废，非饮也。

夫珍鲜馥烈③者，其碗数三；次之者，碗数五。若座客数至五，行三碗；至七，行五碗；若六人以下，不约碗数，但阙一人而已，其隽永补所阙人。

【注释】

①飞湍：飞奔的急流。壅潦：停滞的积水。潦，雨后积水。

②操艰搅遽：操作艰难、慌乱，搅动太急。遽，惶恐、窘急。

③珍鲜馥烈：珍贵且芳香鲜美。鲜，少，罕见。馥烈，芳香浓郁。

【译文】

哎呀！上天孕育了万物，每一种都有其最为巧妙的地方，而人类所讲求的，却只涉及那些浅显容易的东西。人们住在提供庇护的房屋里面，房屋的建构十分精致；人们穿的衣服，也极为精细；用来饱腹的是饮食，食物和酒都十分精美。茶有九大困难：一是制作，二是鉴别，三是茶具，四是火力，五是水质，六是烤茶，七是碾末，八是煮茶，九是品饮。在阴天里采集，在夜里烘焙，这不是制茶的正确方法；用咀嚼的方法识别味道，以嗅闻的方式辨别香气，这不是识别的正确方法；用沾有腥膻气的风炉和碗来装茶，这不是好的器具；用生油烟的柴和烤过肉的炭来烧制茶，这并不是理想的燃料；用飞流或者是滞水来烧茶，这不是适当的水；把茶烤得外面熟里面生，这不是合适的炙烤方法；把茶捣得太细，变成了绿色的粉末，则是捣碎不当；动作不熟练或者搅动得太快，这是不会煮茶的表现；夏天可以喝茶而冬天不能喝，这是不懂得饮茶的表现。

那些珍贵鲜美的茶，一炉只能做出三碗；稍差一点的，一炉可以做出五碗。如果在座的客人有五位，那么就可以盛三碗分饮；如果有七位客人，那么可以舀出五碗来喝；如果客人不到六位，那么就不用管碗数，按缺少一个人计算，可以用原先留出的

玉川品茶图一

最好的茶汤来补充。

【点评】

　　人和所有生存于天地间的动物一样，都必须依靠饮食维持生命。人类饮用的饮品有很多，如水、酒、茶等，它们对人都有各自不同的功用，茶的主要功用是提神除睡。人类饮茶的时间与意义皆很深远。

　　人类饮用茶的历史源远流长，本章以神农以来各历史时期的代表人物概而述之。到了唐朝，许多地区甚至家家户户饮茶，饮茶之风非常之盛。陆羽总结了至他所处时代的各种茶叶形态和饮茶方式，让后人仍能看到当时就有多种饮茶方式并存的状态。陆羽对当时存在的夹杂多种物品混合煮饮的茶羹汤，以及只是将茶放在瓶缶中用开水浸泡等一些饮茶方式甚不以为然，认为应该抛弃不喝，从相反的角度提倡清饮。

　　陆羽在《茶经》中大力提倡的是除盐之外不加其他任何物品的清饮，他清醒地看到他所提倡的清俭之茶饮方式的难度，因为人之本性就是擅长将容易的事情做到精致，而茶却是不容易做到精妙的事情之一。因为只有能解决饮茶过程中的"九难"：造茶、别茶、茶器、生火、用水、炙茶、碾茶、煮茶、饮茶，即从采摘制造茶叶开始直至饮

玉川品茶图二

用的全部过程的所有问题，也即是若能按照《茶经》所论述的规范去做，才能尽究饮茶的奥妙。

本章最后一段文字，讲三五人或更多人一起饮茶时茶碗设置数量，因为涉及当时的饮茶形式，还有让人不易理解之处。可能还是从一起饮茶的人数角度，再次言及上章所论"茶性俭，不宜广"的问题。

七、茶之事

【原文】

三皇　炎帝神农氏。

周　鲁周公旦，齐相晏婴。

汉　仙人丹丘子，黄山君[①]，司马文园令相如，扬执戟雄。

吴　　归命侯②，韦太傅弘嗣。

晋　　惠帝③，刘司空琨，琨兄子兖州刺史演④，张黄门孟阳⑤，傅司隶咸⑥，江洗马统⑦，孙参军楚⑧，左记室太冲，陆吴兴纳，纳兄子会稽内史俶，谢冠军安石，郭弘农璞，桓扬州温⑨，杜舍人毓，武康小山寺释法瑶⑩，沛国夏侯恺⑪，余姚虞洪⑫，北地傅巽⑬，丹阳弘君举⑭，乐安任育长⑮，宣城秦精⑯，敦煌单道开⑰，剡县陈务妻⑱，广陵老姥⑲，河内山谦之⑳。

后魏㉑琅琊王肃㉒。

宋㉓新安王子鸾，鸾弟豫章王子尚㉔，鲍照妹令晖㉕，八公山沙门谭济㉖。

齐㉗世祖武帝㉘。

梁㉙刘廷尉㉚，陶先生弘景㉛。

皇朝　　徐英公勣㉜。

【注释】

①黄山君：汉代仙人。

②归命侯：指孙皓（242—283 年），三国时吴国的末代皇帝，字元仲，264—280 年在位，于 280 年降晋，被封为归命侯。

③惠帝：司马衷（259—307 年），是西晋的第二代皇帝，290—306 年在位，性痴呆，其皇后贾后专权，在位时有八王之乱。

④演：刘演，字始仁，刘琨之侄。西晋末，北方大乱，刘琨表奏其任兖州刺史，东晋时官至都督、后将军。

⑤孟阳：张载，字孟阳，曾任中书侍郎，非黄门侍郎（其弟张协任过此职）。《茶经》此处当有误记。

⑥咸：傅咸（239—294 年），字长虞，北地泥阳（今陕西耀州区）人，西晋哲学家、文学家傅玄之子，仕于晋武帝、惠帝，历官尚书左、右丞，以议郎长兼司隶校尉等。

⑦统：江统（？—310 年），字应元，陈留圉县（今河南杞县南）人。晋武帝时，为山阳令，迁中郎，转太子洗马，在东宫多年，后迁任黄门侍郎、散骑常侍、国子博士。

⑧楚：孙楚（约 218—293 年），字子荆，太原中都（今山西平遥）人。晋惠帝初，为冯翊太守。

⑨温：桓温（312—373 年），谯国龙亢（今安徽怀远）人，字元子，明帝婿。官至大司马，曾任荆州刺史、扬州牧等。

⑩武康：今浙江湖州德清。释法瑶：东晋至南朝宋齐间著名涅槃师，慧净弟子。初住吴兴武康小山寺，后应请入建康，著有《涅槃》《法华》《大品》《胜鬘》等经及《百论》的疏释。

⑪沛国夏侯恺：沛国，在今江苏省沛县、丰县一带。夏侯恺，字万仁，其逸闻载于《搜神记》卷一六。

⑫余姚：今属浙江。虞洪：《神异记》中的人物。

⑬北地：在今陕西耀州区一带。傅巽：傅咸的从祖父。

⑭丹阳：今属江苏。弘君举：清严可均辑《全上古三代秦汉三国六朝文》之《全晋文》中录存其文，并言"《隋志》注：'梁有骁骑将军弘戎集十六卷'，疑即此"。

⑮乐安：今山东曲平。任育长：任瞻，晋人。

⑯宣城：今属安徽。秦精：《续搜神记》中的人物。

⑰敦煌：今甘肃敦煌，唐时作燉煌。单道开：东晋穆帝时人，著名道人，西晋末入内地，后于赵都城（今河北魏县）居住甚久，后南游，经东晋建业（今江苏南京），又至广东罗浮山（今惠州北）隐居卒。《晋书》卷九五有传。

⑱剡县：今浙江嵊州。陈务妻：《异苑》中的人物。

⑲广陵：在今江苏扬州。老姥：《广陵耆老传》中的人物。

⑳河内：古郡县名，治所在今河南沁阳。山谦之（420—470 年）：南朝宋时河内郡人，著有《吴兴记》等。

㉑后魏：指北朝的北魏（386—534 年），鲜卑拓跋珪所建，原建都平城（今山西大同），孝文帝拓跋宏迁都洛阳，并改姓"元"。

㉒王肃（464—501 年）：字恭懿，初仕南齐，后因父兄为齐武帝所杀，乃奔北魏，受到魏孝文帝器重礼遇，为魏制定朝仪礼乐。

㉓宋：即南朝宋（420—479 年），刘裕推翻东晋后建立的王朝，建都建康（今江苏南京）。

㉔王子鸾：南朝宋孝武帝第八子。子尚为孝武帝第二子，当为兄，《茶经》此处所记有误。

㉕鲍照妹令晖：鲍照（约 415—470 年），曾为临海王前军参军，世称鲍参军。他是南朝宋著名的诗人，其妹令晖亦是一位优秀诗人，钟嵘在其《诗品》中对她有很高

的评价，《玉台新咏》载其"著《香茗赋集》行于世"，该集今已佚。

㉖八公山沙门谭济：八公山，在今安徽淮南。沙门，佛家指出家修行的和尚。谭济，即昙济，南朝宋著名成实论法师，著有《六家七宗论》。

㉗齐：萧道成推翻南朝刘宋政权所建的南朝齐（479—502年），建都建康（今江苏南京）。

㉘世祖武帝：南朝齐国第二代皇帝萧赜，482—493年在位，崇信佛教，提倡节俭。

㉙梁：萧衍推翻南朝齐所建立的南朝梁（502—557年），建都建康（今江苏南京）。

㉚刘廷尉：即刘孝绰（481—539年），原名冉，小字阿士，彭城（今江苏徐州）人，廷尉是其官名。

㉛陶先生弘景（456—536年）：陶弘景，南朝齐梁时期道教思想家、医学家，字通明，丹阳秣陵（今江苏江宁县南）人，仕于齐，入梁后隐居于句容句曲山，自号"华阳隐居"。梁武帝每逢大事就入山就教于他，人称山中宰相。死后谥贞白先生。著有《神农本草经集注》《肘后百一方》等。

㉜徐英公勣：即李勣（594—669年），唐初名将，本姓徐，名世勣，字懋功，曾任兵部尚书，拜司空、上柱国，封英国公。唐太宗李世民赐姓李，避李世民讳改为单名勣。

【译文】

与茶的历史有关的人物：远古三皇之一的炎帝神农氏，周朝周公旦，春秋时期齐国宰相晏婴，汉时仙人丹丘子、黄山君、文园令司马相如、执戟扬雄，三国时吴归命侯孙皓、太傅韦弘嗣，晋朝惠帝司马衷、司空刘琨、琨兄之子兖州刺史刘演、黄门官张孟阳、司隶傅咸、太子洗马江统、参军孙楚、记室左太冲（左思）、吴兴陆纳、纳兄之子会稽内史陆俶、冠军谢安石（谢安）、弘农郭璞、扬州牧桓温、舍人杜毓、武康小山寺僧释法瑶、沛国夏侯恺、余姚虞洪、北地傅巽、丹阳弘君举、乐安任育长、宣城秦精、敦煌单道开、剡县陈务之妻、广陵老姥、河内山谦之、后魏琅琊人王肃，南朝宋新安王刘子鸾、鸾弟豫章王刘子尚、鲍照的妹妹鲍令晖、八公山沙门谭济，南朝齐世祖武帝，南朝梁时廷尉刘孝绰、陶弘景先生、本朝英国公徐勣。

【原文】

《神农食经》①：茶茗久服，令人有力，悦志。

周公《尔雅》：槚，苦荼。

《广雅》云②：荆巴间采叶做饼，叶老者，饼成，以米膏出之。欲煮茗饮，先炙令赤色，捣末，置瓷器中，以汤浇覆之，用葱、姜、橘子芼之③。其饮醒酒，令人不眠。

《晏子春秋》④：婴相齐景公时，食脱粟之饭，炙三弋、五卵⑤，茗菜而已⑥。

司马相如《凡将篇》⑦：乌喙、桔梗、芫华、款冬、贝母、木蘗、蒌、芩草、芍药、桂、漏芦、蜚廉、萑菌、荈诧、白敛、白芷、菖蒲、芒硝、莞、椒、茱萸⑧。

《方言》⑨：蜀西南人谓茶曰蔎。

《吴志·韦曜传》：孙皓每飨宴，座席无不率以七升为限⑩，虽不尽入口，皆浇灌取尽。曜饮酒不过二升。皓初礼异，密赐荈以代酒。

【注释】

①《神农食经》：传说为炎帝神农所撰，实为西汉儒生托名神农氏所作，已失传。

②《广雅》：三国魏张揖所撰，隋代曹宪作音释。体例根据《尔雅》，而内容博采汉代经书笺注及《方言》《说文》等字书增广补充而成。隋代为避炀帝杨广名讳，改名为《博雅》，后二名并用。

③芼 mào：拌和。

④《晏子春秋》：旧题春秋时晏婴撰，所述皆婴遗事。

⑤三弋、五卵：弋，禽类。卵，禽蛋。三、五为虚指，几样。

⑥茗菜：一般认为晏婴当时所食为苔菜而非茗饮。苔菜，古时常吃的一种蔬菜。

⑦《凡将篇》：汉司马相如撰，约成书于公元前130年，缀辑古字为词语而没有音义训释，取开头"凡将"二字篇名，《说文》常引其说，已佚。

⑧以上皆中药名。

⑨《方言》：当为汉扬雄所撰《輶轩使者绝代语释别国方言》的简称。

⑩升：容量单位。

【译文】

《神农食经》：长期喝茶，可以使人健康有力，精神饱满。

周公《尔雅》：槚，就是苦荼。

《广雅》中说：湖北与四川交界一带，采茶叶做成茶饼，叶老的，制成茶饼后，用米汤浸泡它。想煮茶喝时，先烤茶饼至黑色，再捣成末，放在瓷器中，加入沸水，用葱、姜、橘子作配料。喝了这种茶可以醒酒，使人不想睡觉。

《晏子春秋》：晏婴给齐景公做宰相时，吃的不过是粗制的米饭，烤几个禽蛋，粗茶淡饭而已。

司马相如《凡将篇》（把茶列为药物）：乌喙、桔梗、芫华、款冬、贝母、木蘗、蒌、芩草、芍药、桂、漏芦、蜚廉、雚菌、荈诧、白敛、白芷、菖蒲、芒硝、莞、椒、茱萸。

《方言》：四川西南部人，把茶叫作"蔎"。

《吴志·韦曜传》：孙皓宴请臣下，喜欢强迫大家喝酒，无论能不能喝酒都以七升为限，喝不够数的也要灌他喝够。韦曜的酒量不过二升，孙皓特别宽免他，悄悄赐茶给他，允许他以茶代酒。

【原文】

晋《中兴书》①：陆纳为吴兴太守时，卫将军谢安常欲诣纳，（原注：《晋书》云："纳为吏部尚书。②"）纳兄子俶怪纳无所备，不敢问之，乃私蓄十数人馔。安既至，所设唯茶果而已。俶遂陈盛馔，珍羞毕具。及安去，纳杖俶四十，云："汝既不能光益叔父，奈何秽吾素业？"

《晋书》：桓温为扬州牧，性俭，每宴饮，唯下七奠拌茶果而已③。

《搜神记》④：夏侯恺因疾死。宗人字苟奴，察见鬼神，见恺来收马，并病其妻。著平上帻⑤，单衣，入坐生时西壁大床，就人觅茶饮。

刘琨《与兄子南兖州刺史演书》云⑥：前得安州干姜一斤⑦，桂一斤，黄芩一斤，皆所须也。吾体中溃闷，常仰真茶，汝可置之。

傅咸《司隶教》曰⑧：闻南方有蜀妪做茶粥卖⑨，为郡吏打破其器具⑩，嗣又卖饼于市。而禁茶粥以困蜀姥，何哉？

【注释】

①晋《中兴书》：原为八十卷，今存清辑本一卷。旧题为何法盛撰。据李延寿《南史·徐广传》附郗绍传所载，本是郗绍所著，写成后原稿被何法盛窃去，就以何的名义行于世。

②唐以前有十余种晋代史书，唐太宗命房玄龄等重修，是为官修本《晋书》。该书记载与晋《中兴书》颇有不同。

③下：摆出。奠dìng：同"钉"，用指盛贮食物盘碗数目的量词。拌：通"盘"。

④《搜神记》：晋干宝撰，计二十卷，本条见其书卷十六，文稍异。

⑤平上帻：古时规定武官戴的一种平顶巾帽，有一定款式。

⑥南兖州：据《晋书·地理志下》载：东晋元帝侨置兖州，寄居京口。明帝以郗鉴为刺史，寄居广陵。置濮阳、济阴、高平、泰山等郡。后改为南兖州，或还江南，或居盱眙，或居山阳。因在山东、河南的原兖州已被石勒占领，东晋于是在南方侨置南兖州（同时侨置的有多处）安插北方南逃的官员和百姓。《晋书》所载刘演事迹较简略，只记载任兖州刺史，驻廪丘。刘琨在东晋建立的第二年（318）于幽州被段匹磾所害，这两年刘演尚在北方；"南"字似为后人所加，前面目录也无此字。

⑦安州：晋代没有安州，晋至隋时只有安陆郡，到唐代才改称安州，在今湖北安陆市一带。这一段文字恐非刘琨原文，当为后人有所更动。

⑧《司隶教》：司隶校尉的指令。司隶校尉，职掌律令、举察京师百官。教，古时上级对下级的一种文书名称，类似现在的指令。

⑨茶粥：又称茗粥、茗糜。把茶叶与米粟、麦子、豆类、芝麻、红枣等合煮的羹汤。

⑩郡吏：不详，当为某级官吏。

【译文】

《晋中兴书》：陆纳为吴兴太守时，卫将军谢安打算去拜访他。（原注：《晋书》记载：陆纳为吏部尚书。）陆纳的侄子陆俶怪罪陆纳无所准备，又不敢过问，就私下准备了十多人的酒食。谢安到了陆家，陆纳待客的只是茶果而已，于是陆俶呈上丰盛味美的食物。等到谢安走后，陆纳打了陆俶四十棍子，并说道："你不能给叔父增光就算了，为什么还要玷污我一向清操绝俗的德行。"

《晋书》：桓温做扬州牧时，十分节俭，每次宴会只用果品、茶水招待客人。

《搜神记》：夏侯恺因病死亡。一个叫苟奴的家臣无意中得见鬼神，见夏侯恺回来收他的马，并使他的妻子得了病。夏侯恺戴着平素裹发的头巾，穿着单衣，坐在生前用的西壁大床上，向人要茶喝。

刘琨在《与兄子南兖州刺史演书》中说：前些日子得到安州干姜一斤、桂一斤、黄芩一斤，都是所需要的。我身体不好，感觉烦闷，常想得到一点真正的好茶，你可购买一些。

傅咸《司隶教》说：听说南方某地的一个市场上，有位四川老大娘，做茶粥卖，因为郡吏把她的卖茶器具打破了，后又在集市上卖饼。为什么要禁卖茶粥，与她为难呢？

【原文】

《神异记》①：余姚人虞洪入山采茗，遇一道士，牵三青牛，引洪至瀑布山曰："吾，丹丘子也。闻子善具饮，常思见惠。山中有大茗可以相给。祈子他日有瓯牺之余，乞相遗也。"因立奠祀。后常令家人入山，获大茗焉。

左思《娇女诗》②：吾家有娇女，皎皎颇白皙。小字为纨素③，口齿自清历。有姊字惠芳，眉目粲如画。驰鹜翔园林，果下皆生摘。贪华风雨中，倏忽数百适。心为茶荈剧，吹嘘对鼎𰉟④。

张孟阳《登成都楼》诗云⑤：借问扬子舍，想见长卿庐⑥。程卓累千金⑦，骄侈拟五侯⑧。门有连骑客，翠带腰吴钩⑨。鼎食随时进，百和妙且殊⑩。披林采秋橘，临江钓春鱼。黑子过龙醢，果馔逾蟹蝑⑪。芳茶冠六清，溢味播九区⑫。人生苟安乐，兹土聊可娱。

傅巽《七诲》：蒲桃宛奈⑬，齐柿燕栗，峘阳黄梨⑭，巫山朱橘，南中茶子⑮，西极石蜜⑯。

【注释】

①《神异记》：西晋惠帝时人王浮作。

②左思《娇女诗》：该诗描写了诗人两个小女儿天真顽皮的形象。

③小字为纨素：小字，一般作乳名解，但这里是指小的那个女儿名字叫纨素，与下面"有姊字惠芳"是对称的。

④"心为"二句：因为急于要烹好茶茗来喝，于是对着锅鼎吹火。

⑤《登成都楼》：张载父任蜀郡（成都）太守，张载至蜀探亲时作此诗。成都楼，又叫白菟楼。

⑥"借问"二句：扬子，对扬雄的敬称。长卿，司马相如表字。扬雄和司马相如都是成都人。扬雄的草玄堂，司马相如晚年因病不做官时住的庐舍，都在成都楼外不远处。

⑦程卓：汉代程郑和卓王孙两大富豪之家。累千金：积累的财富多。汉代程郑和

卓王孙两家迁徙蜀郡临邛以后，因为开矿铸造器物，非常富有。

⑧骄侈拟五侯：说程、卓两家的富丽奢侈，比得上王侯。五侯：东汉梁冀因为是顺帝的内戚，他的儿子和叔父五人都封为侯爵，过着穷奢极侈的生活。后以五侯泛称权贵之家。

⑨"门有"二句：宾客们接连地骑着马来到，有如车水马龙。连骑，古时主仆都骑马称为连骑，表明这个人身份高贵。翠带，镶嵌翠玉的皮革腰带。吴钩，即吴越之地出产的刀剑，刃稍弯，极锋利，驰誉全国。

⑩"鼎食"二句：鼎食，古时贵族进餐，以鼎盛菜肴，鸣钟击鼓奏乐，所谓"钟鸣鼎食"。时，时节，时新。百和，形容烹调的佳肴多种多样。和，烹调。殊，不同。

⑪黑子：不明为何物，有解作鱼子者。龙醢 hǎi：龙肉酱，古人以为味极美。醢，肉酱。蜻：《广韵》："盐藏蟹也。"

⑫芳茶冠六清：芳香的茶茗在六种饮品中称第一。六清，六种饮品，即水、浆、醴（甜酒）、酏（在水中加少量酒而成）、醫（酒的一种）、酉（去渣的粥清）。九区：即九州，意指全中国。

⑬蒲桃宛奈 nài：这一段都是在食品前冠以产地。蒲，西晋的蒲阪县，今山西永济西。宛，今河南南阳。奈，俗称花红。

⑭峘阳：峘阳有二解，一是指恒山之阳地区，一是指恒阳县，今河北曲阳。

⑮南中：现今云南省。三国蜀诸葛亮南征后，置南中四郡，政治中心在云南曲靖市，范围包括今四川宜宾以南、贵州西部和云南全省。

⑯西极：指西域或天竺。一说是今甘肃张掖一带，一说泛指我国新疆及中亚。石蜜：一说是用甘蔗炼糖，成块者即为石蜜；一说是蜂蜜的一种，采于石壁或石洞的叫作石蜜。

【译文】

《神异记》：余姚人虞洪到山里采茶，遇见一个道士，牵着三头青牛，引着虞洪到瀑布山，说道："我是丹丘子，听说你擅长茶饮，常想得到你的惠赠。山里有大茶树，可以送予你。日后你做的盆构器具有多余的，请送给我一些。"于是虞洪回到家里，设盆构器具奠祀仙人。后常叫家中人去山里，果然采到好茶叶。

西晋左思所作《娇女诗》：我家有娇女，长得都白皙。小的叫纨素，口齿很伶俐。姐姐叫蕙芳，眉目美如画。蹦蹦跳跳园林中，果子未熟就摘下。爱花哪管风和雨，跑出跑进上百次。看见煮茶心高兴，对着茶炉帮吹气。

张孟阳所作《登成都楼》诗云：请问当年扬雄的住址在哪里？司马相如的故居又是哪般模样？昔日程郑、卓王孙两大豪门，骄奢淫逸，可比王侯之家。他们门前经常是车水马龙，宾客不断。腰间飘曳着绿色的缎带，佩挂名贵的宝刀，家中山珍海味，百味调和，精妙无双。秋天里，人们在橘林中采摘丰收的橘子。春天里，人们在江边把竿垂钓。鱼子胜过龙肉，鱼肉分外细嫩。四川的香茶在各种饮品中可称第一，它那美味在天下享有盛名。如果人们只是苟且地寻求安乐，那成都这个地方还是可以供人们尽情享乐的。

傅巽《七诲》：山西蒲阪的桃，河南南阳的柰，山东的柿，河北的栗子，恒阳的黄梨，巫山的红橘，南中（泛指今四川南部及云贵地区）的茶种，西极（敦煌、川西等较远的许多地区）的乳糖，都是佳品。

【原文】

弘君举《食檄》：寒温既毕①，应下霜华之茗②；三爵而终③，应下诸蔗、木瓜、元李、杨梅、五味、橄榄、悬豹、葵羹各一杯④。

孙楚《歌》：茱萸出芳树颠，鲤鱼出洛水泉。白盐出河东⑤，美豉出鲁渊⑥。姜、桂、茶荈出巴蜀，椒、橘、木兰出高山。蓼苏出沟渠⑦，精稗出中田⑧。

华佗《食论》：苦茶久食，益意思。

壶居士《食忌》⑨：苦茶久食，羽化⑩。与韭同食，令人体重。

郭璞《尔雅注》云：树小似栀子，冬生⑪，叶可煮羹饮。今呼早取为茶，晚取为茗，或一曰荈，蜀人名之苦茶。

《世说》⑫：任瞻，字育长，少时有令名⑬，自过江失志⑭。既下饮，问人云："此为茶？为茗？"觉人有怪色，乃自申明云："向问饮为热、为冷。"

【注释】

①寒温：寒暄，问寒问暖。多泛指宾主见面时谈天气冷暖之类的应酬话。

②霜华之茗：茶沫白如霜的茶饮。

③三爵：喝了多杯酒。三，非实数，泛指其多。爵，古代盛酒器，三足两柱。

④诸蔗：甘蔗。元李：大李子。悬豹：当为"悬瓠"。瓠，葫芦科植物。葵羹：绵葵科冬葵，茎叶可煮羹饮。

⑤白盐出河东：河东，在今山西省西南地区。河东郡境内解州（今山西运城西南）、安邑（今山西运城东北）均产池盐，解盐在我国古代既著名又重要。

⑥鲁渊：鲁，今山东省西南部。渊，湖泽，鲁地多湖泽。

⑦蓼苏：蓼，一种水边植物，味辛辣，古时常作烹饪作料。苏，即紫苏，可生食，与鱼肉做羹，煮饮尤胜。

⑧秷：《正韵》："精米也。"中田：倒装词，即田中。

⑨壶居士：又称壶公，道家人物，说他在空室内悬挂一壶，晚间即跳入壶中，别有天地。

⑩羽化：羽化登仙。道家所言修炼成正果后的一种状态。

⑪冬生：茶为常绿植物，在适当的地理、气候条件下，冬天仍可萌发芽叶。

⑫《世说》：《世说新语》的简称，南朝宋临川王刘义庆编撰，内容主要是拾掇汉末至东晋的士族阶层人物的逸闻逸事。

⑬令名：美好的名声。

⑭过江：西晋灭亡后，司马睿在南京建立东晋，西晋旧臣多由北方渡过长江投靠东晋。失志：没有做官。

【译文】

弘君举《食檄》：相见寒暄之后，应该品上几口浮有白沫的好茶；三杯过后，再喝甘蔗、木瓜、元李、杨梅、五味、橄榄、悬豹、葵煮的汤各一杯。

孙楚《歌》：茱萸果长在芳香树的枝梢上，好的鲤鱼在洛水的源头出没；雪白的盐产在山西，味美的豆豉出自山东；姜、桂、茶出自四川，椒、橘、木兰长在高山上；蓼草和紫苏长在沟渠边上，精米出自良田之中。

华佗《食论》：长期喝茶有益于思考。

壶居士《食忌》：长期喝茶，可羽化成仙；与韭菜一齐食用，可使人增加体重。

郭璞《尔雅注》说：茶树外形较小，像栀子树一样，冬天不落叶，可以煮汤喝。现在，把早采的称作茶，晚采的叫作茗，或叫作荈。四川人称它为苦茶。

《世说》：任瞻，字育长，少时有好名声，自过江后没有再做官。一次做客饮茶时，向人问道："这是茶还是茗？"说完后察觉人家神色怪异，于是自言自语说："我刚才是问喝热的还是冷的。"

【原文】

《续搜神记》①：晋武帝世②，宣城人秦精，常人武昌山采茗③。遇一毛人，长丈余，引精至山下，示以丛茗而去。俄而复还，乃探怀中橘以遗精。精怖，负茗而归。

晋《四王起事》④：惠帝蒙尘还洛阳⑤，黄门以瓦盂盛茶上至尊⑥。

《异苑》⑦：剡县陈务妻，少与二子寡居，好饮茶茗。以宅中有古冢，每饮辄先祀之。二子患之曰："古冢何知？徒以劳。"意欲掘去之，母苦禁而止。其夜梦一人云："吾止此冢三百余年，卿二子恒欲见毁，赖相保护，又享吾佳茗，虽潜壤朽骨，岂忘翳桑之报⑧！"及晓，于庭中获钱十万，似久埋者，但贯新耳。母告二子，惭之，从是祷馈愈甚。

《广陵耆老传》⑨：晋元帝时有老姥⑩，每旦独提一器茗，往市鬻之，市人竞买。自旦至夕，其器不减。所得钱散路傍孤贫乞人。人或异之，州法曹縶之狱中。至夜，老姥执所鬻茗器，从狱牖中飞出。

《艺术传》⑪：敦煌人单道开，不畏寒暑，常服小石子。所服药有松、桂、蜜之气，所饮茶苏而已⑫。

【注释】

①《续搜神记》：又名《搜神后记》，陶潜以后的南朝人伪托所著。

②晋武帝：晋开国君主司马炎（236—290年），司马昭之子，继承司马氏事业，逼魏帝让位，灭吴，结束三国鼎立状态，在位26年。

③武昌山：据说为孙权命名的山，在今湖北鄂州。

④《四王起事》：南朝卢琳撰，计四卷。

⑤蒙尘：蒙受风尘，皇帝被迫离开宫廷或遭受险恶境况，称蒙尘。据《晋书》，永宁元年（301年），赵王伦篡位，将惠帝幽禁于金镛城。

⑥黄门：有官员和宦官，这里当指宦官。

⑦《异苑》：志怪小说及奇闻逸事集，南朝刘敬叔撰。

⑧翳桑之报：春秋时晋国大臣赵盾在翳桑打猎时，遇见了一个名叫灵辄的饥饿垂死之人，赵盾很可怜他，亲自喂他吃饱食物。后来晋灵公埋伏了很多甲士要杀赵盾，突然有一个甲士倒戈救了赵盾。赵盾问及原因，甲士回答他说："我是翳桑的那个饿人，来报答你的一饭之恩。"

⑨《广陵耆老传》：作者及年代不详。

⑩晋元帝：东晋第一代皇帝司马睿（276—323 年），317 年为晋王，318 年晋愍帝在北方为匈奴所杀，司马睿在王氏世家支持下在建业称帝，改建业为建康。

⑪《艺术传》：指房玄龄《晋书》卷九五《艺术列传》，此处文字略有出入。

⑫茶苏：亦作"茶苏"，用茶和紫苏做成的饮料。

【译文】

《续搜神记》：晋武帝时，宣城人秦精常到武昌山采茶。有一次遇到一个丈余高的毛人，毛人把秦精引到山下，指给他成丛的茶树后就走了。过不久毛人又回来，取出揣在怀里的橘子送给秦精。秦精感到害怕，背着茶叶赶紧回家。

晋朝《四王起事》记载：惠帝失位逃离京都，后回到京城洛阳，黄门官用瓦器盛茶献给他。

《异苑》：剡县人陈务的妻子，年轻时领着两个孩子守寡，喜好饮茶。因房宅中有古坟，每次饮茶都先向它祭奠一番。两个孩子感觉讨厌，说道："古坟知道什么，白费好意。"并打算把坟挖掉，母亲苦苦禁止才没有挖成。陈务妻当夜梦见一人说道："我停息在这坟里已三百多年，可您的两个孩子现在多次想把它毁了，承蒙您的保护，还给我喝上好的茶，虽然我只是黄泉之下几根朽骨，又岂能忘记您的恩情！"第二天清早，陈务妻在庭院里得钱十万，这些钱好像已埋了很长时间，但穿钱的绳子却是新的。母亲将此事告诉两个孩子，孩子们感到很惭愧。此后他们给古坟奠祀祭茶也更殷勤了。

《广陵耆老传》：晋朝元帝年间，有个老大娘，每天清早独自提着一壶茶，到市上卖。市上的人争着买，从早到晚壶里的茶水不见减少，卖得的钱都给了路边贫穷的孤人和乞丐，有的人感到奇怪。州衙门里的官吏把老大娘抓到监狱。那天夜间，老大娘带着她卖茶的器具从监狱的窗户飞出去了。

《艺术传》记载：敦煌人单道开不怕冷也不怕热，常吃小石子。服的药有松、桂、蜜的精气，喝的就只有茶叶和紫苏了。

【原文】

释道悦《续名僧传》①：宋释法瑶，姓杨氏，河东人。元嘉中过江②，遇沈台真③，请真君武康小山寺，年垂悬车④，饭所饮茶。大明中⑤，敕吴兴礼致上京，年七十九。

宋《江氏家传》⑥：江统，字应元。迁愍怀太子洗马⑦。尝上疏谏云："今西园卖醢、面、篮子、菜、茶之属，亏败国体。"

《宋录》⑧：新安王子鸾、豫章王子尚诣昙济道人于八公山，道人设茶茗，子尚味之曰："此甘露也，何言茶茗？"

王微《杂诗》⑨：寂寂掩高阁，寥寥空广厦。待君竟不归，收领今就槚⑩。

鲍照妹令晖著《香茗赋》。

南齐世祖武皇帝遗诏：我灵座上慎勿以牲为祭，但设饼果、茶饮、干饭、酒脯而已⑪。

【注释】

①释道悦《续名僧传》：自晋至唐代有《名僧传》《高僧传》《续高僧传》等数种僧传，《续名僧传》也许为其中一种。

②元嘉：南朝宋文帝年号，424—453 年。

③沈台真：沈演之（397—449 年），字台真，南朝宋吴兴郡武康人。

④年垂悬车：年纪接近七十岁。古人一般至七十岁辞官居家，废车不用，故云"悬车"。后借指七十岁。

⑤大明：南朝宋孝武帝年号，457—464 年。

⑥《江氏家传》：《隋书》记载为江祚等撰，《新唐书》记载为江饶撰，今已佚。

⑦愍怀太子：晋惠帝庶长子司马遹 yù，惠帝即位后，立为皇太子。年长后不好学，不尊师，也不喜朝事，专事嬉戏。后被惠帝贾后害死，年二十一。

⑧《宋录》：其书不详。

⑨王微（415—443 年）：南朝宋琅琊临沂（今山东临沂）人，字景玄，"少好学，无不通览，善属文，能书画，兼解音律、医方、阴阳、术数"（《宋书》）。南朝宋文帝（424—453 年在位）时，曾为人荐任中书侍郎、吏部郎等，皆不就。死后追赠秘书监。有《杂诗》二首，陆羽所引为第一首。

⑩《玉台新咏》卷三载该诗共计二十八句，陆羽节录最后四句。文字略有不同，如"高阁"《玉台新咏》作"高门"，"收领"作"收颜"。全诗描写了一个采桑妇女，怀念从征多年的丈夫久久不归，最后只好寂静地掩着高门，孤苦伶仃地守着广厦。如果征夫再不回来，她将容颜苍老地就槚了。"就槚"有二解：一是说喝茶，一是行将就木之就槚。

⑪《南齐书》卷三载南齐武帝萧赜永明十一年（493）七月临死前所写遗书："祭

敬之典。本在因心……我灵上慎勿以牲
为祭，惟设饼、茶饮、干饭、酒

脯而已。天下贵贱，咸同此制。"
文字略有不同。

【译文】

释道悦《续名僧传》记载：南朝宋
时，一个俗姓杨的和尚法瑶，河东人。
元嘉年间他到江南，遇着沈台真，于是
请沈台真同去浙江武康小山寺。这时他
年纪大不再做事，每次吃饭，必定喝
茶。大明年间，皇帝下诏到吴兴，请他
去京城，那时他年已七十九岁。

南朝宋《江氏家传》：江统，字应

王微画像

元。他迁任愍怀太子洗马，曾给皇帝上书说："如今西园卖醋、面、篮子和菜、茶等
物，有伤国体。"

《宋录》：新安王刘子鸾与豫章王刘子尚到八公山拜访昙济道人，道人设茶敬奉。
子尚品茶后说："这是甘露，为什么叫它苦茶呢?"

王微《杂诗》：寂寂掩高阁，寥寥空广厦；待君竟不归，收领今就槚。

鲍照妹鲍令晖著有《香茗赋》。

南朝齐世祖武皇帝遗诏说：我灵座上切忌用牛羊猪三牲作祭，只要陈设饼果、茶
饭、酒和干脯就行了。

【原文】

梁刘孝绰《谢晋安王饷米等启》①：传诏李孟孙宣教旨②，垂赐米、酒、瓜、笋、
菹、脯、酢、茗八种③"。气苾新城，味芳云松④。江潭抽节，迈昌荇之珍⑤；疆埸擢
翘，越葺精之美⑥。羞非纯束野麏，裛似雪之驴⑦；鲊异陶瓶河鲤，操如琼之粲⑧。茗
同食粲，酢颜望柑⑨。免千里宿春，省三月种聚⑩。小人怀惠，大懿难忘⑪。

陶弘景《杂录》：苦茶轻身换骨，昔丹丘子、黄山君服之。

《后魏录》：琅琊王肃仕南朝，好茗饮、莼羹⑫。及还北地，又好羊肉、酪浆。人或

问之："茗何如酪？"肃曰："茗不堪与酪为奴[13]。"

【注释】

①晋安王：即南朝梁武帝第二子萧纲（503—551 年），初封为晋安王，长兄昭明太子萧统于中大通三年（531 年）卒后，继立为皇太子，后登位，称简文帝，在位仅二年。启：古时下级对上级的呈文、报告。这里是刘孝绰感谢晋安王萧纲颁赐米、酒等物品的回呈，在 531 年以前。

②传诏：官衔名，有时专设，有时临事派遣。

③菹 zū：酢菜。酢：酸醋。

④"气宓"二句：新城的米非常芳香，香高入云。宓，芳香。新城，有人认为是浙江新城县（在今浙江杭州富阳），这里所产米质很好。有人认为这两句是颂扬酒的美好。新城为新丰城（在今陕西临潼东北新丰镇）的简称，城为汉高祖所建，专酿美酒养其父，历代仍产名酒。云松，形容松树高耸入云。

⑤"江潭"二句：前句指竹笋，后句说菹的美好。迈，越过。昌，通"菖"，香菖蒲，古时有做成干菜吃的。《仪礼·公食大夫礼》注："菖蒲，本菹也。"荇，多年生水草，龙胆科荇属，古时常用的蔬菜。《诗经·周南·关雎》："参差荇菜，左右采之。"

⑥"疆埸"二句：田园摘来最好的瓜，特别好。《诗经·小雅·信南山》："中田有庐，疆埸有瓜。"疆埸 yì：田地的边界，大界叫疆，小界叫埸。擢：拔，这里作摘取解。翘：翘首，超群出众。葺：本义是用茅草加盖房屋，周靖民解作积聚、重叠。葺精：加倍好。

⑦"羞非"二句：送来的肉脯，虽然不是白茅包扎的獐鹿肉，却是包裹精美的雪白干肉脯。典出《诗经·召南·野有死麇》："野有死麇，白茅纯束。"羞，珍馐，美味的食品。纯 tùn：包束。裹 jūn：缠裹。

⑧鲊异陶瓶河鲤：鲊，腌制的鱼或其他食物。河鲤，《诗经·陈风·衡门》："岂食其鱼，必河之鲤。"黄河出产的鲤鱼，味鲜美。操如琼之粲：馈赠的大米像琼玉一样晶莹。操，拿着。琼，美玉。粲，上等白米，精米。

⑨茗同食粲：茶和精米一样好。酢颜望柑：馈赠的醋像看着柑橘就感到酸味一样的好。柑，柑橘。

⑩"免千"二句：这是刘孝绰总括地说颁赐的八种食品可以用好几个月，不必自

己去筹措收集。千里、三月是虚数词，未必恰如其数。《庄子·逍遥游》："适百里者宿舂粮，适千里者三月聚粮。"

⑪懿：美，善。

⑫莼：水莲科莼属植物，春夏之际，其叶可食用。

⑬后魏杨衒之《洛阳伽蓝记》和《北史·王肃传》对此事有更详细的记载："肃初入国，不食羊肉及酪浆等物，常饭鲫鱼羹，渴饮茗汁，京师士子道肃一饮一斗，号为漏卮。经数年以后，肃与高祖（孝文帝）殿会，食羊肉、酪粥甚多。高祖怪之，谓肃曰：'卿中国之味也，羊肉何如鱼羹？茗饮何如酪浆？'肃对曰：'羊者陆产之最，鱼者乃水族之长，所好不同，并各种珍。以味言之，甚是优劣，羊比齐鲁大邦，鱼比邾莒小国，唯茗不中与酪作奴耳。'高祖大笑。"茗不堪与酪为奴，夸奖北方的乳酪美好，贬低南方茶茗。同时也暗含着饮酪的北方人"尊贵"，饮茶的南方人"低贱"的意思。

【译文】

南朝梁刘孝绰《谢晋安王饷米等启》。（本启文是刘孝绰对晋安王所赐诸物倍加颂扬，文中把米比作美玉，把茶与粮食等同看待。）

陶弘景《杂录》：茶可以轻身换骨。从前，丹丘子、黄山君喝的就是它。

《后魏录》：琅琊郡人王肃在南朝齐做秘书丞时，喜好喝茶和莼菜汤。后来他回到北方，又爱吃羊肉和酪浆。有人问他："茶的味道与酪浆比起来怎么样？"王肃回答说："茶不配做酪的奴隶。"

【原文】

《桐君录》①：酉阳、武昌、庐江、晋陵好茗②，皆东人作清茗③。茗有饽，饮之宜人。凡可饮之物，皆多取其叶。天门冬、拔揳取根④，皆益人。又巴东别有真茗茶⑤，煎饮令人不眠。俗中多煮檀叶并大皂李作茶⑥，并冷⑦。又南方有瓜芦木，亦似茗，至苦涩，取为屑茶饮，亦可通夜不眠。煮盐人但资此饮，而交、广最重⑧，客来先设，乃加以香芼辈⑨。

《坤元录》⑩：辰州溆浦县西北三百五十里无射山⑪，云蛮俗当吉庆之时，亲族集会，歌舞于山上。山多茶树。

《括地图》⑫：临遂县东一百四十里有茶溪⑬。

山谦之《吴兴记》：乌程县西二十里⑭，有温山，出御荈。

【注释】

①《桐君录》：全名为《桐君采药录》，或简称《桐君药录》，药物学著作，已佚。

②酉阳：唐时大致在今湖北黄州一带。武昌：郡名，大致在今湖北鄂州。庐江：郡名，大致在今安徽庐江。晋陵：郡名，辖境大致在今江苏镇江、常州、无锡一带。

③清茗：不加葱姜等作料的清茶。

④天门冬、拔锲：皆为中药。

⑤巴东：郡名，其辖境大致是今四川开县、万县一带。

⑥大皂李：即皂荚，可入药。

⑦并：都。冷：放冷。

⑧交、广：指交州和广州。交州辖境大致在今广西钦州地区。

⑨香苇 máo 辈：各种香料。

⑩《坤元录》：唐朝一部地理类图书。

⑪辰州：在今湖南地区。无射山：无射是东周时的一口钟名，山形如钟，故名。

⑫《括地图》：当为《括地志》，唐时重要地理著作。

⑬临遂县：晋时县名，今湖南衡东县。

⑭乌程县：即今浙江湖州。下文中的温山在该市郊区白雀乡与龙溪交界处。

【译文】

《桐君录》：湖北酉阳、武昌，安徽庐江，江苏晋陵等地的人喜欢喝茶，都是东道主备好茶请客。茶汤有饽，喝了对人有好处。凡是可以做饮料的植物，多半是取叶子；但天门冬、楔拔则要挖根来煎煮，都是对人体有益的。巴东县有真香茗茶，煮了喝使人清醒不想睡觉。民间有用檀叶和大皂李煮汤放冷后当茶喝的。另外，南方有一种瓜芦木，也像茶树，味道很苦涩，采其叶来制成末，当茶煮了喝，也可以使人通宵不睡。煮盐的人，多半靠这种饮料振作精神。交州和广州人最喜爱这种茶，客人来时，都要先用此茶款待，并加上些芳香的配料。

《坤元录》：湖南辰州溆浦县西北三百五十里有座无射山，山区的少数民族有一种风俗，每当吉庆时日，亲族会集在山上跳舞、唱歌。山上有很多茶树。

《括地图》：临遂县东一百四十里有茶溪。

山谦之《吴兴记》：乌程县西二十里的温山，出产贡茶。

【原文】

《夷陵图经》①：黄牛、荆门、女观、望州等山②，茶茗出焉。

《永嘉图经》③：永嘉县东三百里有白茶山。

《淮阴图经》④：山阳县南二十里有茶坡。

《茶陵图经》云⑤：茶陵者，所谓陵谷生茶茗焉。

《本草·木部》⑥：茗，苦荼。味甘苦，微寒，无毒。主瘘疮⑦，利小便，去痰渴热，令人少睡。秋采之苦，主下气消食。注云：春采之。

《本草·菜部》：苦菜，一名荼，一名选，一名游冬，生益州川谷⑧，山陵道旁，凌冬不死。三月三日采，干。注云⑨："疑此即是今茶，一名荼，令人不眠。"《本草》注⑩："按，《诗》云：'谁谓荼苦'⑪，又云：'堇荼如饴'⑫，皆苦菜也。陶谓之苦茶，木类，非菜流：茗，春采，谓之苦槚（原注：途遐反）。"

《枕中方》⑬：疗积年瘘，苦茶、蜈蚣并炙，令香熟，等分，捣筛，煮甘草汤洗，以末傅之。

《孺子方》⑭：疗小儿无故惊蹶⑮，以苦槚、葱须煮服之。

【注释】

①夷陵：郡名，辖境大致在今湖北宜昌一带。
②黄牛、荆门、女观、望州：皆为夷陵当地名山。
③永嘉：郡名，在今浙江温州一带。
④淮阴：郡名，在今江苏淮安一带。
⑤茶陵：在今湖南茶陵。
⑥《本草》：即《唐本草》。
⑦瘘 lòu 疮：瘘，瘘管，人体体内因发生病变而生成的管子。疮，疮疖，多发生溃疡。
⑧益州：即今四川成都。
⑨"注云"以上是《唐本草》照录《神农本草经》的原文，"注云"以下是陶弘景《神农本草经集注》文字。
⑩《本草》注：即《唐本草》的注。
⑪谁谓荼苦：出自《诗经·邶风·谷风》："谁谓荼苦，其甘如荠。"

⑫堇茶如饴：出自《诗经·大雅·绵》："周原朊朊，堇茶如饴。"

⑬《枕中方》：孙思邈著录的医书。

⑭《孺子方》：小儿医书，作者等情况不详。

⑮惊蹶：带有痉挛症状的小儿病。发病时，儿童常神志不清，手足痉挛，容易跌倒。

【译文】

《夷陵图经》：黄牛、荆门、女观、望州等山上，出产茶叶。

《永嘉图经》：浙江永嘉县东三百里有白茶山。

《淮阴图经》记载：山阳县以南二十里，有茶坡。

《茶陵图经》记载：茶陵，就是指生长着茶树的陵谷。

《本草·木部》中说：茗，就是苦茶。味道苦中有甘，略有寒性，没有毒性。主治瘘疮，利尿，去痰，解渴，清热，令人减少睡眠。秋天采摘的茶叶有苦味，能通气，助消化。原注说：要在春天采摘。

《本草·菜部》中说：苦菜，也叫茶，又叫选，还叫游冬。生长在四川一带的河谷、山岭和道路旁边，即使经过严寒的冬天也不会冻死。每年三月三日采摘，焙干。陶弘景注："这或者就是今天所称的茶，又叫茶，饮用可以使人没有睡意。"苏恭《本草注》加按语说："《诗经》上说'谁说荼苦'，又说'堇和荼像饴糖一样甜'，说的都是苦菜。陶弘景所说的苦荼，是木本植物的茶，而不是菜类。茗，春天采摘的叫作苦荼。"

《枕中方》中说：治疗多年不愈的瘘疮，用苦茶、蜈蚣一同炙烤，使其熟透发出香气，等分成若干份，捣碎并筛成细末，煮甘草汤擦洗患处，然后再用筛出的细末敷上。

《孺子方》中说：治疗小孩无故的惊厥，以苦茶和葱的须根煮水服用。

【点评】

在本章中，陆羽汇集了至他那个时期所可见到的绝大部分茶史料，自有史以来至初唐的茶历史文献资料四十八则，对人们全面了解中国茶叶历史文化，有着重要的意义。其中有些材料现在已经不见，所以《茶经》还保存了一些难得的史料。

四十八则史料分见于多类书籍文献中，自先秦诸子百家中的《晏子春秋》，到秦汉以来的字书、医药书、史书、小说、诗文、僧史、地志、经方等种类的书籍，让人看

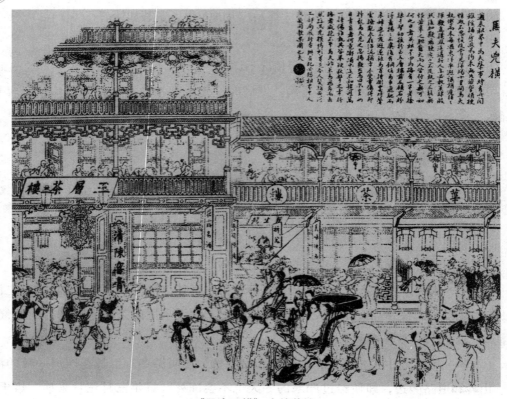

《马夫凶横》中的茶楼

到茶历史文化的多姿多彩。虽然有人列出少数几则陆羽未曾收录的史料，认为《七之事》不够完全，就古人所具有的图书资料条件而言，未免有点太苛责于古人了。

对于所收的四十八则茶史料，陆羽的编排顺序是很有历史感的。与名人相关的茶事茶文，基本上按时间顺序来排列，而其他不以名人茶事著名的图记、图经、本草书、医方等类书，则先分类编排，在同一类中再按时间排列。这种有类有序的编排，可以说是陆羽《茶经》之前的茶史长编，为其大力提倡的茶饮文化提供了有力的历史支持，也更能帮助读者深入了解与掌握茶史茶事，从而更有深度地去感受茶的历史文化内涵。

《七之事》近五十则材料最主要的作用，是让人们从历史文献的记载中，看到并印证茶文化的各方面内容。一是节俭，晏婴、陆纳、桓温、南朝齐世祖武帝萧赜等人，都曾用茶来表示自己的节俭生活。二是将茶用于祭祀，如齐武帝遗诏设茶为祭、剡县陈务妻以茶奠古墓、余姚人虞洪遇仙人等事迹中以茶祭供的行为，直接影响到唐代形成明确的以茶供佛、祀神以及多种祭祀礼仪。宋代以后，以茶致祭也进入士

宣化辽墓壁画《出行图》

图中侍者手持马鞭、华伞、衣物、茶水碗具等，正在等候主人上马出行。

大夫的家礼之中，成为中国礼仪习俗中的一个组成部分。其是，本章所记茶事中有多条材料指向茶对人修炼的作用，如广陵老姥能够提着茶器飞行，仙人丹丘子请虞洪祀之以茶，单道开服食的物品中有茶苏，陶弘景《杂录》更是明言："苦茶轻身换骨"，等等。这些事迹，很快就在唐代诗人卢仝的著名茶诗《走笔谢孟谏议寄新茶》中凝炼为茶能使人羽化升仙的文学意象："七碗吃不得也，唯觉两腋习习清风生。蓬莱山，在何处，玉川子乘此清风欲归去。"从此，饮茶能使人风生两腋的意象，成为中国茶文学中的一个经典。四是所记交广地区以茶待客的习俗，晋人南渡在石头城以茶迎后渡者的记载，表明在南方产茶地区饮茶的普泛以及客来设茶习俗形成时间之早。而陆纳以茶待客以显清素简朴，则又给以茶待客的行为注入了清简的含义。

名人茶事有着强大的示范作用和心理暗示，医药书、经方等方面的内容，则从医药的角度，对前面章节中述及的茶叶的各种功用，起到了专业论证的作用。而诗文等文学作品对于茶饮的描述，极其生动形象。特别是左思《娇女诗》对于两个娇美小女儿急于饮茶的生动描绘："心为茶荈剧，吹嘘对鼎𬬻"，因为急于想喝到茶，所以也顾不得地上的尘土和炉中的烟灰，而去对着炉火吹气助燃，以便能早早喝到茶汤。如此生动鲜活的形象充满了感染力。而地记、图经等地理书中关于各地产茶的记载，又开启了下一章唐代茶叶产区的篇章。

八、茶之出

【原文】

山南①，以峡州②上，（峡州生远安、宜都、夷陵三县山谷③）襄州、荆州次④，（襄州，生南漳县山谷⑤，荆州生江陵县山谷。）衡州⑥下，（生衡山⑦、茶陵二县山谷。）金州、梁州又下⑧。（金州生西城、安康二县山谷⑨。梁州生褒城、金牛二县山谷⑩。）

淮南⑪，以光州⑫上，（生光山县黄头港者，与峡州同）义阳郡⑬、舒州⑭次，（生义阳县钟山者⑮，与襄州同。舒州生太湖县潜山⑯者，与荆州同。）寿州⑰下，（盛唐县生霍山者⑱，与衡州同也。）蕲州⑲、黄州⑳又下。（蕲州生黄梅县山谷，黄州生麻城县山谷，并与金州、梁州同也。）

【注释】

①山南：唐贞观年间十道之一。唐贞观元年（公元627年），划全国为十道，道管辖郡州，郡管辖县。

②峡州：又称夷陵郡，治所在今湖北宜昌市。

③远安：今湖北远安县。宜都：今湖北宜都市。夷陵：今湖北宜昌市。

④襄州、荆州：今湖北襄阳市、荆州市。

⑤南漳县：今湖北南漳县。

⑥衡州：今湖南衡阳地区。

⑦衡山：县治所在今衡阳朱亭镇对岸。

⑧金州、梁州：今陕西安康、汉中一带。

⑨西城：今陕西安康市。安康：治所在今安康市城西五十里汉水西岸。

⑩褒城：今汉中褒城镇。金牛：在今陕西勉县以西。

⑪淮南：唐贞观十道之一。

⑫光州，又称弋阳郡，今河南潢川、光山县一带。

⑬义阳郡：今河南省信阳市及其边围。

⑭舒州：又名同安郡。今安徽太湖安庆一带。

⑮义阳县：今河南信阳。钟山：在信阳市东八十里。

⑯潜山：在安徽潜山县西北三十里。

⑰寿州：又名寿春郡，今安徽寿县一带。

⑱盛唐县、霍山：今安徽六安市、霍山县境。

⑲蕲州：今湖北蕲春一带。

⑳黄州：又名齐安郡，今湖北黄冈一带。

【译文】

山南地区的茶以峡州产的为最好，（分布在远安、宜都、夷陵三个县的山谷里。）襄州、荆州产的次之，（襄州的产茶地在南漳县山谷，荆州的产茶地分布在江陵县山谷。）衡州产的差些，（分布在衡山、茶陵二县的山谷。）金州、梁州的又差一些。（金州的茶区分布在西城、安康二县的山谷里。梁州的茶区分布在褒城、金牛二县的山谷里。）

淮南地区的茶，以光州产的为最好，（光山县黄头港的茶叶质量与峡州的一样好。）义阳郡、舒州产的次之，（义阳郡义阳县钟山的茶叶质量与襄州的相差不多。舒州太湖县潜山的茶叶质量相当于荆州的。）寿州产的较差，（寿州盛唐县霍山的茶叶质量与衡州的一样。）蕲州、黄州产的又差一些。（蕲州黄梅县山谷、黄州麻城市山谷出产的茶叶质量与金州、梁州的一样。）

【原文】

浙西①，以湖州②上，（湖州生长城县③顾渚山④谷，与峡州、光州同；生山桑、儒师二坞、白茅山悬脚岭⑤，与襄州、荆州、义阳郡同；生凤亭山伏翼阁飞云、曲水二寺⑥、啄木岭⑦，与寿州、常州同。生安吉、武康二县山谷，与金州、梁州同。）常州⑧次，（常州义兴县⑨生君山⑩悬脚岭北峰下，与荆州、义阳郡同；生圈岭善权⑪寺、石亭山，与舒州同。）宣州、杭州、睦州、歙州下⑫，（宣州生宣城县雅山⑬，与蕲州同；太平县生上睦、临睦⑭，与黄州同；杭州临安、于潜⑮二县生天目山⑯，与舒州同。钱塘生天竺、灵隐二寺⑰；睦州生桐庐县山谷；歙州生婺源山谷；与衡州同。）润州⑱、苏州⑲又下。（润州江宁县生傲山⑳，苏州长州县生洞庭山㉑，与金州、蕲州、梁州同。）

【注释】

①浙西：唐贞观十道之一。

②湖州：又名吴兴郡，今浙江吴兴一带。

③长城县：今浙江长兴县。

④顾渚山：在长兴县西三十里。

⑤白茅山悬脚岭：在长兴县渚顾山东面。

⑥凤亭山：在长兴县西北四十里。伏翼阁飞云、曲水二寺：都是山里的寺院。

⑦啄木岭：在长兴县北六十里，山中多啄木鸟。

⑧常州：又名晋陵郡，今江苏省常州市一带。

⑨义兴县：今江苏宜兴县。

⑩君山：在宜兴县南二十里。

⑪善权：相传是尧时隐士。

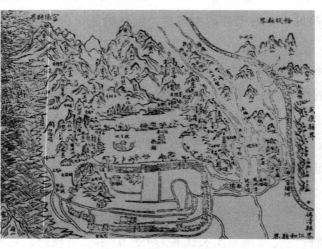

钱塘图

⑫宣州：又称宣城郡，今安徽宣城、当涂一带。杭州：又名余杭郡，今浙江杭州、余杭一带。睦州：又称新定郡，今浙江建德、桐庐、淳安一带。歙州：又名新安郡，今安徽歙县、祁门一带。

⑬雅山：又称鸦山、鸭山、丫山，在宁国市北。

⑭上睦、临睦：太平县内的两个乡。

⑮于潜：现已并入临安县。

⑯天目山，又名浮玉山，地处浙江省西北部临安区境内，山脉横亘于浙江西、皖东南边境。

⑰钱塘：今浙江杭州市，灵隐寺在市西灵隐山下。天竺寺分上、中、下三寺。下天竺寺在灵隐山飞来峰。

⑱润州：又称丹阳郡，今江苏镇江、丹阳一带。

⑲苏州：又称吴郡，今江苏苏州一带。

⑳江宁县：今南京市及江宁县。傲山：在南京市郊。

㉑长洲：今苏州一带。洞庭山：太湖上的一些小岛。

【译文】

浙西地区产的茶，以湖州产的为最好，（湖州长城县顾渚山谷出产的茶叶质量与峡州、光州的一样好；长在山桑、儒师二寺、白茅山悬脚岭的，与襄州、荆州、义阳郡的质量差不多；长在凤亭山伏翼阁、飞云、曲水二寺、啄木岭的，与寿州、常州的质量一样。长在安吉、武康二县山谷的，则与金州、梁州出产的茶叶质量一样。）常州产的次之，（常州义兴县君山悬脚岭北峰下出产的茶叶，与荆州、义阳郡的茶叶质量一样；生长在圈岭善权寺、石亭山的茶叶，质量与舒州的一样。）宣州、杭州、睦州、歙州产的差些，（宣州宣城市雅山的茶叶，质量与蕲州的一样；太平县上睦、临睦的，与黄州的差不多；杭州临安、于潜二县的茶叶生长在天目山，质量与舒州的相同。钱塘茶生天竺、灵隐二寺；睦州桐庐县山谷、歙州婺源山谷出产的茶叶，质量与衡州相当。）润州、苏州产的又差一些。（润州江宁县傲山、苏州、长洲洞庭山的茶叶，与金州、蕲州、梁州的质量相同。）

【原文】

剑南①，以彭州②上，（生九陇县马鞍山至德寺、棚口③，与襄州同。）绵州、蜀州次④，（绵州龙安县生松岭关⑤，与荆州同；其西昌、昌明、神泉县西山者⑥并佳；有过松岭者，不堪采。蜀州青城县生丈人山⑦，与绵州同。青城县有散茶、木茶。）邛州⑧次，雅州、泸州下⑨，（雅州百丈山、名山⑩，泸州⑪泸川者，与金州同也。）眉州⑫、汉州⑬又下。（眉州丹棱县生铁山者，汉州绵竹县生竹山者⑭，与润州同。）

【注释】

①剑南：唐贞观十道之一。

天目山

②彭州：又叫蒙阳郡，今四川彭州市一带。

③九陇县：今彭州市。马鞍山：即今至德山，在鼓城西。棚口：在鼓城西。

④绵州：又称巴西郡，今四川绵阳、安县一带。蜀州：又称唐安郡，今四川崇庆、灌县一带。

⑤龙安县：今四川安县。松岭关：在今龙安县西五十里。

⑥西昌：在今四川安县东南花荄镇。昌明：在今四川江油市附近。神泉县：在安县南五十里。西山：岷山山脉之一部分。

⑦青城县：今四川灌县南四十里，因境内有青城山而得名。丈人山：为青城山三十六峰之主峰。

⑧邛州：又称临邛郡，今四川邛崃、大邑一带。

⑨雅州：又称卢山郡，今四川雅安一带。泸州：又称泸川郡，今四川泸州市及其周边。

⑩百丈山、名山：百丈山在今四川名山区东四十里，名山在名山区北。

⑪泸州：今四川泸州。

⑫眉州：又名通义郡，今四川眉山、洪雅一带。

⑬汉州：又称德阳郡，今四川广汉、德阳一带。

⑭铁山：又名铁桶山，在四川丹棱县境内。竹山：即绵竹山，在四川绵竹县境内。

【译文】

剑南地区的茶，以彭州产的为最好，（生长在九陇县马鞍山至德寺、棚口一带的茶叶，质量与襄州的相同。）绵州、蜀州产的次之，（绵州龙安县松岭关出产的茶叶，质量与荆州的差不多，西昌、昌明、神泉县西山的茶叶都是好茶，但是过了松岭的就不大好，不值得采摘。蜀州青城县丈人山上的茶叶，质量与绵州差不多，也一样好。青城县有散茶、木茶。）邛州、雅州、泸州的差些，（雅州百丈山、名山、泸州泸川的茶叶，与金州一样。）眉州、汉州又差一些。（眉州丹棱县铁山、汉州绵竹县竹山出产的茶叶，质量与润州的一样。）

【原文】

浙东①以越州②上，（余姚县生瀑布泉岭，曰仙茗，大者殊异，小者与襄州同。）明州③、婺州④次，（明州贺县生榆荚村⑤婺州，东阳县东白山⑥，与荆州同。）台州⑦下。（台州，丰县⑧生赤城者⑨，与歙州同。）

黔中⑩，生思州、播州、费州、夷州⑪。

江南⑫，生鄂州、袁州、吉州⑬。

岭南⑭，生福州，建州、韶州、象州⑮。福州生闽方山⑯山之阴也。

其思、播、费、夷、鄂、袁、吉、福、建、韶、象十一州未详，往往得之，其味极佳。

【注释】

①浙东：浙江东道节度使方镇的简称。

②越州：又称会稽郡。今浙江绍兴、嵊州一带。

③明州：又称余姚郡，今浙江宁波、奉化一带。

④婺州：又称东阳郡，今浙江金华、兰溪一带。

⑤贺县：今浙江宁波市东南的东钱湖畔。

⑥东白山：在今浙江东阳市巍山镇北。

⑦台州：又名临海郡，今浙江临海、天台一带。

⑧始丰：今浙江天台县。

⑨赤城：在浙江省天台县北，为天台山南门，天台山十景之一，多土石色赤而状如城堞的山。孔灵符《会稽记》曰："赤城，山名，色皆赤，状似云霞。"

⑩黔中：唐开元年间，道已演变为以采访使为首的监察区域，分为十五道，黔中即为唐开元十五道之一。

⑪思州：又称宁夷郡，今贵州沿河一带。播州：又名播川郡，今贵州遵义一带。费州：又称涪川郡，今贵州思南、德江一带。夷州：又名义泉郡，今贵州风冈、绥阳一带。

⑫江南：唐代江南道。

⑬鄂州：又称江夏郡，今湖北武昌、黄石一带。袁州：又名宜春郡，今江西吉安、宁冈一带。

⑭岭南：唐贞观十道之一。

⑮福州：又名长乐郡，今福建福州、莆田一带。建州：又称建安郡，今福建建瓯一带。韶州：又名始兴郡，今广东韶关、仁化一带。象州：又称象山郡，今广西象州一带。

⑯方山：在福建省福州市闽江南岸。

【译文】

浙东地区的茶，以越州产的为最好，（余姚市瀑布泉岭的茶叫仙茗，那里的大叶子茶很特殊，小叶茶与襄州的茶一样。）明州、婺州产的次之，（明州贺县榆荚村、婺州东阳市东白山的茶叶，与荆州的一样。）台州产的差些。（台州始丰县赤城山上的茶叶，与歙州的相同。）

黔中产茶地有：思州、播州、费州、夷州。

江南产茶地有：鄂州、袁州、吉州。

岭南产茶地有：福州、建州、韶州、象州。（福州的茶生长在福州闽县方山的北面。）

对于思、播、费、夷、鄂、袁、吉、福、建、韶、象这十一州的茶，其具体产地和一些情况我还不是很了解，经常得到这些地方的茶叶，觉得香味、味道都非常好。

【点评】

《八之出》记述了中唐时期的茶叶地理。

赵孟頫《松荫会琴图》

　　陆羽基本按照两个原则进行记述，一是行政区划，二是茶叶品质。总共记录唐代八道四十三州郡产茶，除了当时不在唐朝界内的南诏国（今云南）外，基本与现今中国的花产区相一致。（有论者以为陆羽未将云南列入本章的茶产区是种不完整，还是未免太苛责古人了。）对于不同茶产区的茶叶品质，陆羽都分别给以"上，次，下，又下"四个等级的评价，并且将不同地区的茶叶品质进行比较。

从陆羽所论列的产茶州县情况的详略，可以大致判断陆羽在哪些地区进行过较为详细的考察。一般而言，在县以下列有更小地名及所产茶的，应该就是陆羽到过并进行过详细考察的地区。

此外，还可以根据本章内容判断出《茶经》成书的大致时间。唐代的地名因为政治经济形势的变化改动较多，中外学者研究《八之出》的地名，大多是 758—761 年之间的地名，据此可知，《茶经》写作于这段时间之内。而据《封氏闻见记》所记李季卿宣慰江南时，曾先后召常伯熊、陆羽为之煮茶，而常伯熊所凭据的正是陆羽《茶经》来看，在李季卿宣慰江南的 764 年之前，《茶经》已经有所流传。本章记江南道诸州茶产时，记为"未详"，"往往得之，其味极佳"，则表明陆羽在撰写这些文字之时，还未到过这些地区。而陆羽事实上大致在 782 年移居江西，所以现今看到的《茶经》本子，定是写成并流传于 782 年之前的。

从茶产区小注文中可以看到，陆羽对于湖州的描述最详细，所记小地名也最多，从此可知陆羽对这一地区的考察最为细致，这也是促使他最终在这一地区写作《茶经》的原因之一。也与《南部新书》记录陆羽曾于大历五年（770 年）致信国子祭酒杨绾，并寄湖州顾渚紫笋茶推荐此茶的事情相联系在一起。

所以，本章除了记述传达唐代茶产区及其茶叶品质资料外，还包含了更多的有关陆羽考察茶事与撰写《茶经》的信息，可以说是人们研读《茶经》的意外之得。

陆羽是在实地考察以及亲身体验的基础上写作本章内容的。同时，熟悉者详细记之，不熟者则客观诚实地言以"未详"，再次体现了陆羽客观诚实的科学态度。

九、茶之略

【原文】

其造具，若方春禁火之时①，于野寺山园，丛手而掇②，乃蒸，乃舂，乃炙，以火干之，则又棨、扑、焙、贯、棚、穿、育等七事皆废③。

其煮器，若松间石上可坐，则具列废。用槁薪、鼎栎之属④，则风炉、灰承、炭挝、火筴、交床等废。若瞰泉临涧，则水方、涤方、漉水囊废。若五人已下，茶可末而精者⑤，则罗合废。若援藟跻岩⑥，引絙入洞⑦，于山口炙而末之，或纸包合贮，则碾、拂末等废。既瓢、碗、竹筴、札、熟盂、鹾簋悉以一筥盛之，则都篮废。

但城邑之中，王公之门，二十四器阙一^⑧，则茶废矣。

【注释】

①禁火：即寒食节，清明节前一日或二日，旧俗以寒食节禁火冷食。

②丛手而掇：聚众手一起采摘茶叶。

③废：弃置不用。

④枥：同"鬲"，形状同鼎，有三足，可直接在其下生火，而不需要炉灶。

⑤茶可末而精者：茶可以研磨得比较精细。

⑥蕾：藤。

⑦綆 gēng：粗绳。

⑧二十四器：此处言二十四器，但在《茶之器》中包括附属器共列出了二十九种。（罗与合应计为两种，实有三十种。）

【译文】

制茶器具方面，若是在开春寒食节的时候，到郊野寺庙或深山茶地，大家动手采摘，并随采、随蒸、随舂，随即用火干燥，那么，棨、扑、焙、贯、棚、穿、育等七种制茶设备便可以省略。

对于煮茶器具，若是在松林之间，器具又可以放在石头上，那么，具列便可以不要。用枯槁木柴烧火，用鼎样的锅煮茶，那么，风炉、灰承、炭挝、火筴、交床等就没有必要；若是在水泉、洞溪之旁煮茶，那么水方、涤方、漉水囊就可不要；若人数不多，仅五人以下，茶叶可以碾成细末而且非常好时，罗合就用不着了；倘若要攀藤爬崖，拉着绳子到山洞，在洞口焙烤茶并碾成细末，或用纸或用盒装着茶末去的，碾和拂末就没必要带了；若瓢、碗、竹筴、札、熟盂、鹾簋都可以用一个竹筐装盛，那么都篮也不必要了。

但在城里，王公之家，二十四种器具，缺任何一件都算不上品茶了。

【点评】

本章列举在野寺山园、瞰泉临涧诸种饮茶环境下，种种可以省略不用的制茶、煮饮茶用具，特别体现了陆羽的林泉之志。

《九之略》最为典型地表达了陆羽身为闲云野鹤的隐士，却时时心系高远庙堂，这

刘松年《斗茶图》

种貌似矛盾、实际统一的中国古代文人的一种典型心态。中国古代怀有经世济时抱负的文人士大夫，在不同的人生状态下关注的焦点不同，一般而言，"居庙堂之上则忧其民，处江湖之远则忧其君"。作为山泽草民，陆羽在《茶经》中所提出的饮茶规范，是指向那些身处庙堂的人们的。但陆羽显然始终未能忘怀自己隐逸之士的山人、处士本质，所以在本章中，为那些和他一样优游林下、泛舟江湖、林栖谷隐的人们，提出了在山林野外各种环境下，种种可以省略的器具。

从本质上来说，陆羽有着山林隐逸之士追求自由之心，正是这种追求让他在年少时毅然决然下定决心逃离龙盖寺，也让他两次未赴唐廷的征召去做太子文学或太常寺太祝，也让他在专门讲求饮茶规范的《茶经》中，专列一章讲述种种情况下可以省略的器具，因为在放松自由的山林里，器具足用即可。

然而，在本章的最后，为了避免读者因《九之略》误解写作《茶经》的济世思想，产生疑惑，陆羽以"但城邑之中，王公之门，二十四器阙一，则茶废矣"，这样缺一不可的句子，结束了讲述关于省略器具的篇章，说只有完整使用全套茶具，体味其中存在的思想轨范，茶道才能存而不废。强烈的对比反差，让人无论对于省略器具、还是二十四组器具缺一不可全都留下了深刻的印象，这或许就是陆羽如此写作的初衷。

十、茶之图①

【原文】

以绢素或四幅、或六幅分布②写之，陈诸座隅，则茶之源、之具、之造、之器、之煮、之饮、之事、之出、之略，目击③而存，于是《茶经》之始终备焉。

【注释】

①茶之图：第十章，挂图。意指把《茶经》全文写在素绢上，然后挂起来。《四库全书提要》说："其曰图者，乃谓统上九类写绢素张之，非有别图。其类十，其文实九也。"

②分布：分到各个部分，这里指分别。

③击：接触，俗语有"目击者"，这里是看见的意思。

【译文】

用白绢四幅或六幅，把上述我对茶的研究和见解分别抄在这些白绢上面，张挂在座位旁边。这样，茶的起源、采制工具、制茶方法、煮饮器具、煮茶方法、饮茶方法、有关茶事的记载、产地以及茶具的省略方法等，便随时都可以看在眼里，于是，《茶经》从头至尾的内容就会完备地记在脑海里了。

【点评】

本章在正文之中要求将全书内容图写张挂，以使其内容目击而存、烂熟于胸，这样在制茶饮茶时便能得心应手，得饮茶之精髓。这样的要求是很罕见的，表明了陆羽对《茶经》的自信与期待。

刘松年《博古图》

第二节　《续茶经》释译

一、茶之源

【原文】

许慎《说文》：茗，茶芽也。

王褒《僮约》前云"烹鳖烹茶"；后云"武阳买茶"。（注：前为苦菜，后为茗。）

张华《博物志》：饮真茶，令人少眠。

《诗疏》：椒树似茱萸①，蜀人作茶，吴人作茗②，皆合煮其叶以为香③。

《唐书·陆羽传》：羽嗜茶，著《经》三篇，言茶之源、之具、之造、之器、之煮、之饮、之事、之出、之略、之图尤备，天下益知饮茶矣。

《唐六典》：金英、绿片，皆茶名也。

【注释】

①茱萸：又名"越椒""艾子"，是一种常绿带香的植物。

②茗：即茶。

③皆合煮其叶以为香：都是拿它的叶子煮出清香的气味。

【译文】

许慎《说文解字》：茗，也就是茶。

王褒《僮约》的前面："烹鳖烹茶"；后面说："武阳买茶"。（注：前面指的是苦菜，后面指的是茗。）

张华《博物志》：喝真正的茶，可以减少人的睡眠。

《诗疏》记载：椒树跟茱萸非常相似，蜀地人把它叫作茶，吴地人把它叫作茗，都是拿它的叶子煮出清香的气味。

《唐书·陆羽传》记载：陆羽十分喜欢喝茶，著有《茶经》三篇，说的是茶之源、茶之具、茶之造、茶之器、茶之煮、茶之饮、茶之事、茶之出、茶之略、茶之图等，渐渐天下的人都知道喝茶了。

《唐六典》：金英、绿片，都是茶叶的名称。

【原文】

《李太白集·赠族侄僧中孚玉泉仙人掌茶序》：余闻荆州玉泉寺近青溪诸山，山洞往往有乳窟①，窟多玉泉交流。中有白蝙蝠，大如鸦。按《仙经》："蝙蝠②，一名仙鼠。千岁之后，体白如雪。栖则倒悬，盖饮乳水而长生也。"其水边处处有茗草罗生，枝叶如碧玉。惟玉泉真公常采而饮之，年八十余岁，颜色如桃花，而此茗清香滑熟异于他茗，所以能还童振枯，扶人寿也。余游金陵，见宗僧中孚示余茶数十片，拳然重叠，其状如掌。号为"仙人掌"茶。盖新出乎玉泉之山，旷古未觌③。因持之见贻④，兼赠诗，要余答之。遂有此作。俾后之高僧大隐，知"仙人掌"茶发于中孚禅子及青莲居士李白也。

【注释】

①乳窟（kū）：指有石钟乳的山洞。石钟乳的形成是由于含碳酸石灰的泉水从岩缝隙下滴，其石灰质日久凝积，累累下垂，其状如钟之乳，故名，简称钟乳。过去，人们往往把它当成药，十分珍视。

②蝙蝠：是一种哺乳动物，它的头和身体像老鼠，前后肢与身体有薄膜相连。喜在夜空中飞，捕食蚊蛾等。

③觏（gòu）：看见、遇见。

④贻：这里作赠送讲。

【译文】

《李太白集·赠族侄僧中孚玉泉仙人掌茶序》：我听说在荆州玉泉寺附近青溪等山里，山洞里面往往有钟乳窟，窟里面大多有泉水流出。里面有白色的蝙蝠，如乌鸦一般大。按照《仙经》里面记载的："蝙蝠，又叫作仙鼠。千年之后，身体如同雪一样洁白。栖息的时候是倒悬的，它就是因为饮用了钟乳水才长生的。"这种水边到处长着茶叶，枝叶像碧玉一样。玉泉真人常常采摘下来喝，他到了80多岁，脸色还和桃花一样，而这里的茶叶清香滑热也与其他茶叶不同，所以能够延年益寿、防止过早衰老。我到金陵游玩时，高僧中孚拿了几十片茶叶给我看，这种茶叶卷起来重叠在一起，形状就像"手掌"一样，所以叫作"仙人掌茶"。这是玉泉山新出产的，以前从来没有见过。因为他拿给我看完了之后又做了诗，要我答复，所以才有了这首诗。以后的高僧和出名的隐士，都知道"仙人掌茶"来源于中孚禅子以及青莲居士李白了。

【原文】

《皮日休集·茶中杂咏诗序》：自周以降，及于国朝茶事，竟陵子陆季疵①言之详矣。然季疵以前称茗饮者，必浑以烹之，与夫瀹蔬而啜者无异也。季疵之始为《经》三卷，由是分其源。制其具，教其造，设其器，命其煮。俾饮之者除痟而去疠，虽疾医之未若也。其为利也，于人岂小哉？余始得季疵书，以为备矣；后又获其《顾渚山记》②二篇，其中多茶事；后又太原温从云、武威段碉之。各补茶事十数节，并存于方册。茶之事由周而至于今，竟无纤遗矣。

【注释】

①陆季疵：《新唐书》载：陆羽字鸿渐，一名疾，字季疵。复州竟陵（今湖北天门）人。

②《顾渚山记》：陆羽写的关于茶事的著作。顾渚：产茶之地，在浙江长兴。《茶谱记》载：陆龟蒙喜欢饮茶，在顾渚山下建有茶园。

【译文】

《皮日休集·茶中杂咏诗序》：从周朝以后到我朝关于茶的记录，竟陵陆季疵所说的最为详尽。然而在陆季疵以前喝茶的人，都是糊里糊涂地烹制，跟我们这些学问浅薄的喝茶人没有什么差别。季疵最早写了《茶经》三卷，从此之后，区分了茶叶的来源、制造了工具、教人如何制茶，设计了器具，将它煮熟。喝茶能够消除疲劳防治疾病，即使是医生也不一定能够有这样的效果。它的好处，对人来说难道还小吗？我最初得到季疵书的时候，认为还有可以补充的，后来又得到了他的《顾渚山记》两篇，发现里面有很多关于茶的内容。再后来又从太原温从云、武威段砺之那里各自补充了关于茶的内容十几节，一起存放到书里面。关于茶的事情从周朝到现在，竟然再也没有一点的遗漏了。

【原文】

《封氏闻见记》：茶，南人好饮之，北人初不多饮。开元中，泰山灵岩寺有降魔师，大兴禅教①。学禅务于不寐②，又不夕食，皆许饮茶。人自怀挟，到处煮饮。从此转相仿效，遂成风俗。起自邹、齐、沧、棣，渐至京邑③，城市多开店铺煎茶卖之，不问道俗，投钱取饮。其茶自江淮而来，色额甚多。

【注释】

①禅教：指一种强调静坐敛心，专注一境，最终达到弃恶轻安的佛教。
②寐：睡觉。
③京邑：指京城。

【译文】

在《封氏闻见记》中有这样的记载：南方人十分喜欢喝茶，而开始的时候北方人喝得很少。唐朝开元年间，有一位能够降魔的大师居住在泰山的灵岩寺，他极力宣传佛教里面的静思思想，主张学禅的人不睡觉，不吃晚饭，只允许饮一点茶。于是那些学禅的人，都自带着茶叶，处处煮茶来喝。这样一来，人们都互相效仿，于是慢慢形成了一种喝茶的风气。这种风气从邹、齐、沧、棣这些地方慢慢地传到京都，在城市里一些人专门开茶店，把茶煮来卖，不管是那些僧人，还是那些普通人，只要掏钱就能够喝到茶，他们卖的茶都是从江准这些地方运送来的，各种各样的茶叶有很多。

【原文】

《唐韵》：荼字，自中唐始变做茶。

裴汶《茶述》：茶，起于东晋，盛于今朝。其性精清，其味浩洁，其用涤烦，其功致和。参百品而不混，越众饮而独高。烹之鼎水，和以虎形，人人服之，永永不厌。得之则安，不得则病。彼芝术①黄精②，徒云上药，致效在数十年后，且多禁忌，非此伦也。或曰：多饮令人体虚病风。余曰：不然。夫物能祛邪，必能辅正，安有蠲③逐聚病而靡④禅太和哉？今宇内为土贡实众，而顾渚、蕲阳、蒙山为上；其次则寿阳、义兴、碧涧、湏湖、衡山；最下有鄱阳、浮梁。今者其精无以尚焉，得其麄者，则下里兆庶⑤，瓯盎纷糅。顷刻未得，则胃腑病生矣。人嗜之若此者，西晋以前无闻焉。至精之味或遗也，因作《茶述》。

【注释】

①芝术：芝指灵芝，古人把它看作仙草，具有强壮筋骨起死回生的作用。

②黄精：是一种多年生的草本植物，可以入药，具有补气健身的作用。

③蠲：这里当免除讲。

④靡：没有，无的意思。

⑤下里兆庶：这里指众多的百姓。下里指乡里，兆庶是众多的意思。

【译文】

《唐韵》这本书提道：从中唐开始，"荼"字就变成了"茶"字。

裴汶在《茶述》中记述：饮茶的习俗，是从东晋开始的，到了我朝的时候盛行起来。茶具有清爽的特性，味道特别好，饮茶可以让人解除烦恼，心态变得平和。即使把茶和上百种物品放在一起也不会混同，和众多的饮品比较起来，茶的品位显得特别

（甲骨文）

（大篆）

（小篆）

（摹印篆）

（隶书）

（楷书）

"茶"字的演变

高。把茶放在锅里煮，等水烧开后，其汤呈现虎形，人人都喝，永远都不会感到厌烦。喝了茶的人，心神会感到安定，而不喝的人，往往就会产生疾病。芝术、黄精白白具有上等药的声誉，因为服用这类药，其药效在几十年以后才能显现出来，而且禁忌特别多，和茶无法相比。有人说：茶喝得太多会使人身体变得虚弱，得中风病。我却不这样认为。茶既然能祛邪，也就能扶正，怎么会能让人免除疾病，而不能调和人的机体、促使人身心健康呢？现在各地生产了很多茶的品种，顾渚、蕲阳、蒙山等地出产的茶都是上等的好茶。寿阳、义兴、碧涧、澠湖、衡山这些地方出产的茶也是比较好的茶。最差的要属鄱阳、浮梁这两个地方产的茶了。现在，不必说那些得到上等好茶的人了，对于饮茶他们十分讲究，而那些得到粗茶的平民百姓就使用瓦盆和碗来喝茶。他们感到如果不喝茶的话肠胃病就要发作。在西晋以前，像这样的事情还没听说过。因为害怕丢掉世上最精美的茶味，于是专门写了本《茶述》把它记载下来。

【原文】

宋徽宗《大观茶论》：茶之为物，擅瓯闽之秀气，钟山川之灵禀，祛襟涤滞，致清导和，则非庸人孺子可得而知矣。冲淡闲洁，韵高致静，则非遑遽①之时可得而好尚矣。而本朝之兴，岁修建溪之贡，"龙团""凤饼"，名冠天下，而壑源之品，亦自此而盛。延于今，百废具举，海内宴然②，垂拱③密勿④，幸致无为。缙绅⑤之士，韦布⑥之流，沐浴膏泽，熏陶德化，咸化雅尚相推，从事茗饮。故近岁以来，采择之精，制作之工，品第之胜，烹点之妙，莫不盛造其极。呜呼！至治之世，岂惟人得以尽其材，而草木之灵者，亦得以尽其用矣。偶因暇日，研究精微，所得之妙，后人有不知为利害者，叙本末二十篇，号曰《茶论》。一曰地产，二曰天时，三曰择采，四曰蒸压，五曰制造，六曰鉴别，七曰白茶，八曰罗碾，九曰盏，十曰筅，十一曰瓶，十二曰杓，十三曰水，十四曰点，十五曰味，十六曰香，十七曰色，十八曰藏，十九曰品，二十曰外焙。名茶各以所产之地，如叶耕之平园、台星岩，叶刚之高峰青凤髓，叶思纯之大风，叶屿之屑山，叶五崇林之罗汉上水桑芽，叶坚之碎石窠、石臼窠（一作六窠）。叶琼、叶辉之秀皮林，叶师复，师贶之虎岩，叶椿之无又岩叶，芽懋之老窠园，各擅其美，未尝混淆，不可概举。焙人之茶，固有前优后劣，昔负今胜者，是以园地之不常也。

【注释】

①遑遽：仓促、匆忙。

②宴然：平安的意思。

③垂拱：古代指天下太平无事。

④密勿：当勤劳谨慎讲。

⑤缙绅：也写作"搢绅"，古时候是高级官吏的一种装束，后常常作为官宦的代称。

⑥韦布：韦，熟牛皮。布，指布衣古代指没有做官的人或在山野隐居的人穿的粗

陋服装。

【译文】

宋徽宗在《大观茶论》中说：茶这种作物，具有南方福建一带的秀气，带有山川的灵气，能够把人体内的混浊之物清除掉，使人的头脑变得清醒，心态平和，这些道理不是那些凡夫俗子能够体会到的。人在匆忙的时候是不能够享受到茶叶淡雅、宁静、高洁的韵味的。在宋朝品茶开始兴盛起来，逐渐形成一种风气，每年都要在建溪这个地方制作贡茶。用茶制成的"龙团""凤饼"，天下闻名。壑源这一类茶也是从建溪这个地方发展兴旺起来的。一直延续到今天，一切废置的事情都已经兴办起来，天下太平，作为皇帝，做到谨慎勤劳，就可以达到无为而治。而那些王公贵族、黎民百姓，都蒙受到恩德的教化，都崇尚高雅的习俗，很喜欢喝茶。近几年，采茶的精细，制作的优良，质量的上乘，烹煮的美妙，都达到非常高的水平。唉！在清明的盛世，不仅人们能各尽其才，就是草木也能充分展现它们的灵性，物尽其用。偶然有空的时候，对茶做深入的研究，探寻到其中的奥妙，又担心后来的人不了解，所以就写了《茶论》，从头到尾共包括二十篇。一说茶的生产地区；二说茶生长的气候环境；三说采摘茶时应该注意的事项；四说关于茶的蒸压；五说茶的制造；六说茶如何鉴别；七说白茶；八说罗碾；九说茶杯；十说筅；十一说茶瓶；十二说茶勺子；十三说煮茶时用的水；十四说泡茶；十五说茶的味道；十六说茶的香气；十七说如何鉴别茶的颜色；十八说茶的储藏；十九说茶的品尝；二十说茶的外焙。茶的名字都能把各自产地的特点体现出来，比如像叶耕的平园、台星岩，叶刚的高峰青凤髓，叶思纯的大风，叶屿的屑山，叶五崇林的罗汉上水桑芽，叶坚的碎石窠、石臼窠（一作六窠）。叶琼、叶辉的秀皮林，叶师复、师贶的虎岩，叶椿的无双岩芽，叶懋的老窠园，都各有优点，是不能够混淆在一起的，也不能够把它们一一列举出来。制茶人所制作的茶也是不同的，有的是以前的好，而以后的差。而有的则是现在制作的茶比过去制作的要好。这是因为茶生长的地方发生了变化。

【原文】

丁谓《进新茶表》：右件物产异金沙，名非紫笋。江边地暖，方呈"彼苗"之形，阙下[1]春寒，已发"其甘"之味。有以少为贵者，焉敢韫[2]而藏诸。见谓新茶，实遵旧例。

【注释】

①阙下：通称天子所居的地方为阙。阙下，指天子宫阙以下。古代大臣上书天子，不敢直接称呼，故说"阙下"。

②韫（yùn）：收藏。

【译文】

丁谓《进新茶表》：金沙出产一种茶，名叫非紫笋。江边很温暖，才能有这种茁壮的形态，阙下春天还冷，已经散发出了甘甜的香味。物以稀为贵，怎么还敢私自藏匿起来呢？见谓新茶，实遵旧例。

【原文】

蔡襄《进茶录表》：臣前因奏事，伏蒙陛下①谕臣先任福建运使日，所进上品龙茶，最为精好。臣退念草木之微，首辱陛下知鉴，若处之得地，则能尽其材。昔陆羽《茶经》，不第建安之品；丁谓《茶图》，独论采造之本。至烹煎之法。曾未有闻。臣辄条数事，简而易明，勒②成二篇，名曰《茶录》。伏惟清闲之宴，或赐观采。臣不胜荣幸。

【注释】

①陛下：陛，宫殿的台阶。陛下，这是对皇帝或国王的尊称。

②勒，这里作刻字用。

【译文】

蔡襄《进茶录表》：臣以前因事奏请，听皇上说：以前臣任福建转运使的时候，所进贡的上等龙茶是最好的。臣想到草木的卑微，还要劳烦皇上您亲自来鉴定，如果处理得当的话，就能尽到它的作用了。前人陆羽所做的《茶经》，没有记载建安的茶叶；丁谓的《茶图》，又只说采摘茶叶这些最基本的事情。至于茶的烹煎方法，还没有听说过。所以我列出这些事情，简明扼要，写成两篇，起名为《茶录》。伏请皇上在清闲的宴会上，能够让大家一起观看，那我就感到万分荣幸了。

【原文】

欧阳修①《归田录》：茶之品，莫贵于龙凤，谓之"团茶"，凡八饼重一斤。庆历中。蔡君谟始造小片龙茶以进，其品精绝，谓之"小团"，凡二十饼重一斤，其价值金二两。然金可有而茶不可得。每因南效致斋，中书、枢密院各赐一饼，四人分之。宫人往往缕金花于其上，盖其贵重如此。

【注释】

①欧阳修：字永叔，自号醉翁，晚年号六一居士，谥号文忠，世称欧阳文忠公，吉安永丰（今属江西）人（自称庐陵人），汉族，因吉州原属庐陵郡，出生于绵州（今四川绵阳），北宋时期政治家、文学家、史学家和诗人。

【译文】

欧阳修《归田录》：茶叶中的品种，最贵重的就是龙凤茶了，也叫作"团茶"，每8块茶饼重1斤。庆历年间，蔡君谟才开始制作小片的龙茶进贡，它的品质精绝，被称作"小团"，每20块重1斤，它的价钱相当于2两黄金。但是金子可以有而这样的好茶叶却不一定能够得到。每次南效致斋，也不过赐给中书、枢密院各一块，四个人一起分。宫里面的人往往还在它的上面用金花装饰上，由此可见它贵重的程度。

【原文】

赵汝砺《北苑别录》①：草木至夜益盛，故欲导生长之气，以渗雨露之泽。茶于每岁六月兴工，虚其本，培其末，滋蔓之草，遏②郁③之木，悉用除之，政所以导生长之气而渗雨露之泽也。此之谓开畲④。惟桐木则留焉。桐木之性与茶相宜。而又茶至冬则畏寒。桐木望秋而先落，茶至夏而畏日，桐木至春而渐茂。理亦然也。

【注释】

①《北苑别录》：这是一本记述茶事的书。专门记载宋皇家御用茶园北苑所出产的茶叶制法及品名的。北苑原是五代南唐朝廷所在地杭州一座宫苑，它监制福建建安所产的茶叶供皇帝贵族享用，因此称这种茶叶为北苑茶。到了宋代，便把建安凤凰山一带产的茶，都叫北苑茶。

②遏：阻止、制止。

③郁：这里指树木丛生。

④畲：烧榛种田，即在播种之前将田中的草木烧去，以灰作为肥料。

【译文】

赵汝砺《北苑别录》：草木到了晚上更加兴盛，这是为了吸收生长所需的气息，吮吸雨露的精华。茶树在每年 6 月的时候修整，虚其本，培其末，把四周滋生的杂草和其他乱七八糟的树木都清理掉，这也是为了让茶能够吸收生长所需的气息，吮吸雨露的精华，这叫作开畲。只留下桐木，因为桐木与茶叶是相辅相成的，茶到冬天就怕寒冷，桐木到了秋天就先落下叶子来了，茶到了夏天就怕太阳晒，而桐木到了春天已经变得茂盛起来了。

【原文】

王辟之《渑水燕谈》：建茶盛于江南，近岁制作尤精，龙团最为上品，一斤八饼。庆历中。蔡君谟为福建转运使，始造小团，以充岁贡①，一斤二十饼，所谓上品龙茶者也。仁宗尤所珍惜，虽宰相未尝辄赐，惟郊礼致斋之夕，两府各四人，共赐一饼。宫人剪金为龙凤花贴其上。八人分蓄，以为奇玩，不敢自试，有佳客出为传玩。欧阳文忠公云："茶为物之至精，而小团又其精者也。"嘉祐中，小团初出时也。今小团易得，何至如此多贵？

【注释】

①岁贡：古代诸侯或属国每年向朝廷进献礼品。

【译文】

王辟之《渑水燕谈》说：建茶盛行于江南，近几年来制作的尤其精良。最好的是"龙团"，1 斤有 8 块。庆历年间，蔡君谟任福建转运使的时候，才开始制造小团，用来作为每年进贡的物品，1 斤有 20 块，这就是所说的上等龙茶了。仁宗尤为珍惜，即使是宰相也没有赏赐过，只有在郊礼致斋的时候，两府各四个人，每府赏赐一块。宫里面的人把金纸剪成龙凤图形贴在它的上面。八个人分别保存起来，作为很奇特的物品，自己都不敢尝试，相当好的客人来了才拿出来把玩观赏。欧阳修曾说："茶叶这种东西本身就很精细。而小团又更精细了。"嘉祐年间，小团刚刚出来。现在，小团已经很容易就能够得到了，何至于如此昂贵呢？

周辉《清波杂志》：自熙宁后，始贡"密云龙"①。每岁头纲修贡，奉宗庙及贡玉食外，赉②及臣下无几。戚里贵近丐赐尤繁。宣仁太后令建州不许造"密云龙"。受他人煎炒不得也。此语既传播于缙绅问。由是"密云龙"之名益著。淳熙间，亲党许仲启官苏沙，得《北苑修贡录》，序以刊行。其间载岁贡十有二纲，凡三等，四十有一名。第一纲曰"龙焙贡新"，止五十余銙③。贵重如此，独无所谓"密云龙"者。岂以"贡新"易其名耶？抑或别为一种，又居"密云龙"之上耶？

【注释】

①密云龙：茶名。陆羽写《茶经》时，只是笼统地说福建等十一州所产茶"往往得之，其味甚佳"。建安茶并不出名。唐贞元年间，常衮为建州刺史时，这里开始将茶"蒸焙而研之，谓之膏茶，其后始为饼样，贯其中，故谓之一串"。南唐时，把建安茶正式作为贡品，到了北宋，北苑茶更为皇家所专有。宋太宗为了显示皇家珍贵，命令专门制成龙团茶、凤团茶，以示同一般饮用茶区别。宋仁宗时，茶在加工技术上又取得进步，蔡襄在建安为官时，主持监制了"小龙团"茶，比龙凤茶更好，成为当时茶的上乘。神宗熙宁年间，福州转运使贾青又创制了"密云龙"茶，蔡绦在《铁围山丛谈》中称赞道："密云者，其云纹细密，更精绝于小龙团也。"

②赉（lài）：赐予，给。

③銙：宋代对饼茶的包装多以銙称。銙也作胯、夸，是袋的意思。贾青所造"密云龙"与北宋初年八饼为一斤的"大龙""凤团"，蔡襄所造十饼为一斤的"小龙团"都要小得多。它是二十饼为一斤。小巧、精致。因为是进贡皇帝的，所以包装上也极讲究。周密《武林旧事》形容包装皆方寸小夸，进御止百夸，护以黄罗软盏（竹盒子）……

【译文】

周辉《清波杂志》：自从熙宁年间以后，才开始进贡"密云龙"。每年开春的时候进贡第一纲，献给宗庙和皇宫大内之外，轮到臣子就没有多少了。亲戚和亲信请求赏赐的特别多。宣仁太后曾命令建州不许制造"密云龙"。其他人不能煎炒。这样的消息在官绅之间传播后，"密云龙"的名气因此更大了。淳熙年间，皇上的亲信许仲启到苏沙任职，得到了《北苑修贡录》，作序加以印刷发行。这里面记载每年的贡品十有两纲，共三个等次四十一种。第一纲叫"龙焙贡新"，只有五十多銙。贵重到了这种地步，也只有所谓的"密云龙"了。但怎么又把它的名字改作"贡新"了呢？要么是还有另外一种，比"密云龙"还好？

【原文】

沈存中《梦溪笔谈》：古人论茶，惟言阳羡、顾渚、天柱、蒙顶之类，都未言建溪。然唐人重串茶粘黑者，则已近乎建饼矣。建茶皆乔木，吴、蜀惟丛茇①而已，品自居下。建茶胜处曰郝源、曾坑，其间又有垄根、山顶二品尤胜。李氏号为北苑，置使领之。

【注释】

①茇（bá）：草根。吴、蜀丛茇而生长的茶属草茶。

【译文】

沈括《梦溪笔谈》：古代的人评论茶，只有阳羡、顾渚、天柱、蒙顶这些，都没有提到建溪。然而唐朝的人重视串茶粘黑的，那就已经跟块状的建茶很相近了。建茶都是乔木，而吴、蜀两地只有聚在一起的草根而已，品质自然不好。好的建茶叫郝源、曾坑，其中又有垄根、山顶这两个更好的品种。李氏把它叫作北苑，还命专人管理。

【原文】

胡仔《苕溪渔隐丛话》：建安北苑，始于太宗太平兴国三年，遣使造之，取象于龙凤，以别人贡。至道间，仍添造石乳、蜡面。其后大小龙，又起于丁谓而成于蔡君谟。至宣、政间，郑可简以贡茶①进用，久领漕，添续入，其数渐广，今犹因之。

【注释】

①贡茶：是中国古代专门进贡皇室供帝王将相享用的茶叶。

【译文】

胡仔《苕溪渔隐丛话》："建安的北苑茶，在太宗太平兴国三年的时候开始制造，派专人制造，把它印成龙凤的样子，用来进贡。到了至道年间，才添加制造了石乳、蜡面。后来的大小龙茶，又开始于丁谓，而成形于蔡君谟的时候。到宣政年间，郑可简开始以贡茶进献，以后领了漕运，添加进去，数量渐渐多了起来，今天还沿袭这种做法。

【原文】

细色茶五纲，凡四十三品，形制各异，共七千余饼，其间贡新、试新、龙团胜雪、白茶、御苑玉芽，此五品乃水拣，为第一；余乃生拣，次之。又有粗色茶七纲，凡五品。大小龙凤并拣芽，悉入龙脑①，和膏②为团饼茶，共四万余饼。盖水拣茶即社前者，生拣茶即火前者，粗色茶即雨前者。闽中地暖，雨前茶已老而味加重矣。又有石门、乳吉、香口三外焙，亦隶于

沈括

北苑，皆采摘茶芽，送官焙添造。每岁糜③金共二万余缗④，日役千夫，凡两月方能迄事。第所造之茶不许过数，入贡之后市无货者，人所罕得。惟壑源诸处私焙茶，其绝品亦可敌官焙，自昔至今，亦皆入贡，其流贩四方者，悉私焙⑤茶耳。"北苑在富沙之北，隶建安县。去城二十五里，乃龙焙造贡茶之处，亦名凤凰山。自有一溪，南流至富沙城下，方与西来水合而东。"

【注释】

①龙脑：宋代进贡的建茶，如大、小龙团等茶为了增加香气，最初也放入名贵香料，主要是龙涎香，又叫"脑子"或"龙脑"，这种香是海里"抹香鲸"肠内的分泌物，故又称"阿末香"。后来建茶制作更精，认为加入了这种香气会影响茶的真味，所以一般不再入香了。

②膏：陆羽《茶经》中说：饼茶要经过采、蒸、捣、拍、焙、穿、封七道工序制成。把蒸过的茶叶放在臼里捣烂成糊状，称为"膏"。把这种膏放在一定形状的模子里，拍打研磨成形后，退下茶模，烘焙干即为饼茶。宋代制造茶饼经过采、择、蒸、榨、研、造、过黄这七道工序。把蒸过的茶叶（茶黄）取出后，用清水淋几次，然后用小榨把水挤压干净，再用大榨尽力挤出茶汁，这种茶汁宋人叫"膏"。

③糜：浪费。

④缗（min）：古代穿铜钱用的绳子，引申为成串的铜钱，成了计量单位。

⑤私焙：凤凰山产的茶因品质高低不同而为两个地带，一叫壑源，一叫沙溪。前者茶味更浓，为皇家所占有，焙制出的茶为"正焙"，亦称"官焙"。后者茶味稍差，为民间所饮用，焙出的茶为"外焙"。壑源地带还有私人制作的茶，叫"私焙"。

【译文】

细色茶叶有5个系列，一共43个品种，制造的形状各有不同，共有7000多块，其中的贡新、试新、龙团胜雪、白茶、御苑玉芽这5种是在水里面挑拣的最好的；其他的都是直接挑拣的，稍微差一点。还有成色粗一点的茶叶7类，共5个品种。大小龙凤和拣芽，都加入了龙脑，制成圆形的茶饼，总共4万多块。水拣茶也就是社前的茶，生拣茶是火前的，粗色茶就是雨前的。福建天气暖和，雨前的茶叶已经老了而且味道很重。又有石门、乳吉、香口这3种外面烘焙的品种，都是隶属于北苑的，它们都是把茶芽摘下来后，送到官焙里面去加工制作的。每年要花去一共两万多缗的钱，每天要雇佣上千人，历时两个月才能够完成贡茶的制造。这里制造的茶叶不允许超过规定的数量，进贡后市场上几乎就没有这种茶叶了，所以人们很难得到。只有壑源那些地方烘焙的私茶，其中的绝品好茶也能比得上官焙的茶叶，从过去到现在，北苑的茶全都进贡了，卖到各个地方的，都是私自烘焙的。""北苑在富沙的北面，隶属于建安县，离城里25里远的地方，就是制造贡茶的地方——龙焙，也叫凤凰山。那里有一条小溪，往南流到富沙城的下面，才与西面来的水汇合在一起往东流去。"

【原文】

车清臣《脚气集》：《毛诗》云："谁谓荼苦，其甘如荠。"注：荼，苦菜也。《周礼》："掌荼以供丧事。"取其苦也。苏东坡诗云："周《诗》记苦荼，茗饮出近世。"乃以今茶为荼。夫茶，今人以清头目，自唐以来，上下好之，细民①亦日数碗，岂是荼也。茶之粗者是为茗。

【注释】

①细民：清代徽州称仆人为细民。这里指平民。

【译文】

车清臣《脚气集》：《毛诗》："谁谓荼苦，其甘如荠。"注：荼，就是苦菜。《周礼》中记载：端茶去做丧事，主要是因它的苦。苏东坡诗："周《诗》中记载茶叶很苦，但喝茶是从最近几年才开始的。"是把今天的茶认为是茶。茶叶，现在的人是用它来使头脑清醒的，从唐朝以来，自上而下人人都喜欢喝茶，就是普通的老百姓每天也要喝上几碗。怎么会是茶呢？比较粗糙的茶叫作茗。

【原文】

宋子安《东溪试茶录序》：茶宜高山之阴，而喜日阳之早。自北苑凤山，南直苦竹园头，东南属张坑头，皆高远先阳处，岁发常早，芽极肥乳，非民间所比。次出壑源岭，高土沃地，茶味甲于诸焙。丁谓亦云凤山高不百丈，无危峰绝崿，而冈翠环抱，气势柔秀，宜乎嘉植灵卉之所发也。又以建安①茶品甲天下，疑山川至灵之卉，天地始和之气，尽此茶矣。又论石乳出壑岭断崖缺石之间，盖草木之仙骨也。近蔡公亦云："惟北苑凤凰山连属诸焙，所产者味佳，故四方以建茶为名，皆曰北苑云。"

【注释】

①建安：今建瓯。

【译文】

宋子安《东溪试茶录序》：茶叶适合生长在高山的北面，并且早上有太阳照射的地方。从北苑的凤山，到南面的苦竹园，东南一直到远处的张坑头，都是又高且向阳的地方，每年很早的时候茶芽就发出，茶芽肥乳。不是其他的地方所能够相比的。其次是壑源岭，地势很高且土地肥沃，烘出来的茶味道比其他地方烘焙得好。丁谓也说凤山高不过百丈，没有危峰和陡峭的岩壁，却绿翠环绕，气势很秀美，适合各种有灵气的花草树木生长。又因为建安茶的品质天下第一，所以有人认为山川之间最美好的灵气，天地之间最调和的气氛，都在建安茶里面。又说石乳出自壑岭的断崖缺石之间，是草木的仙骨。近来蔡公也说："只有北苑的凤凰山一带烘焙出产的茶叶味道最好，所以各个地方都认为建茶最为有名，也都说的是北苑所产的茶。"

【原文】

黄儒《品茶要录序》：说者尝谓陆羽《茶经》不第建安之品。盖前此茶事未甚兴，灵芽真笋往往委翳消腐而人不知惜。自国初以来，士大夫沐浴膏泽①，咏歌升平之日久矣。夫身世洒落，神观冲淡，惟兹茗饮为可喜。园林亦相与摘英夸异，制卷②鬻③新，以趋时之好。故殊异之品，始得自出于榛莽④之间，而其名遂冠天下。借使陆羽复起，阅其金饼，味其云腴，当爽然自失矣。因念草木之材，一有负瑰玮绝特者，未尝不遇时而后兴，况于人乎。

【注释】

①膏泽：比喻恩惠。淋浴膏泽意指蒙受皇天的恩惠。

②棬：古代制作茶饼专门用的模，也叫规。以铁制成。有圆的，有方的，还有的作花鸟形。将茶膏注入棬中，经过拍打，坚实后即成茶饼。

③鬻：卖。

④榛（zhēn）莽：泛指草木丛杂，荆棘丛生。

【译文】

黄儒《品茶要录序》：我曾经说陆羽的《茶经》里面没有把建安的茶叶排上名。这是因为从前喝茶的风气还不是很盛行，灵芽真笋往往腐烂掉而人们却并不知道去珍惜。自从我朝以来，各级官员接受上天的恩惠，歌舞升平的时间已经很长了。就算是出身寒微、衣冠很普通的人，也都喜欢喝茶。园林之间也互相摘英夸异，制棬出新，以迎合人们的喜好。所以上好的品种，才得以从草莽中脱颖而出，闻名天下。假如陆羽复生，看到这样好的茶叶，尝到这样美妙的茶叶，应该觉得很失落。念及草木这样的东西，有奇特品质的，未尝不是遇着时机然后兴起，何况是人呢！

【原文】

苏轼《书黄道辅品茶要录后》：黄君道辅讳儒，建安人，博学能文，淡然精深，有道之士也。作《品茶要录》十篇，委曲微妙，皆陆鸿渐以来论茶者所未及。非至静无求，虚中不留，乌能察物之情如此其详哉。

《茶录》：茶，古不闻食，自晋、宋已降，吴人采叶煮之，名为"茗粥"。

叶清臣《煮茶泉品》：吴楚山谷间，气清地灵，草木颖挺，多孕茶荈①。大率②右③于武夷者为白乳，甲于吴兴者为紫笋，产禹穴者以天章显，茂钱塘者以径山稀。至于桐庐之岩，云衢之麓，雅山著于宣歙，蒙顶传于岷蜀，角立差胜，毛举实繁。

【注释】

①荈：采摘时间较晚的茶，茶的老叶，即粗茶。

②大率：大概，大致。

③右：古人常以右为尊，此处意为胜过、超过。

【译文】

苏轼在《书黄道辅品茶要录后》中记载道：黄君道名讳儒，是建安人，他不仅十分博学，而且还擅长写文章，性格恬淡而学问精深，有很好的道德修养。他写了十篇《品茶要录》，对茶进行了细致入微的论述，是自陆羽以来谈论茶的人都没有达到的。他如果不是心里平静，内心没有欲求和杂念，又怎么能够如此仔细地观察事物呢？

《茶录》中这样说：在古代没有听说有人食用茶，从晋、宋以后，吴地的人才开始把它采摘下来，进行烹煮，并把它叫作"茗粥"。

叶清臣在《煮茶泉品》中说：在吴、楚这两个地方的山谷中，土地肥沃，空气新鲜，所以这里的草木长得茂密繁盛，同时在这个地方还生长着许多的茶树。这里出产的茶叶，有一种叫作白乳，质地和武夷产的比起来要好一些，一种叫作紫笋，质地和吴兴产的比起来要好一点。禹穴的茶叶以天章出产的最有名，而钱塘的茶以径山出产的最为珍稀。至于桐庐的岩石，云衢的山麓，雅山出名于宣歙，蒙顶流传于岷蜀，它们都各有不同，各有优点和缺点，如果要列举起来是很烦琐的。

【原文】

周绛《补茶经》：芽茶只作早茶，驰奉万乘①，尝之可矣。如一旗一枪②，可谓奇茶也。

胡致堂曰：茶者，生人之所日用也。其急甚于酒。

陈师道《茶经丛谈》：茶，洪之双井③，越之日注④，莫能相先后，而强为之第者，皆胜心耳。

【注释】

①万乘：后世把天子称为万乘，驰奉万乘，意指用快马把贡品从很远的地方奉送给天子。

②旗、枪：指茶叶的一种，茶叶叫旗，其嫩芽叫枪，所以称为旗枪。

③双井：茶叶的一种，产于江西洪州（今江西修水县）。

④日注：茶的一种，产于浙江绍兴。它和双井在古代都是贡茶。

径山

【译文】

周绛在《补茶经》中记载道：茶芽只可以作早茶用、驰奉万乘，只要品尝到就可以了。如果遇到那些旗枪茶，那么可以算得上是一种奇特的茶了。

胡致堂说：在人的生活中茶是一种必需品，它比酒的作用还要重要。

陈师道在《茶经丛谈》中说：洪州出产的双井茶，越州出产的日注茶，是不能够把它们的高低分辨出来的，如果非要给它们排一个等级的话，那只是人的一种心理作用而已。

【原文】

陈师道《茶经序》：夫茶之著书自羽始，其用于世亦自羽始，羽诚有功于茶者也。上自宫省，下逮邑里，外及异域遐陬①，宾祀燕享②，预陈于前。山泽以成市，商贾以起家，又有功于人者也，可谓智矣。《经》曰："茶之否臧③，存之口诀。"则书之所载，犹其粗也。夫茶之为艺下矣，至其精微，书有不尽，况天下之至理，而欲求之文字纸墨之间，其有得乎？昔者先王因人而教，因欲而治，凡有益于人者，皆不废也。

吴淑《茶赋》注：五花茶者，其片作五出花也。

姚氏《残语》：绍兴进茶，自高文虎始。

陈师道

【注释】

①遐陬：指很远的地方和一些角落。
②宾祀燕享：意指招待宾客、祭祀等场合。
③否臧：评论坏和好。

【译文】

陈师道在《茶经序》中说：从陆羽开始有了关于茶的著作，广泛流传的喝茶的习俗也是从陆羽那儿开始的。陆羽对于茶做出了很大的贡献。上至皇宫和各省的要员，下到乡里和异域，在祭祀宴宾的时候都要把茶放在前面。在一些山野和川泽因为茶而形成了集市，一些商人因为买卖茶，生意变得兴旺，从而发家致富。茶对人来说功劳是很大的，茶可以称得上是一种特别聪慧的植物。《茶经》中说："要想鉴别茶叶的优和劣，可以用到一些口诀。"但在他的书中也只是大概说了一下。而关于茶的工艺的内容就谈得更少了，至于它的精妙之处，没有在书中完全说清楚。更何况那些天下的真理，要想都在文字记载中得到又怎么可能呢？以前的时候，先王根据人的不同而采取不同的方法施教，根据不同的要求来治理，方法只要是对人有益就不会放弃。

吴淑在《茶赋》注：五花茶，说的是它的叶子就好像五朵花一样。

姚氏在《残语》中说：绍兴是从高文虎开始进贡茶叶的。

【原文】

王楙《野客丛书》：世谓古之荼①，即今之茶。不知荼有数种，非一端也。《诗》曰"谁谓荼苦，其甘如荠②"者，乃苦菜之荼，如今苦苣之类。《周礼》"掌荼"、毛诗"有女如荼"者，乃茅莠之荼也，此萑苇之属。惟荼槚④之荼，乃今之茶也。世莫知辨。

【注释】

①荼：一种苦菜，苣菜属和莴苣属植物。

②荠：即荠菜。一种常见杂草、野菜，亦可入药。

③槚：古指茶树。

【译文】

王楙在《野客丛书》中论述道：人们都认为古代所说的茶，也就是人们今天所说的茶。而实际上荼有好几种，并不是只有一种。《诗经》中有这样的记载："谁谓荼苦，其甘如荠。"其中所说的荼是苦菜的荼，也就是像苦苣一类的植物。《周礼》中所说的"掌荼"，毛诗中的"有女如荼"，所说的荼指的是茅荼，也就是指萑苇一类。只有像茶槚那种荼，才是现在人们所说的茶。可是世人却不能够把它们分辨清楚。

【原文】

《魏王花木志》：茶叶似栀，可煮为饮。其老叶谓之荈，嫩叶谓之茗。

《瑞草总论》：唐宋以来有贡茶，有榷茶①。夫贡茶，犹知斯人有爱君之心。若夫榷茶，则利归于官，扰及于民，其为害又不一端矣。

元熊禾《勿斋集》：北苑茶焙记贡古也。茶贡不列《禹贡》《周职方》，而昉②于唐，北苑又其最著者也。苑在建城东二十五里，唐末里民张晖始表而上之。宋初丁谓漕③闽，贡额骤益，斤至数万。庆历承平日久，蔡公襄继之，制益精巧，建茶遂为天下最。公名在四谏官列，君子惜之。欧阳公修虽实不与，然犹夸侈歌咏之。苏公轼则直指其过矣。君子创法可继，焉得不重慎也。

【注释】

①榷茶：榷，专卖的意思。榷茶意指专卖茶。

②昉：当起始讲。

③漕：古代把利用河道转运粮食叫作漕运，这里指担任漕运官。

【译文】

《魏王花木志》中记述道：茶叶如同栀子一样，是可以用来煮着喝的。它的老叶被称为荈，而新叶叫作茗。

《瑞草总论》中有这样的记载：自唐宋以来，就有贡茶和榷茶的分别。人们所说的贡茶，似乎表明献茶人有忠君的心理。而所说的榷茶，只是对当官的有利，对老百姓来说却只能受到损害，当然它的危害还不只这一点。

元代熊禾在《勿斋集》中记载：北苑茶焙记认为在古代就有向朝廷进贡的事。可是茶贡在《禹贡》中和《周礼·职方氏》中都没有列入，而是说它们兴起于唐代。最有名的贡茶要属北苑的茶。北苑地处建城东二十五里的地方，唐末的时候，当地有个叫张晖的人开始向朝廷上表贡茶。到了宋代的时候，丁谓担任了福建一带的漕运使，贡茶的数量比以前大大增加了，有的时候多达数万斤。庆历年间人们承平日久，蔡襄把这一做法继承了下来，并且茶的制作法比以前更加精致。建茶由此成了天下的名茶，而蔡襄的声誉也日渐高涨，地位显赫，排在四谏官之列。但那些品格高尚的人却认为蔡襄这种做法有不妥的地方，很惋惜他的为人。对于这件事欧阳修不愿参与，仍用诗歌对他进行赞美。而苏东坡则直接把这件事的过失指出来。可以继承君子创立的法则，但继承时一定要慎重对待。

【原文】

《说郛·臆乘》：茶之所产，六经载之详矣，独异美之名未备。唐宋以来，见于诗文者尤夥①，颇多疑似，若蟾背、虾须、雀舌、蟹眼、瑟瑟、沥沥、霭霭、鼓浪、涌泉、琉璃眼、碧玉池，又皆茶事中天然偶字也。

【注释】

①夥（huǒ）：同“伙”。

【译文】

《说郛·臆乘》：产的茶叶，六经上所记载的已经非常详尽了，但是唯独没有把异美的名字记录进去。唐宋以来，见诸诗文的茶的名称也很多，有很多相似的，像蟾背、虾须、雀舌、蟹眼、瑟瑟、沥沥、霭霭、鼓浪、涌泉、琉璃眼、碧玉池，都是茶事中天然形成的名字。

【原文】

《茶谱》：衡州①之衡山，封州之西乡，茶研膏为之，皆片团如月。又彭州②蒲村堋口，其园有"仙芽""石花"等号。

【注释】

①衡州：今衡阳市蒸湘区。

②彭州：今位于四川省会成都西北部。彭州是古蜀国建都立业的核心地区，自秦汉以来，建县设郡达 2000 多年，有着悠久的历史文明，素有"天府金盆""蜀汉名区"之美誉。

【译文】

《茶谱》：衡州的衡山，封州的西乡，把茶叶碾细制造，都制成了团，像月亮一样。还有彭州蒲村堋口，那里的茶园有"仙芽""石花"等称呼。

【原文】

明人《月团茶歌序》：唐人制茶碾末，以酥瀹①为团，宋世尤精，元时其法遂绝。予效而为之，盖得其似，始悟古人咏茶诗所谓"膏油首面"，所谓"佳茗似佳人"，所谓"绿云轻绾湘娥鬟"②之句。饮啜之余，因作诗记之，并传好事。

【注释】

①瀹：拌。

②绿云轻绾湘娥鬟：比喻茶叶像湘娥的发髻。楚辞里说相传湘夫人神灵住在洞庭湖君山，山的形状像十二个发髻。黄庭坚《雨中登岳阳楼望君山》诗中有"绾结湘娥十二鬟"之句。

【译文】

明代的人《月团茶歌序》：唐代的人制茶的时候把茶碾成粉末，便于制成圆形。宋代的时候制作得更加精良，元代的时候茶的制法就已经很绝妙了。我模仿它这样做，做得也很像，才开始领略到古代人咏茶诗中所说的："膏油首面"，"佳茗似佳人"，"绿云轻绾湘娥鬟"这样的句子。喝茶以外，作诗记下，并传播这样美妙的事情。

【原文】

屠本畯《茗笈评》：人论茶叶之香，未知茶花之香。余往岁①过友大雷山中，正值花开，童子摘以为供，幽香清越，绝自可人，惜非瓯中物耳。乃予著《瓶史月表》，以插茗花为斋中清玩。而高濂《盆史》，亦载"茗花足助玄赏"云。

【注释】

①往岁：往年。

【译文】

屠本畯《茗笈评》：人们只说茶叶香，但是却不知道茶花的香。我去年经过大雷山的朋友那里，当时正好是茶花开的时候，童子把茶花摘下来供养。那种幽香飘到了很远的地方，特别的惹人喜爱，可惜它并不是小瓯中的物品。我写的《瓶史月表》，把插茶树花当作是非常高雅的行为。而高濂的《盆史》中也记载有"茗花足助玄赏"这样的句子。

【原文】

《茗笈赞》①十六章：一曰溯源，二曰得地，三曰乘时，四曰揆制，五曰藏茗，六曰品泉，七曰候火，八曰定汤，九曰点瀹，十曰辨器，十一曰申忌，十二曰防滥，十三曰戒淆，十四曰相宜，十五曰衡鉴，十六曰玄赏。

【注释】

①《茗笈赞》：明朝屠本畯编著。屠本畯，字田叔，又字豳叟，号汉陂，晚年自称憨先生、乖龙丈人等。浙江鄞县（今宁波）人。

【译文】

《茗笈赞》一共有十六章：一是追溯它的历史，二是说产地，三是说时机，四是说制作的方法，五是说贮藏茶叶，六是说品水，七是说火候，八是说定汤，九是说煮茶的方法，十是说辨别器具，十一是说各种禁忌，十二是说防滥，十三是说防止混淆，十四是说相宜，十五是说鉴定，十六是说观赏。

【原文】

谢肇淛《五杂俎》：今茶品之上者，松萝也，虎丘也，罗岕也，龙井也，阳羡也，天池也。而吾闽武夷、清源、彭山三种，可与角胜。六安①、雁宕、蒙山三种，祛滞有功而色香不称，当是药笼中物，非文房佳品也。

【注释】

①六安：位于安徽西部，大别山北麓，俗称"皖西"。

【译文】

谢肇淛《五杂俎》：现在茶叶中品质好的，有松萝、虎丘、罗岕、龙井、阳羡、天池这些。而我们闽地的武夷、清源、彭山这三种，可以和它们一争高下。六安、雁宕、蒙山这三种，能够祛除人体内的积滞，但是色香却不够，应该算作是药里面的品种，而不是文房的好品种。

【原文】

《西吴被乘》：湖人于茗，不数顾渚，而数罗岕。然顾渚之佳者，其风味已远出龙井。下岕稍清隽，然叶粗而作草气。丁长孺尝以半角见饷，且教余烹煎之法，迨试之，殊类羊公鹤。此余有解有未解也。余尝品茗，以武夷、虎丘第一，淡而远也。松萝、龙井次之，香而艳也。天池又次之，常而不厌也。余子琐琐，勿置齿喙①。

【注释】

①喙（huì）：嘴，特指鸟兽的嘴。勿置齿喙，意为不要插嘴。

【译文】

《西吴被乘》：湖人喝茶，不喜欢喝顾渚而偏好罗岕茶。但是上好的顾渚，其茶味已经远远好过龙井了。罗岕稍微清隽一点，但是叶子太粗还有草气。丁长孺曾经送了半角罗岕茶给我，并且教给我烹煮的方法，我试了之后，觉得特别像羊公鹤。这是我所不能理解的。我品尝过的茶，以武夷、虎丘为第一，清淡而味久远。松萝和龙井要差一点，很香也很艳。天池就更差一些了，普通但不会令人厌烦。其他的就不值得一提了。

【原文】

屠长卿《考槃余事》：虎丘茶最号精绝，为天下冠，惜不多产。皆为豪右①所据，寂寞山家无由获购矣。天池青翠芳馨，啖之赏心，嗅亦消渴，可称仙品。诸山之茶，当为退舍。阳羡俗名罗芥，浙之长兴者佳，荆溪稍下。细者其价两倍天池，惜乎难得，须亲自收采方妙。六安品亦精，入药最效，但不善炒，不能发香而味苦，茶之本性实佳。龙井之山不过数十亩，外此有茶似皆不及。大抵天开龙泓美泉，山灵特生佳茗以副之耳。山中仅有一二家，炒法甚精。近有山僧焙者亦妙，真者天池不能及也。天目为天池、龙井之次，亦佳品也。《地志》云："山中寒气早严，山僧至九月即不敢出。冬来多雪，三月后方通行。其萌芽较他茶独晚。"

【注释】

①豪右：豪强，指势力强大韵人。古代尚右，故豪右连用。

【译文】

屠长卿《考槃余事》：虎丘茶是最精绝的，为天下第一，可惜出产的不多，都被豪门夺去了，像我们这样普通的人家是没办法得到的。天池青翠带有清香，喝着赏心，闻着都觉得能够解渴，可以称得上天上的仙品，其他山上的茶叶，都应当排在它的后面。阳羡俗名叫罗芥，浙江长兴出产的很好，荆溪的要稍微差一点。精细的罗芥价钱是天池的两倍，可惜很难得到，还必须是亲自收集采摘的才好。六安那种也很好，用它做药物最好，但是如果不善于炒，就不能够让它里面的香气散发出来，嚼起来就觉得苦涩，其实茶叶的本性是很好的。龙井山上不过只有几十亩茶叶，这之外的茶叶虽与龙井相似但是都比不上这里的。大概是上天开了龙泓这样秀美的泉水，所以山灵秀特地生出了这样好的茶叶用来陪衬。山中只有一两家，他们的炒法很精湛。近来有山里的和尚烘焙得也很巧妙，真正的龙井就是天池也比不上啊！天目与天池、龙井相比要差一点，不过也是好茶。《地志》中记载："山中天寒得早，山里的和尚到了9月就都不敢出来了。冬天来了之后经常下雪。3月以后道路才可以通行，所以这里的茶树比其他地方的萌芽要晚。"

【原文】

包衡《清赏录》：昔人以陆羽饮茶比于后稷树谷，及观韩翃《谢赐茶启》云："吴王礼贤，方闻置茗；晋人爱客，才有分茶。"则知开创之功，非关桑苎老翁①也。若云在昔茶勋未普，则比时赐茶已一千五百串矣。

【注释】

①桑苎老翁：陆羽在上元初隐居在苕溪。自称桑苎翁，朝廷让他任太常寺太祝，不就，杜门著书，故人称桑苎老翁。

【译文】

包衡《清赏录》：前人用陆羽喝茶与后稷树谷相比，直至看到韩翃的《谢赐茶启》里面这样说："吴王礼贤下士，才开始放置茶水；晋人比较好客，才有分茶的习惯。"才知道开创喝茶这种习俗的功劳，并不归于陆羽！如果说以前喝茶还没有普及的话，那么到现在喝茶已经有 1500 年的历史了。

【原文】

陈仁锡①《潜榷类书》："紫琳腴、云腴，皆茶名也。""茗花白色，冬开似梅，亦清香。"（按：冒巢民《岕茶汇钞》云："茶花味浊无香，香凝叶内。"二说不同，岂岕与他茶独异欤。）

【注释】

①陈仁锡（1581—1636 年），明代官员、学者，字明卿，号芝台，长洲（今江苏苏州）人。陈仁锡讲求经济，性好学，喜著述，有《四书备考》《经济八编类纂》《重订古周礼》等。

【译文】

陈仁锡《潜榷类书》："紫琳腴、云腴，都是茶的名称。""茶树开白色的花，冬天开的时候与梅花很像，也很清香。"（按：冒巢氏所著的《岕茶汇钞》中说："茶花的味道浓但是没有香味，香气都凝聚在叶子里面。"这两种说法不一样，怎么就只有岕与其他的茶不一样呢?）

【原文】

《农政全书》：六经中无茶，茶即茶也。

《毛诗》云："'谁谓茶苦，其甘如荠'，以其苦而味甘也。""夫茶灵草也，种之则利溥①，饮之则神清。上而王公贵人之所尚，下而小夫贱隶之所不可阙，诚民生食用之所资，国家课利之一助也。"

【注释】

①溥（pǔ）：火。

【译文】

《农政全书》：六经中没有茶，茶也就是茶。

《毛诗》："'谁谓荼苦，其甘如荠'，就是说它苦中带甜。""茶是一种很有灵气的植物，种茶能够得到很多利益，喝茶能使人精神清爽。茶上被王公贵族所崇尚，下到普通的老百姓也不能够缺少，这的确已经成了百姓每天生活的必需品了，对于国家的税收也有帮助。"

【原文】

罗廪①《茶解》："茶固不宜杂以恶木，惟古梅、丛桂、辛夷、玉兰、玫瑰、苍松、翠竹，与之间植，足以蔽霜雪，掩映秋阳。其下可植芳兰、幽菊清芬之品。最忌菜畦相逼，不免渗漉，滓厥清真。""茶地南向为佳，向阴者遂劣。故一山之中，美恶相悬。"

【注释】

①罗廪：字高君，万历（公元 1573—1620 年）时浙江宁波人。能诗，工书。行草师二王及怀素。纵横变化，几入妙品。又工临摹，多嫁名鲜于枢。诗余画谱有其所书。《宁波府志、中国版画史图录》

【译文】

罗廪《茶解》：茶树不适合与不好的树木掺杂种植，只有古梅、丛桂、辛夷、玉兰、玫瑰、苍松、翠竹和它一起夹杂着种植，便足以遮挡风霜雨雪和秋天的阳光了。茶的下面可以种上兰花、幽菊这些清淡芳香的植物。茶园最忌讳靠近菜地，因为这样难免会有渗漉的时候，会妨碍茶的本质。茶地向南的好，背阴的要差一点。所以同一座山中，茶都有好坏之分。

【原文】

李日华《六研斋笔记》：茶事于唐末未甚兴，不过幽人雅士手撷于荒园杂秽中，拔其精英，以荐灵爽，所以饶云露自然之味。至宋设茗纲①，充天家②玉食，士大夫益复贵之。民间服习寝广，以为不可缺之物。于是营植者拥溉拿粪。等于蔬蓏。而茶亦颓其品味矣。人知鸿渐到处品泉，不知亦到处搜茶。皇甫冉《送羽摄山采茶》诗数言，仅存公案而已。

李日华

【注释】

①茗纲：即茶纲。货物结帮同行叫纲。宋代设纲运，专管大宗货物转运，转运时对车辆船只以若干数为一批，编立字号，以便稽查。由于当时每年要向朝廷进贡茶，各地也大量需要用茶，所以专门设立了茶纲。

②天家：天子以天下为家，故称天家。

【译文】

李日华《六研斋笔记》：喝茶在唐朝末年的时候还不太盛行，不过只是隐士雅人摘于荒园杂秽中，撷取茶的精华，这样来自云露而又自然的味道。到了宋朝才有喝茶的讲究，也只是充当皇家的御食，士大夫的珍品。渐渐地，民间喝茶的人越来越多，茶也渐渐成了不能缺少的饮品。于是种植的人给它施肥浇水，等同于种植蔬菜。这样一来就损害了茶的品味。人们只知道陆羽到处品泉，却不知道他也到处搜集茶叶。皇甫冉在《送羽摄山采茶》诗中的几句话，就记载了这一点。

【原文】

徐岩泉①《六安州茶居士传》：居士姓茶，族氏众多，枝叶繁衍遍天下。其在六安一枝最著。为大宗；阳羡、罗岕、武夷、匡庐之类，皆小宗；蒙山又其别枝也。

【注释】

①徐岩泉：著有《六安州茶居士传》，他称佛茶为居士。

【译文】

徐岩泉《六安州茶居士传》：居士姓茶，族氏有很多，枝叶繁衍遍布天下。它在六安的一枝最出名，是大宗；阳羡、罗岕、武夷、匡庐这些，都是小宗；蒙山只不过是它的别枝罢了。

【原文】

乐思白《雪庵清史》：夫轻身换骨，消渴涤烦，茶荈之功，至妙至神。昔在有唐，吾闽茗事未兴，草木仙骨，尚閟其灵。五代之季，南唐采茶北苑，而茗事兴。迨宋至道初，有诏奉造，而茶品日广。及咸平、庆历中，丁谓、蔡襄造茶进奉，而制作益精。至徽宗大观、宣和间，而茶品极矣。断崖缺石之上，木秀云腴，往往于此露灵。倘微丁、蔡来自吾闽，则种种佳品，不几于委翳^①消腐哉？虽然，患无佳品耳。其品果佳，即微丁、蔡来自吾闽，而灵芽真笋岂终于委翳消腐乎。吾闽之能轻身换骨，消渴涤烦者，宁独一茶乎？兹将发其灵矣。

【注释】

①翳（yi）：隐蔽。

【译文】

乐思白《雪庵清史》：茶能让人浑身轻松，脱胎换骨，解渴驱除烦恼，茶叶的功劳，非常神奇美妙。以前在唐代，我们闽地的茶事还不兴盛，草木的灵妙之处还没有完全发挥出来。五代的时候，南唐在北苑采茶，喝茶的风气才开始盛行起来。等到宋朝至道初年的时候，奉旨制造，茶叶的品种也日渐增多。到了咸平、庆历年间，丁谓、蔡襄造茶进贡，茶的制作就更精细了。到了宋徽宗大观、宣和年间，茶叶的品质达到极致。悬崖峭壁的上面，树木葱翠、浮云缭绕，这种地方往往就容易出产灵异的东西。如果丁谓、蔡襄来到我们这里的话，那这些好的品种，又怎么会让它无端腐烂呢？虽然是这样，还是怕没有好的品种。但是如果它的品种很好，没有丁谓、蔡襄来到我们这里，这样的灵芽真笋岂不是最终要烂掉。我们这里能够使人浑身轻松、脱胎换骨、驱除口渴烦恼的东西，难道只有茶这一种吗？只是茶发挥出了它的灵气罢了。

【原文】

冯时可①《茶谱》：茶全贵采造，苏州茶饮遍天下，专以采造胜耳。徽郡向无茶，近出松萝，最为时尚。是茶始比丘大方，大方居虎丘最久，得采造法。其后于徽之松萝结庵，采诸山茶，于庵焙制，远迩争市，价忽翔涌。人因称松萝，实非松萝所出也。

【注释】

①冯时可：字元成，号文所，约生于嘉靖二十年左右，约卒于天启初年。他的一生淡泊名利，著述甚富，文学造诣颇高，与邢侗、王稚登、李维桢、董其昌被誉为晚明文学"中兴五子"。

【译文】

冯时可《茶谱》：茶关键在于采摘，苏州的茶叶天下人都喜欢喝，那是因为它赢在采摘方面。徽郡一向都没有好茶叶，近来所出产的松萝最为时尚。其实这种茶叶最初是由和尚大方采造的，大方在虎丘住了很久，得到了茶的真正采造技巧。后来他在安徽的松萝住下，从各座山里面采来茶叶，在庵里焙制，远近的人都来买，价格度飞涨。人们称它为松萝，其实并不是松萝出产的。

【原文】

胡文焕①《茶集》：茶至清至美物也，世皆不味之，而食烟火者又不足以语此。医家论茶，性寒能伤人脾。独子有诸疾，则必借茶为药石，每深得其功效，噫！非缘之有自，而何契之若是耶！

【注释】

①胡文焕：字德甫（一作德文），号全庵，《曲品》作金庵，一号抱琴居士，钱塘人。深通音律，善鼓琴，以刻书为事。著有《古器具名》《文会堂琴谱》《诗学汇选》等，《四库总目》盛传于世。

【译文】

胡文焕《茶集》：茶叶是至清至美的东西，世上的人都不能够完全品出它的味道，而像我们这些凡夫俗子又不足以说这样的话。医生说茶叶的性质是寒性的，会伤害人的脾胃。可是我有很多种病痛，还必须用茶水来做药引子，一直很有效。唉！如果不是源自其本身的品性，又哪来这样的功用呢！

【原文】

《群芳谱》：蕲州蕲门团黄，有一旗一枪之号，言一叶一芽也。欧阳公诗有"共约试新茶，旗枪几时绿"之句。王荆公《送元厚之》句云"新茗斋中试一旗"。世谓茶始生而嫩者为一枪，寝大开者为一旗。

鲁彭《刻〈茶经〉序》：夫茶之为经，要矣。兹复刻者，便览尔。刻之竟陵者，表羽之为竟陵人也。按羽生甚异，类①令尹子文②。人谓子文贤而仕，羽虽贤，卒以不仕。今观《茶经》三篇，固具体用之学者。其曰伊公羹、陆氏茶，取而比之，实以自况。所谓易地皆然者，非欤？厥后茗饮之风，行于中外。而回纥亦以马易茶，由宋迄今，大为边助。则羽之功，固在万世，仕不仕奚足论也。

沈石田《书岕茶别论后》：昔人咏梅花云"香中别有韵，清极不知寒"，此惟岕③茶足当之。若闽之清源、武夷，吴郡之天池、虎丘，武林之龙井，新安之松萝，匡庐之云雾，其名虽大噪，不能与岕相抗也。顾渚每岁贡茶三十二斤，则岕于国初，已受知遇。施于今，渐远渐传，渐觉声价转重。既得圣人之清，又得圣人之时，蒸、采、烹、洗，悉与古法不同。

伊尹

【注释】

①类：像的意思。
②令尹子文：是春秋时期楚国的一位大臣。他姓斗，字子文。
③岕：一种产地在罗岕的茶。

【译文】

《群芳谱》中记载：蕲州蕲门的团黄，被称为是一旗一枪，意思也就是说一叶一芽。在欧阳修的诗中有这样的描述："共约试新茶，旗枪几时绿。"王荆公在《送元厚之》诗中道："新茗斋中试一旗。"人们都说，茶叶刚刚长出来的嫩芽叫一枪，叶子逐渐展开以后叫一旗。

鲁彭在《刻（茶经）序》中说：为茶写书称之为经，这充分说明了它的重要性。现在把它又重新进行刻印，是为了大家在阅读的时候比较方便。之所以把它放在竟陵进行刻印是因为陆羽是竟陵人。陆羽的出身很奇怪，他和楚国的军政长官子文一样，是一个弃儿，人们都说子文因为贤德有才做了令尹，陆羽虽然也很有德，但最终却没有做官。从他写作的这三篇《茶经》可以看出他是一个务实的学者。他所说的伊公羹、陆氏茶，是把陆氏茶和周公羹相媲美，实际上也是用来比喻自己的功绩。即使换一个地方的话，还是这么看的，难道不是这样的吗？后来，饮茶的风尚，中外流行，回纥还曾经用马匹来交换茶，从宋朝一直到现在，这对边塞有很大的好处。所以说，陆羽对茶的功劳，是万代永存的，他做不做官，没有什么值得议论的。

沈石田在《书芥茶别论后》中说：过去的人歌咏梅花时说"香中别有韵，清极不知寒"，用这两句诗来称赞芥茶也很合适。至于福建出产的清源、武夷，吴郡出产的天池、虎丘，还有武林出产的龙井，新安出产的松萝，匡庐出产的云雾，即使它们的名气再大，也都不能赶上齐茶好的质地。顾渚每年要进贡的茶有三十二斤，由此就可以知道在开国初年芥茶就已经受到重视了。一直延续到现在，一代一代相传下来，它的身价也变得越来越高。既得到了圣人之清，又得到了圣人之时，它在蒸、采、烹、洗等方面都与原来的方法不一样了。

【原文】

李维桢《茶经序》：羽所著《君臣契》三卷，《源解》三十卷，《江表四姓谱》十卷，《占梦》三卷，不尽传，而独传《茶经》，岂他书人所时有，此其觭①长，易于取名耶？太史公曰："富贵而名磨灭，不可胜数，惟俶傥②非常之人称焉。"鸿渐穷厄终身，而遗书遗迹，百世下宝爱之，以为山川邑里重。其风足以廉顽立懦，胡可少哉。

杨慎《丹铅总录》：茶，即占茶字也。周《诗》记荼苦，《春秋》书齐荼，《汉志》书荼陵。颜师古、陆德明虽已转入茶音，而未易字文也。至陆羽《茶经》、玉川《茶歌》、赵赞《茶禁》以后，遂以茶易荼。

董其昌《茶董题词》：荀子曰："其为人也多暇，其出入也不远矣。"陶通明曰："不为无益之事，何以悦有涯之生。"余谓茗椀之事足当之。盖幽人高士，蝉蜕势利，以耗壮心而送日月。水源之轻重，辨若淄渑，火候之文武，调若丹鼎，非枕漱之侣不亲，非文字之饮不比者也。当今此事，惟许夏茂卿拈出。顾渚、阳羡，肉食者往焉，茂卿亦安能禁。壹似强笑不乐，强颜无欢，茶韵故自胜耳。予凤秉幽尚，入山十年，差可不愧茂卿语。今者驱车入闽，念凤团龙饼，延津为沦，岂必士思，如廉颇思用赵？惟是《绝交书》所谓"心不耐烦，而官事鞅掌③"者，竟有负茶灶耳。茂卿能以同味谅吾耶！

【注释】

①觭：这里当奇伟讲。

②俍侻：卓异不凡的意思。

③鞅掌：忙乱的意思。

【译文】

李维桢在《茶经序》中说：由陆羽所编著的三卷《君臣契》，三十卷《源解》，十卷《江表四姓谱》，三卷《占梦》，都没有能够流传下来，只有《茶经》流传后世。难道是因为其他的书人们一般都有，只有这本书奇特，容易使人成名吗？太史公说："既富有又尊贵的人，在死后却无声无息的有很多，只有那些风流偶侻、不被世俗所约束的非常人才，才可以留名后世。"陆羽虽然一生穷困，但是他的遗书、遗迹都受到历代的珍视，后世的人都很敬重他。他的风范可以用来教育后代的人，使那些贪婪的人变得廉正，懦弱的人变得坚强。这种精神怎么可以少了呢？

杨慎在《丹铅总录》中说：茶，也就是古代的荼字。在《诗经》中记述荼苦，在《春秋》中写作齐荼，在《汉志》写作荼陵，颜师古、陆德明虽然把荼读为茶音，但在书写时仍用荼字。自从陆羽写了《茶经》，王川写了《茶歌》，赵赞写了《茶禁》以后，荼字才逐渐被茶字所代替。

董其昌在《茶董题词》中说：荀子曾经讲过："如果一个人很闲暇的话，那么他出入的地方也不会远。"陶通明认为："如果一个人不做些无益的事情，怎么能够让自己短暂的一生充满快乐呢？"我觉得要解决这一问题需要重视一下饮茶的事情。一些幽人高士，不喜欢去追名逐利，也没有雄心壮志，只是在平淡地度日，消磨自己的岁月。在煮茶时，需要识别水质的好坏，辨别水源是从哪条河来的，还需要观察火候的强弱，精心地调试丹鼎。不亲近那些不是很熟悉的人，在一起饮茶的是那些有文字之交的朋友。现在恐怕只有夏茂卿能够做得到了。顾渚、阳羡这些地方出产的茶，达官贵人都要跑到那里要，茂卿又怎么能够阻止得了呢？就如强笑不乐，强颜不欢一样，茶以韵味取胜，最根本的还是在于自身。我天性就喜爱幽静，进山十多年，所作所为，还可以称得上是没有辜负茂卿所说的话。现在有些人乘车来到福建，心里想的是凤团龙饼，流着唾液等待着煮茶喝，是不是和廉颇一样，年纪虽然老了还是要显示一下自己，好被赵国所重用呢？这正如嵇康在《与山巨源绝交书》中所说的那样："心里烦躁，官事忙乱。"以致形容失态，那样的话岂不就辜负了特地来到山林中，用天然石灶煮茶的悠闲恬淡的野趣了吗？不知茂卿能否体会到我的心情呢？

【原文】

童承叙《题陆羽传后》：余尝过竟陵，憩①羽故寺，访雁桥，观茶井，慨然想见其为人。夫羽少厌髡缁②，笃嗜坟素③，本非忘世者。卒乃寄号桑苎，遁迹苕霅，啸歌独行，继以痛哭，其意必有所在，时乃比之接舆，岂知羽者哉。至其性甘茗荈，味辨淄渑，清风雅趣，脍炙今古。张颠之于酒也，昌黎以为有所托而逃，羽亦以是夫。

【注释】

①憩：休息。
②髡缁：意为和尚。
③笃嗜坟素：尤为喜爱图书典籍。

【译文】

童承叙在《题陆羽传后》中说：我曾经路过竟陵，在陆羽寄居过的寺庙里休息，在那里访问了雁桥，看了茶井，心里特别想见陆羽本人。陆羽少年时厌倦在寺院为僧，嗜好图书典籍，本来不是一个躲避世事的人。他最终以桑苎为号，隐居在山林里面，特立独行，然后又忍不住痛哭，一定是有他的道理的。当时的那些人，把他比作楚狂接舆，又怎么能够理解他呢？等到他沉醉在茶叶里面，辨别水质的好坏，那种清风雅趣，流传下来一直到了今天。对于酒张颠有一种特别的喜好，韩愈认为他是为了逃避才有所寄托的，陆羽也可能是由于这个原因吧！

【原文】

《谷山笔麈》：茶自汉以前不见于书，想所谓槚者，即是矣。李贽疑谓古人冬则饮汤，夏则饮水，未有茶也。李文正《资暇录》谓："茶始于唐崔宁，黄伯思[1]已辨其非，伯思尝见北齐杨子华作《邢子才魏收勘书图》，已有煎茶者。"《南窗记谈》谓："饮茶始于梁天监中，事见《洛阳伽蓝记》。及阅《吴志·韦曜传》，赐茶荈[2]以当酒，则茶又非始于梁矣。"余谓饮茶亦非始于吴也。《尔雅》曰："槚，苦茶。"郭璞注："可以为羹饮。早采为茶，晚采为茗，一名荈。"则吴之前亦以茶作茗矣。第[3]未如后世之日用不离也。盖自陆羽出，茶之法始讲。自吕惠卿、蔡君谟辈出，茶之法始精。而茶之利国家且藉之矣。此古人所不及详者也。

【注释】

①黄伯思：北宋书法家、书学理论家。

②荈：采摘时间较晚的茶，茶的老叶，即粗茶。

③第：作"但是"解。

【译文】

《谷山笔麈》中有这样的记载：在汉朝以前还没有关于茶的记载，人们所说的槚大概指的就是茶吧。李赞认为古代的人在冬天的时候喝汤，而在夏天的时候喝水，是没有茶的。李文正在《资暇录》中说："茶始于唐代的崔宁，黄伯思已经指出茶不始于唐代的崔宁，伯思曾经见过北齐杨子华画的《邢子才魏收勘书图》，在那里面已经有煎茶的人了。"《南窗记谈》中说："在梁代天监年间的时候人们开始喝茶，可以在《洛阳伽蓝记》中查看到相关的事情。等到看了《吴志·韦曜传》以

张旭

后，里面写到可以用赏赐茶水当酒，如果按照这种说法茶又并不是从梁朝就开始的了。"我认为也不是从吴时就开始喝茶的。《尔雅》中说："槚，苦茶。"郭璞注解说："可以把它作为羹来喝。采得早的称为茶，采得晚的称为茗，也叫作荈。"也就是说在吴以前就已经有人用茶泡水了。但是，茶到了后来就成了一种每天不可缺少的东西了。

从陆羽开始，才有了那些制茶的方法。从吕惠卿、蔡君谟等人开始，茶的做法变得越来越精细。而茶对国家的贡献也是从这里来的。古代的人都没有把这些做一个详细的说明。

【原文】

王象晋[①]《茶谱小序》：茶，嘉木也。一植不再移，故婚礼用茶，从一之义也。虽兆自《食经》，饮自隋帝，而好者尚寡。至后兴于唐，盛于宋，始为世重矣。仁宗贤君也，颁赐两府，四人仅得两饼，一人分数钱耳。宰相家至不敢碾试，藏以为宝，其贵重如此。近世蜀之蒙山，每岁仅以两计。苏之虎丘，至官府预为封识，公为采制，所得不过数斤。岂天地间，尤物生固不数数然耶。瓯泛翠涛，碾飞绿屑，不藉云腴，孰驱睡魔？作《茶谱》。

【注释】

①王象晋：1561—1653年，字荩臣、子进，又字三晋，一字康候，号康宇，自号名农居士。桓台新城（今属山东）人。明代文人、官吏、农学家，旁通医学。著有《群芳谱》。

【译文】

王象晋《茶谱小序》：茶树，是一种优良的植物。一旦种下了之后就不能再移植了，所以在婚礼上用茶，这是为了取从一而终这层意思。虽然最早见诸书籍的是《食经》，从隋帝的时候才开始喝茶，但是喜欢的人很少。后来到了唐朝才开始兴起，到宋朝的时候就很兴盛了，茶才被人们所重视。仁宗是一位贤明的君主，赏赐给两府茶饼，四个人才两块，一个人才分得了几钱。宰相也不敢随便碾试，把它藏起来当作珍品，它贵重到了这种程度。近来蜀地的蒙山茶，每年所产只能用两计。江苏的虎丘，到了时候官府也提前封识，公家去进行采摘，所能得到的也不过几斤。这就是说天地之间所生产的好东西数量是有限的。杯冷碧波，碾飞绿屑，不借助这么好的东西，怎么可以驱除睡魔？所以写了《茶谱》。

【原文】

陈继儒[①]《茶董小序》：范希文云："万象森罗中，安知无茶星。"余以茶星名馆，每与客茗战旗枪，标格天然，色香映发。若陆季疵复生，忍作《毁茶论》乎？夏子茂卿叙酒。其言甚豪。予曰，何如隐囊纱帽，潇然林涧之间，摘露芽，煮云腴，一洗百年尘土胃耶？热肠如沸，茶不胜酒；幽韵如云，酒不胜茶。酒类侠，茶类隐。酒固道广，茶亦德素。茂卿茶之董狐也，因作《茶董》。东佘陈继儒书于素涛轩。

【注释】

①陈继儒：1558—1639 年，明代文学家、书画家，字仲醇，号眉公、麋公。华亭（今上海松江）人。著有《梅花册》《云山卷》《妮古录》《陈眉公全集》《小窗幽记》等。

【译文】

陈继儒《茶董小序》：范希文说，"万象森罗之中，怎么知道没有茶星呢！"我用茶星来作为客厅的名字，每当与客人一起品茶，风味天然，颜色和香味都散发出来了。如果陆羽在世的话，还忍心作《毁茶论》吗？夏茂卿说酒，他的语气特别自豪。我说，何不弃官归隐山林，在这样的山林涧水之间，采摘这么好的茶叶，煮成好茶，能一洗百年肠胃之中长期的沉积。热肠如沸，虽不比酒；说到清幽雅致，那酒就比不上茶水了。如果说酒如同侠士，那么茶就如同隐士。酒虽然很有劲道，茶的品德也很好。茂卿是茶的董狐，因此就作了《茶董》。东佘陈继儒写于素涛轩。

【原文】

夏茂卿《茶董序》：自晋唐而下，纷纷邾莒之会，各立胜场，品别淄渑，判若南董，遂以《茶董》名篇。语曰："穷《春秋》，演河图，不如载茗一车"，诚重之矣。如谓此君面目严冷，而且以为水厄，且以为乳妖，则请效綦毋先生无作此事。冰莲道人识①。

【注释】

①识：这里作"记"讲。记录，记载之意。

【译文】

夏茂卿《茶董序》：从晋唐以后，大家一起聚会，各自举行比赛，品尝水的出产地，就像史官商董一样评判，于是便作了《茶董》。里面说："穷《春秋》，演河图，

中华传世藏书

茶经

《茶经》与其他茶典

六二五

不如载茗一车"，这确实过于言重了。如果说茶的面貌最冷峻，而且把它称为水厄，还被认为是乳妖，那就恳求大家不要效仿这样的事情。冰莲道人记。

【原文】

《本草》：石蕊，一名云茶。

卜万祺《松寮茗政》：虎丘茶，色味香韵，无可比拟。必亲诣茶所，手摘监制，乃得真产。且难久贮，即百端珍护，稍过时即全失其初矣。殆如彩云易散，故不入供御耶。但山岩隙地，所产无几，为官司禁据，寺僧惯杂赝种，非精鉴家卒莫能辨。明万历中，寺僧苦大吏需索，薙除殆尽。文肃公震孟作《薙茶说》以讥之。至今真产①尤不易得。

袁了凡《群书备考》：茶之名，始见于王褒《僮约》。

【注释】

①真产：真正的产品，这里指真正的虎丘茶。

【译文】

《本草纲目》：石蕊，也称作云茶。

卜万祺《松寮茗政》：虎丘茶，颜色和香味都很好，简直没有东西可以比拟。必须亲自到出产茶叶的地方，用手采摘，才可以得到它的正品。而且很难保存，就算非常爱护，采摘时间稍过就完全失去了它最初的内蕴。就像天上的彩云容易扩散，所以并不把它拿去进贡。况且山林空地所出产的不多，而且还被官家所掠夺，寺庙里的和尚总是喜欢在里面掺杂赝品，不是行家恐怕是不能够判别的。明朝万历年间，寺庙里的和尚苦于被官吏搜刮，几乎一点虎丘茶都没有了，文肃公震孟写了《难茶说》来讽刺这件事。到现在真正的虎丘茶也不容易得到。

袁了凡《群书备考》：茶的名字，最初见于王褒的《僮约》。

【原文】

许次杼《茶疏》：唐人首称阳羡，宋人最重建州。于今贡茶，两地独多。阳羡仅有其名，建州亦上品，惟武夷雨前最胜。近日所尚者，为长兴之罗岕，疑即古顾渚紫笋。然岕故有数处，今惟峒山最佳。姚伯道云："明月之峡，厥有佳茗。韵致清远，滋味甘香，足称仙品。其在顾渚亦有佳者，今但以水口茶名之，全与岕别矣。若歙①之松萝，吴之虎丘，杭之龙井，并可与芥颉颃。"郭次甫极称黄山，黄山亦在歙，去松萝远甚。往时土人皆重天池，然饮之略多，令人胀满。浙之产曰雁宕、大盘、金华、曰铸，皆与武夷相伯仲，钱塘诸山产茶甚多，南山尽佳，北山稍劣。武夷之外，有泉州之清源，倘以好手制之，亦是武夷亚匹。惜多焦枯。令人意尽。楚之产曰宝庆，滇之产曰五华，皆表表有名，在雁茶之上。其他名山所产，当不止此，或余未知，或名未著，故不及论。

【注释】

①歙（shè）：县名。安徽省南部的县。徽墨、歙砚为其特产。

【译文】

许次杼《茶疏》：唐朝的人最重视阳羡，宋朝人最重视建州。现在的贡茶，这两个地方最多。阳羡仅仅有它的名气。建州也有上好的品种，只有武夷雨前的茶叶是最好的。现在人所崇尚的，是长兴的罗岕，有人怀疑这就是古时候的顾渚紫笋。虽然芥茶有很多地方出产，现在只有峒山的最好。姚伯道说："明月之峡，厥有佳茗。"雅致清远，味道香甜，绝对可以称为仙品。它在顾渚也有好的品种，现在把它叫作水口茶，都是因为要和芥茶相区别。如安徽歙州的松萝，吴地的虎丘，杭州的龙井，都可以与乔茶相比。郭次甫特别称赞黄山茶，黄山也在歙州，但是和松萝比起来却差远了。以前的人都很重视天池，但是如果喝多了的话，就会觉得腹部胀满。浙江出产的雁宕、大盘、金华、日铸，都跟武夷的不相上下。钱塘各山出产的茶叶最多，南面山上的都是好茶，北面山上略微差一点。除了武夷以外，还有泉州的清源，如果是好手制作的话，也能跟武夷相比。可惜多半都焦枯了，令人不是很满意。楚地所出产的宝庆，云南所出产的五华，都特别有名。品质在雁茶之上。其他名山所出产的茶叶，应该还不止这么多，或者我还不知道，或者还没有出名，所以就没有谈到。

【原文】

李诩①《戒庵漫笔》：昔人论茶，以枪旗为美，而不取雀舌、麦颗。盖芽细则易杂他树之叶而难辨耳。枪旗者，犹今称壶蜂翅是也。

【注释】

①李诩：1506—1593 年，字原德，号戒庵，晚年以"戒庵老人"自居。著有《世

德堂吟稿》四册，《名山大川记》八册，《心学摘要》一册，《续吴郡志》两册，《戒庵老人漫笔》八册，诗集《真率窝吟》等。

【译文】

李诩《戒庵漫笔》：从前的人论茶，认为旗枪最好，而不取雀舌、麦颗。茶如果叶细小，就容易夹杂其他树上的叶子，也就很难辨认了。被称为旗枪的，也就是现在所叫的壶蜂翅。

【原文】

《四时类要》：茶子于寒露候收晒干，以湿沙土拌匀，盛筐笼内，穰草①盖之，不尔即冻不生。至二月中取出，用糠与焦土种之。于树下或背阴之地开坎，圆三尺，深一尺，熟劚，著粪和土，每坑下子六七十颗，覆土厚一寸许，相离二尺，种一丛。性恶湿。又畏日②，大概宜山中斜坡、峻坂、走水处。若平地，须深开沟垄以泄水，三年后方可收茶。

【注释】

①穰草：稻草。
②畏日：怕太阳光。

【译文】

《四时类要》：茶籽在寒露的时候收回来晒干，用湿的沙土把它搅匀，放在筐笼里面，用稻草盖在上面，这样就不会冻坏从而不长。到2月中旬的时候取出来，用糠和焦土种起来。在树下或者背阴的地方挖一个坑，圆3尺，深1尺，挖好之后，放进粪和土，每一个坑里面种下六七十粒种子，盖上1寸厚的土，隔2尺，就可以再种一丛。茶的本性怕湿，又怕太阳，大多适合在山中的斜坡、高而陡峭的山坡、走水的地方种植。如果是平地，那就需要挖很深的沟来放水，3年后就可以采收茶叶。

【原文】

张大复《梅花笔谈》：赵长白作《茶史》，考订①颇详，要以识其事而已矣。龙团、凤饼、紫茸、拣芽，决不可用于今之世。予尝论今之世，笔贵而愈失其传，茶贵而愈出其味。天下事，未有不身试而出之者也。

【注释】

①考订：考证和修订。

【译文】

张大复《梅花笔谈》：赵长白所著的《茶史》，考证和修订得都很详细。要想了解茶事都可以在里面查找。龙团、凤饼、紫茸、拣芽，绝对不可以用在现在。我曾经讨论当今之世，难于动笔而使很多东西失传了，茶越贵越能品尝出其中的味道。天下的事情没有不亲自尝试就能得出的。

【原文】

文震亨《长物志》：古今论茶事者，无虑数十家，若鸿渐之《经》，君谟之《录》，可为尽善。然其时法，用熟碾为丸、为挺，故所称有"龙凤团""小龙团""密云龙""瑞云翔龙"。至宣和间，始以茶色白者为贵。漕臣郑可简始创为银丝水芽，以茶剔叶取心，清泉渍之，去龙脑诸香，惟新銙小龙蜿蜒①其上，称"龙团胜雪"。当时以为不更之法，而吾朝所尚又不同。其烹试之法。亦与前人异。然简便异常，天趣悉备，可谓尽茶之味矣。而至于洗茶、候汤、择器，皆各有法，宁特侈言乌府、云屯等目而已哉。

【注释】

①蜿蜒（wān yán）：曲折爬行的样子。

【译文】

文震亨《长物志》：从古到今谈论茶的，不止几十家，像陆羽的《茶经》，蔡襄的《茶录》，可以说是非常好的了。但是当时的做法是把它碾熟，做成丸子，很坚硬，所以又叫作"龙凤团""小龙团""密云龙""瑞云翔龙"。到了宣和年间，才开始以白色的茶为贵。漕臣郑可简最先制造了银丝水芽，把茶剔除叶子取出它的芯，用清水洗干净，放进龙脑等香料，只有新銙小龙蜿蜒其上，被称为"龙团胜雪"。当时以为这种制作方法不会再改变，到我朝又变得不同了。它的烹制方法，也和前人的不一样。但是更加简便了，天然的香味都补充进去了，可以说是尽得茶叶的味道。而至于洗茶、候汤、选择器具，都有各自的方法，更不要多说乌府、云屯这些名目了。

【原文】

《虎丘志》：冯梦桢云："徐茂吴品茶，以虎丘为第一。"

周高起《洞山茶系》：芥茶之尚于高流，虽近数十年中事，而厥产伊始，则自卢仝隐居洞山，种于阴岭，遂有茗岭之目。相传古有汉王者，栖迟茗岭之阳，课童艺茶，踵卢仝幽致，故阳山所产，香味倍胜茗岭。所以老庙后一带茶。犹唐宋根株①也。贡山茶今已绝种。

【注释】

①根株：品种。

【译文】

《虎丘志》：冯梦桢说："徐茂品尝茶，认为虎丘茶是第一。"

周高起《洞山茶系》：芥茶是茶叶之中的上好品种，虽然这是近几十年的事，但是最初则是产自卢仝隐居的洞山，种在北面的山岭上。所以才有茗岭这样的称呼。传说古时候的汉王。住在茗岭的南面，令书重专门艺茶，尝出了户仝的幽致，所以山南面所出产的芥茶，香味比茗岭的更好。所以老庙后面一带的茶叶，都是唐宋时期留下来的品种。洞山茶现在已经没有了。

【原文】

徐㶿《茶考》：按《茶录》诸书，闽中所产茶，以建安北苑为第一，壑源诸处次之，武夷之名未有闻也。然范文正公《斗茶歌》云："溪边奇茗冠天下，武夷仙人从古栽。"苏文忠公云："武夷溪边粟粒芽，前丁后蔡相笼加①。"则武夷之茶在北宋已经著名，第未盛耳。但宋元制造团饼。似失正味。今则灵芽仙萼，香色尤清，为闽中第一。至于北苑壑源，又泯然无称。岂山川灵秀之气，造物生殖之美，或有时变易而然乎？

【注释】

①笼加：加以种植。

【译文】

徐㶿《茶考》：根据《茶录》等书的说法，闽中所出产的茶叶以建安北苑的为最好，鹜源等地的差一点，武夷的名字还没有听说过。但是范文正所著的《斗茶歌》："溪边奇茗冠天下，武夷仙人从古栽。"苏文忠公说："武夷的溪水边有茶芽，丁谓和蔡襄先后加以种植。"也就是说武夷茶在北宋就已经很出名了，只是没有流传下来而已。但是宋朝和元朝所制造的团状茶叶似乎失去了它本来的味道。现在的灵芽仙萼，香味和颜色特别清新，是闽中最好的。至于北苑的鹜源，又埋没无名了。难道山林的秀美、造物的美妙，有时候也会发生变化吗？

【原文】

劳大与《瓯江逸志》：按茶非瓯产地，而瓯亦产茶，故旧制以之充贡，及今不废。张罗峰当国，凡瓯中所贡方物。悉与题蠲①，而茶独留。将毋以先春之采，可荐馨香，且岁费物力无多，姑存之。以稍备芹献之义耶！乃后世因按办之际，不无恣取，上为一，下为十，而艺茶之圃遂为怨丛。惟愿为官于此地者，不滥取于数外，庶不致大为民病。

【注释】

①蠲：读作 juān。

【译文】

劳大与《瓯江逸志》：茶叶并不是瓯出产的，但是瓯也出产茶叶，所以从前也把它用来充当贡品，直到现在仍然没有被废除，张罗峰掌权的时候，只要是瓯中所进贡的物品都清理出来，只留下了茶叶。如果在早春的时候采摘，可以使它变得清香无比，而且每年所花费的气力很多，姑且存留下来，略微表达进献的心意。到了后来办理的时候，收取变得无数目可言，上面是一，下面是十，而种茶的园圃就怨声四起。希望这里的官员，不要擅自索要，也不至于给老百姓造成太大的灾害。

【原文】

《天中记》：凡种茶树必下子，移植则不复生。故俗聘妇①，必以茶为礼，义固有所取也。

《事物记原》：榷茶起于唐建中、兴元之间。赵赞、张滂建议税其什一。

《枕谭》：古传注："茶树初采为茶，老为茗，再老为荈。"今概称茗，当是错用事也。

【注释】

①聘妇：娶媳妇。

【译文】

《天中记》：要想种茶树一定要先下种子，茶树移植之后就不可能再成活了，所以说娶媳妇必须要用茶叶作为礼物，也是取它的从一而终之意。

《事物记原》：榷茶兴起于唐朝建中、兴元年间。赵赞、张滂建议收取其十分之一的税收。

《枕谭》：古代的书中有："茶树初采为茶，老为茗，再老的为荈。"现在则统一称作茗，应该是用错了的原因。

【原文】

熊明遇①《芥山茶记》：产茶处，山之夕阳胜于朝阳，庙后山西向，故称佳。总不如洞山南向，受阳气特专，足称仙品云。

冒襄《芥茶汇钞》：茶产平地，受土气多，故其质浊。芥茗产于高山，浑是风露清虚之气，故为可尚。

【注释】

①熊明遇：1580—1650年，字良孺，号坛石，江西南昌进贤人。工诗善文，当时颇享盛名。著有《南枢集》《青玉集》《格致草》《绿云楼集》等。

【译文】

熊明遇《芥山茶记》：产茶的地方，山上夕阳照的地方比朝阳照的地方要好，庙后山向西，所以茶好。但总也比不上洞山南面的，因为南面阳光充足，所以产的茶被称为仙品。

冒襄《芥茶汇钞》：平地出产的茶叶，受到的土气太多，所以质地混浊。芥茶严于高山，经历了风霜雨露的洗礼，所以是好茶。

【原文】

吴拭云：武夷茶赏自蔡君谟始，谓其味过于北苑、龙团，周右文极抑之。盖缘山中不谙制焙法，一味计多徇利之过也。余试采少许，制以松萝法，汲虎啸岩下语儿泉烹之，三德俱备，带云石而复有甘软气。乃分数百叶寄右文，令茶吐气；复酹[1]一杯，报君谟于地下耳。

【注释】

①酹：读作 lèi。

【译文】

吴拭说：武夷茶被欣赏是从蔡君谟开始的，他说它的味道比北苑、龙团茶要好，周右文却特别贬低它。只是因为山中的人不懂得它的焙制方法，一味追求钱财的错误。我曾经试着采摘了一点，用松萝的方法来焙制，汲取虎啸岩下的语儿泉水烹制，三种优点都具备了，带云石而又有香甜的气味。于是分了几百片送给右文，等茶泡好了，再洒一杯在地上，以报君谟地下有知。

【原文】

释超全[1]《武夷茶歌注》：建州一老人始献山茶，死后传为山神，喊山之茶始此。
《中原市语》：茶曰渲老。

【注释】

①释超全：（生卒年不详）明末清初人，俗姓阮，号梦庵，今厦门人。本名吴锡，或曼锡，字畴生，从文忠公曾樱为学，随师助郑成功抗清。著《海上见闻录》二卷、《幔亭游》诗文一卷。其中的《武夷茶歌》等诗文对我国史学研究很有价值。

【译文】

释超全《武夷茶歌注》：建州有一位老人最早进献山上的茶叶，据说死后变成了山神，喊山茶就是从此而生的。
《中原市语》：茶又被称作渲老。

【原文】

陈诗教《灌园史》：予尝闻之山僧言，茶子数颗落地，一茎而生，有似连理，故婚嫁用茶，盖取一本之义。旧传茶树不可移，竟有移之而生者，乃知晁采寄茶，徒袭影响①耳。

【注释】

①袭影响：捕风捉影。

【译文】

陈诗教《灌园史》：我曾经听山里面的和尚说，几颗茶籽落到地上，一旦生长出来，就像连理一样，因此婚嫁的时候用茶，就是用这里面同根的意思。以前听说茶树不能移植，可竟然有移植了之后仍然活着的，由此可知这种说法也只是捕风捉影而已。

【原文】

唐李义山以对花啜茶为杀风景。予苦渴疾，何啻①七碗，花神有知，当不我罪。

《金陵琐事》：茶有肥瘦，云泉道人云："凡茶肥者甘，甘则不香。茶瘦者苦，苦则香。"此又《茶经》《茶诀》《茶品》《茶谱》之所未发。

【注释】

①何啻：何况，况且。

【译文】

唐朝的李义山认为对着花喝茶是煞风景的事情。我在口渴的时候，何止喝七碗，如果花神知道的话，应该不会怪罪于我的。

《金陵琐事》：茶叶有肥有瘦，云泉道长说："凡是茶叶肥厚的，味道很甜，但是不香。茶叶瘦小的就显得苦涩，但苦的则香。这又是《茶经》《茶诀》《茶品》《茶谱》之中所没有记录的。"

【原文】

野航道人朱存理云："饮之用必先茶，而茶不见于《禹贡》，盖全民用而不为利。

后世榷茶立为制，非古圣意也。陆鸿渐著《茶经》，蔡君谟著《茶谱》。孟谏议寄庐玉川三百月团，后侈至龙凤之饰，当责备于君谟。然清逸高远，上通王公，下逮林野^①，亦雅道也。"

【注释】

①林野：普通老百姓。

【译文】

野航道人朱存理说："首先用来喝的是茶，而茶在《禹贡》里面看不到，所以全民都喝却不为谋利。后世制定榷茶的制度，并不是古人真正的意思。陆羽写《茶经》，蔡君谟写《茶谱》。孟谏议寄给庐玉川的三百月团，后来奢侈到用龙凤装饰，应该责备于君谟。然而清逸高远，上到王公贵族，下到平常百姓，也是一件很有雅致的事情。"

【原文】

佩文斋《广群芳谱》：茗花即食茶之花，色月白而黄心，清香隐然，瓶之高斋，可为清供佳品。且蕊在枝条，无不开遍^①。

【注释】

①开遍：全开，这里指花都开满了。

【译文】

佩文斋《广群芳谱》：茗花就是所喝的茶的花，花为月白色，蕊是黄色的，隐约有清香，用瓶子养在书斋里，可以作为清供佳品。而且花蕊在枝条的上面，全都开满了。

【原文】

王新城《居易录》：广南人以簽为茶。予顷著之《皇华记闻》。阅《道乡集》有《张纠送吴洞篸》绝句，云："茶选修仁方破碾，篸分吴洞忽当筵。君谟远矣知难作，试取一瓢江水煎。"盖^①志完迁昭平时作也。

【注释】

①盖：这是。

【译文】

王新城《居易录》：广南人把篓作为茶叶。我写了《皇华记闻》。看到《道乡集》里面有《张纠送吴洞荃》绝句说："茶选修仁方破碾，荃分吴洞忽当筵。君谟远矣知难作，试取一瓢江水煎。"这是志完迁到昭平时候所作的诗。

【原文】

《分甘余话》：宋丁谓为福建转运使，始造"龙凤团"茶上供，不过四十饼。又圣中，又造小团，其品过于大团。神宗时，命造"密云龙"，其品又过于小团。元祐初，宣仁皇太后曰："指挥建州，今后更不许造'密云龙'，亦不要团茶，拣好茶吃了，生得甚好意智。"宣仁改熙宁之政，此其小者。顾其言，实可为万世法。士大夫家，膏粱子弟，尤不可不知也。谨①备录之。

【注释】

①谨：严谨，这里作因此"讲"。

【译文】

《分甘余话》：宋朝的丁谓任福建转运使的时候，才开始制造"龙凤团"茶叶上供，也不过40块。天圣年间，又制造了小团，它的品质超过大团。神宗的时候，下令制作"密云龙"，它的品质又胜过小团。元祐初年，宣仁皇太后说："让建州以后不准再制造'密云龙'了，也不要团茶。选择好的茶叶来吃，生得甚好意智。"宣仁改变了熙宁时的方法，这是小事情，根据这种说法，实在应该为世代所效仿。官绅世家，膏粱子弟，尤其不能不知道啊。因此记录在此。

【原文】

《百夷语》：茶曰芽。以篦茶曰芽以结，细茶曰芽以完。缅甸夷语，茶曰腊扒，吃茶曰腊扒仪索。

徐葆光《中山传信录》：琉球①呼茶曰札。

《武夷茶考》：按丁谓制"龙团"，蔡忠惠制"小龙团"，皆北苑事。其武夷修贡，自元时浙省平章高兴始，而谈者辄称丁、蔡。苏文忠公诗云："武夷溪边粟粒芽，前丁后蔡相笼加。"则北苑贡时，武夷已为二公赏识矣。至高兴武夷贡后，而北苑渐至无

武夷山水

闻。昔人云，茶之为物，涤昏雪滞，于务学勤政未必无助，其与进荔枝、桃花者不同。然充类至义②，则亦宦官、宫妾之爱君也。忠惠直道高名，与范、欧相亚③，而进茶一事乃侪晋公。君子举措，可不慎欤。

【注释】

①琉球：位于台湾东北方，日本九州岛西南方大海中的群岛。

②充类至义：意为把道理推广到大义上。

③相亚：相似。

【译文】

在《百夷语》中记载：茶又可以叫作芽。把那些粗茶叫作芽以结，而用芽以完来称呼那些细茶。茶叶在缅甸又被称为腊扒，在那里用腊扒仪索来指代喝茶。

徐葆光的《中山传信录》中记载：茶在琉球被称为札。

《武夷茶考》中说：丁谓制造"龙团"，蔡忠惠制造"小龙团"，这些事情都发生在北苑。从元代浙江省平章高兴那个时候开始进贡武夷，但是所谈论到的都是丁谓、蔡君谟。在苏文忠公的诗中说："武夷的溪边有茶叶，在那里丁谓、蔡襄先后都种植过茶叶。"那么在谈到北苑进贡的时候，这两人已经很欣赏武夷茶叶了。到了高兴进贡武夷之后，慢慢地就不怎么听说北苑了。古人说，茶这种东西，能够把人体内的残留物体去除，驱除人的疲劳，它对于我们的学习，勤于政务来说也有一定的好处，和进献荔枝、桃花是不一样的。但是与它们也有相同之处，那就是它们都是被那些宦官、宫内的妃嫔们所喜欢。以正直闻名的蔡忠惠，和范仲淹、欧阳修两人有相似之处，而在献茶这件事情上却与晋公丁谓不相上下。君子的举措，难道可以不慎重吗？

【原文】

《随见录》：按沈存中《笔谈》云："建茶皆乔木。吴、蜀惟丛茇①而已。"以余所见，武夷茶树俱系丛茇，初无乔木，岂存中未至建安欤？抑当时北苑与此日武夷有不同欤？《茶经》云："巴山。峡川有两人合抱者"，又与吴、蜀丛茇之说互异，姑识之以俟参考。

《万姓统谱》载：汉时人有茶恬，出《江都易王传》。按《汉书》：茶恬苏林曰，茶食邪反。则茶本两音，至唐而茶，茶始分耳。

焦氏说：楛②茶曰玉茸。（补）

【注释】

①丛茇：草木，草根。
②楛：同枯。

【译文】

《随见录》：沈括在《梦溪笔谈》中说："建茶都是乔木。而吴、蜀只是草根罢了。"根据我在武夷所见过的茶树，也都是一些丛生的草根，乔木是没有的，难道沈括没有到过建安吗？还是因为当时的北苑和现在的武夷有所不同呢？《茶经》中所说："巴山、峡川有两人合抱者"，这又和吴、蜀两地丛生草根的说法不一样，暂且把它放在这里以供参考。

《万姓统谱》中记载：据说汉朝的时候有茶恬，这出自《江都易王传》。根据《汉书》：茶恬（苏林说，茶音为食邪反切。）那么本来茶就有两种读音，只是到了唐朝的时候才把茶和茶区别。

焦氏说：楈茶又被称为玉茸。（补）

二、茶之具

《陆龟蒙集·和茶具十咏》

【原文】

茶坞①

茗地曲隈回，野行多缭绕。向阳就中密，背涧差还少。遥盘云髻慢②，乱簇香篝小。何处好幽期，满岩春露晓。

茶人

天赋识灵草，自然钟野姿。闲来北山下，似与东风期③。雨后探芳去云间幽路危。惟应报春鸟，得共斯人知。

茶笋

所孕和气深，时抽玉苕④短。轻烟渐结华，嫩蕊初成管⑤，寻来青霭曙，欲去红云暖。秀色自难逢，倾筐不曾满。

茶籝

金刀劈翠筠，织似波纹斜。制作自野老，携持伴山娃。昨日斗烟粒今朝贮绿华⑥。争歌调笑曲，日暮方还家。

茶舍

旋取山上材，架为山下屋。门因水势斜，壁任岩隈曲。朝随鸟俱散暮与云同宿。不惮采掇劳，只忧官未足⑦。

【注释】

①茶坞：种茶的山坞。

②慢：蓬松的样子。

③期：指约定。

④玉茗：此处意为茶树的枝条。

⑤管：指草芽。

⑥绿华：此处指茶叶。

⑦未足：不能满足。

【原文】

茶灶

经云：灶无突①。

无突抱轻岚，有烟映初旭。盈锅玉泉沸，满甄云芽熟。奇香袭春桂，嫩色凌秋菊。炀者若吾徒，年年看不足。

茶焙

左右捣凝膏，朝昏布烟缕。方圆随样拍，次第依层取，山谣纵高下，火候还文武。见说焙前人，时时炙花脯。紫花，焙人以花为脯。

茶鼎

新泉气味良，古铁形状丑。那堪风雨夜，更值烟霞友，曾过赪石下，又住清溪口。赪石、清溪、皆江南出茶处。且共荐皋庐，皋庐，茶名。何劳倾斗酒。

茶瓯

昔人谢坫埏②，徒为妍词饰。《刘孝咸集》有《谢坫埏启》。岂如珪璧姿，又有烟岚色。光参筥席上，韵雅金罍③侧。直使于阗④君，从来未尝识。

煮茶

闲来松间坐，看煮松上雪。时于浪花里，并下蓝英⑤末。倾余精爽健，忽似氛埃灭。不合别观书，但宜窥玉札。

【注释】

①突：此处意为烟囱。

②坫埏：指有底座的茶盏。

③金罍：金酒杯。

④于阗：古代西域一少数民族。

⑤蓝英：此处指茶。

《皮日休集·茶中杂咏·茶具》

【原文】

茶籝

篑筤①晓携去，蓦过山桑坞。开时送紫茗，负处沾清露。歇把傍云泉，归将挂烟树。满此是生涯，黄金何足数。

茶灶

南山茶事动，灶起岩根傍。水煮石发气，薪燃杉脂香。青琼②蒸后凝，绿髓炊来光。如何重辛苦，一一输膏粱③。

茶焙

凿彼碧岩下，恰应深二尺。泥易带云根，烧难碍石脉。初能燥金饼，渐见干琼液。九里共杉林，皆焙名。相望在山侧。

茶鼎

龙舒有良匠，铸此佳样成。立作菌蠢势，煎为潺湲声。草堂暮云阴，松窗残月明。此时勺复茗，野语知逾清。

茶瓯

邢客与越人，皆能造前器。圆似月魂堕，轻如云魄起。枣花势旋眼，苹沫④香沾齿。松下时一看，支公亦如此。

【注释】

①篑筤：盛茶叶的竹器。

②青琼：与"绿髓"一样，均指茶叶。

③膏粱：指达官显贵。

④苹沫：与前面的"枣花"一样，均指浮在茶盏上的茶沫。

【原文】

《江西志》：余干县冠山有陆羽茶灶。羽尝凿石为灶，取越溪水煎茶于此。

陶穀《清异录》：豹革为囊，风神呼吸之具也。煮茶啜之，可以涤滞思而起清风。每引此义，称之为水豹囊①。

《曲洧旧闻》：范蜀公②与司马温公③同游嵩山，各携茶以行。温公取纸为帖，蜀公用小木合子盛之，温公见而惊曰："景仁乃有茶具也。"蜀公闻其言，留合与寺僧而去。后来士大夫茶具，精丽极世间之工巧，而心犹未厌。晁以道尝以此语客，客曰："使温公见今日之茶具，又不知云如何也。"

【注释】

①水豹囊：指茶的别称。

②范蜀公：指宋代的范镇，他曾经被封为蜀郡公。

③司马温公：指宋代的司马光，生前曾任宋宰相，死后追赠太师温国公。

童子烹茶

【译文】

《江西志》中记载：在余干县冠山有陆羽曾经用过的茶灶。陆羽曾经在这里凿石造灶，把越溪的水取来煮茶。

陶穀在《清异录》中说：把豹子皮做成囊，风神可以用它来呼吸、兴风。煮茶来饮，就如同清风徐徐地吹来，人的那些抑郁的情绪都能被清除掉，使人的精神焕然一新。把上面的意思引申一下，所以茶也被称为水豹囊。

在《曲洧旧闻》中有这样的记载：范镇曾经和司马光一起去嵩山游玩，都把自己要喝的茶带在了身上。司马光把那些茶用纸包着，而范镇则把茶盛放在小木盒子里。司马光看到范镇的小木盒后十分惊讶地说道："景仁真是讲究啊，还要用茶具来盛放你的茶啊！"范镇听了这话以后，在离开嵩山的时候便把盒子留给了寺庙里的和尚。后来那些士大夫所用的茶具，都特别精致，在工艺方面巧夺天工，即使是这样，他们还嫌不够好。晁以道曾经对他的客人提到过此事。客人说："假如现在司马光能够见到茶具是如此的精美，真不知道会有什么样的感想。"

【原文】

《北苑贡茶别录》：茶具有银模、银圈、竹圈、铜圈等。

梅尧臣的《宛陵集·茶灶》诗："山寺碧溪头，幽人绿岩畔。夜火竹声干，春瓯茗花乱。兹无雅趣兼，薪桂烦燃爨①。"又《茶磨》诗云："楚匠斫山骨，折檀为转脐。乾坤人力内。日月蚁行迷。"又有《谢晏太祝遗双井茶五品茶具四枚》诗。

【注释】

①爨：读作 cuàn。

【译文】

《北苑贡茶别录》：茶具中有银制的模子、银制的圈、竹子做的圈、铜制的圈等。

梅尧臣的《宛陵集·茶灶》里有诗说："山寺碧溪头，幽人绿岩畔。夜火竹声干，春瓯茗花乱。兹无雅趣兼，薪桂烦燃爨。"描写了在深山古寺前的溪水岩畔，凿石为灶，燃竹煮花的情景，形象十分生动。又有《茶磨》一诗："楚匠斫山骨，折檀为转脐。乾坤人力内，日月蚁行迷。"又有《谢晏太祝遗双井茶五品茶具四枚》一诗，都很有意境。

【原文】

《武夷志》：五曲朱文公书院前，溪中有茶灶。文公诗云："仙翁遗石灶，宛在水中央。饮罢方舟去，茶烟袅细香。"

《群芳谱》：黄山谷云："相茶瓢与相筇竹①同法，不欲肥而欲瘦，但须饱风霜耳。"

【注释】

①筇 qióng 竹：古书上说的一种竹子，可以做手杖。

【译文】

《武夷志》：五曲朱文公书院前，在溪水中建起了茶灶。文公诗云："仙翁遗石灶，宛在水中央。饮罢方舟去，茶烟袅细香。"诗意清新恬淡，野趣盎然。

《群芳谱》：黄山谷说："选茶瓢和选筇竹的方法相同，不应该过粗而应该选细小的，但必须是饱经风霜的老竹。"

【原文】

乐纯《雪庵清史》：陆叟①溺②于茗事，尝为《茶论》，并煎炙之法，造茶具二十四事，以都统笼贮之。时好事者家藏一副，于是若韦鸿胪、木待制、金法曹、石转运、胡员外、罗枢密、宗从事、漆雕秘阁、陶宝文、汤提点、竺副帅、司职方辈，皆入吾籯中矣。

【注释】

①陆叟：指陆羽，老者为叟。
②溺：这里指沉迷。

【译文】

乐纯《雪庵清史》：陆羽沉溺在茶事里，曾写过《茶论》、煮茶的方法和制造茶器的 24 种说明，都是比较系统的论述。有好事的人家里藏有一副，于是像韦鸿胪、木待制、金法曹、石转运、胡员外、罗枢密、宗从事、漆雕秘阁、陶宝文、汤提点、竺副帅、司职方等，都在我的收藏范围内。

【原文】

许次杼《茶疏》："凡士人登山临水，必命壶觞，若茗碗薰炉，置而不问，是徒豪举耳。余特置游装，精茗名香，同行异室。茶罂、铫、注、瓯、洗、盆、巾诸具毕备，而附香奁①、小炉、香囊、匙、箸。……未曾汲水，先备茶具，必洁，必燥。瀹时壶盖必仰置，磁盂勿覆案上。漆气、食气，皆能败茶。"

【注释】

①香奁（liàn）：放梳妆用品的器具。

【译文】

许次杼所著《茶疏》说："只要是文人雅士游山玩水，一定会带茶壶和酒杯，如果准备了茶碗薰炉却放在一旁不加理睬，这是徒劳之举。我特意准备了出行的服装，精选茶叶，一起出行。茶罂、铫子、注、茶瓯、洗、盆、毛巾等物一应俱全，再加上香匣子、小炉、香囊、匙、筷子。……打水之前，先把茶具准备好，必须是清洁、干燥的。冲茶时必须把壶盖仰放在桌上，磁杯不要扣在案台上。否则油漆的气味、食物的气味，都会破坏茶的本味。"

【原文】

朱存理《茶具图赞序》：饮之用必先茶，而制茶必有其具。赐具姓而系名，宠以爵，加以号，季宋之弥文；然精逸高远，上通王公，下逮林野，亦雅道也。愿与十二先生周旋，尝山泉极品以终身，此间富贵也，天岂靳乎哉！

【译文】

朱存理的《茶具图赞序》中讲：饮用的物品中茶叶是首选，而制作茶叶必须要有工具。这些用具都被赐了姓名，加爵冠号，都是宋代流行的文字，清逸高远。上自王公贵族，下到山野村夫，都把它奉为高雅之道。我曾经用过12种茶具，尝到了山泉中的极品，认为这就是平生最值得纪念的事情了，天上也不过是这样吧。

【原文】

审安老人茶具十二先生姓名：

韦鸿胪丈鼎：景旸，四窗闲叟；

木待制利济：忘机，隔竹主人；

金法曹研古：元锴，雍之旧民；

铄古：仲鉴，和琴先生；

石转运凿齿：遄行，香屋隐君；

胡员外惟一：宗许，贮月仙翁；

罗枢密若药：传师，思隐寮长；

宗从事子弗：不遗，扫云溪友；

漆雕秘阁承之：易持，古台老人；

陶宝文去越：自厚，兔园上客；

汤提点发新：一鸣，温谷遗老；

竺副帅善调：希默，雪涛公子；

司职方成式：如素，洁斋居士。

【译文】

审安老人这 12 种茶具的名称：

韦鸿胪文鼎：名景旸，号四窗闲叟；

木待制利济：名忘机，号隔竹主人；

金法曹研古：名元锴，号雍之旧民；

铄古：名仲鉴，号和琴先生；

石转运凿齿：名遄行，号香屋隐君；

胡员外惟一：名宗许，号贮月仙翁；

罗枢密若药：名传师，号思隐寮长；

宗从事子弗：名不遗，号扫云溪友；

漆雕秘阁承之：名易持，号古台老人；

陶宝文去越：名自厚，号兔园上客；

汤提点发新：名一鸣，号温谷遗老；

竺副帅善调：名希默，号雪涛公子；

司职方成式：名如素，号洁斋居士。

【原文】

高濂《遵生八笺》：茶具十六事，收贮于器局内，供役于苦节君者，故立名管之。盖欲归统于一，以其素有贞心雅操，而自能守之也。商像，古石鼎也，用以煎茶。降红，铜火箸也，用以簇火，不用联索为便。递火，铜火斗也，用以搬火。团风，素竹扇也，用以发火。分盈，挹水勺也，用以量水斤两，即《茶经》水则也。执权，准茶秤也，用以衡茶，每勺水二斤，用茶一两。注春，磁瓦壶也，用以注茶。啜香，磁瓦瓯也，用以啜茗。撩云，竹茶匙也，用以取果。纳敬，竹茶囊也，用以放盏。漉尘，洗茶篮也，用以浣茶。归洁，竹笕帚也，用以涤壶。受污，拭抹布也，用以洁瓯。静沸，竹架，即《茶经》支镢也。运锋，刺果刀也，用以切果。甘钝，木砧墩也。

【译文】

高濂《遵生八笺》中写道：16种茶具，全部贮藏到箱子里面，以供烹茶时使用，将每种茶具命名以方便管理。应该将它们放到一起，因为它们一向有很好的品质能够保持操守。商像，古代石制的鼎，可以煎茶。降红，铜筷子，可以拢火，不连起来用方便。递火，就是铜火斗，可以搬火。团风，就是竹扇，可以扇风。分盈，就是水勺，用来度量水的多少，就是《茶经》中水的标准。执权，就是称茶的秤，用来称量茶的重量，每勺水有2斤，可以用茶叶1两。注春，就是瓷瓦壶，可以倒茶。啜香，瓷瓦瓯，可以喝茶。撩云，竹子做的匙，可以取果子。纳敬，竹子做的茶盘，可以放茶杯。漉尘，就是洗茶的器具，可以洗茶。归洁，竹制的扫帚，可以清洗茶壶。受污，擦拭的抹布，可以清洁茶瓯。静沸，竹架，就是《茶经》里面的支镢。运锋，就是果刀，可以切果子。甘钝，就是砧墩。

【原文】

《王友石谱》：竹炉并分封茶具六事：苦节君，湘竹风炉也，用以煎茶，更有行省收藏之。建城，以箬为笼，封茶以贮庋[1]阁。云屯，磁瓦瓶，用以勺泉以供煮水。水曹，即瓷缸瓦缶，用以贮泉以供火鼎。乌府，以竹为篮，用以盛炭，为煎茶之资。器局，编竹为方箱，用以总收以上诸茶具者。品司，编竹为圆撞提盒，用以收贮各品茶叶，以待烹品者也。

【注释】

①庋（guǐ）：放东西的架子。

【译文】

《王友石谱》：竹炉和茶具共6种：苦节君，就是湘竹做的风炉，可以煎茶，也有人喜欢收藏它。建城，用竹子做的笼子，可以将茶叶放在中间的阁子里。云屯，瓷瓦瓯，用于舀泉水来烧水的。水曹，就是瓷瓦锅，用来储存泉水以供煮茶时用。乌府，用竹子做的篮子，可以装煎茶时烧火的木炭，是煎茶必备的材料。器局，用竹子编成的方形箱子。将上面所有的茶具收到里面。品司，用竹子编成的圆形的可以提的盒子，可以装各种茶叶，以便用来煮茶。

【原文】

屠赤水《茶笺》：茶具：湘筠焙，焙茶箱也。鸣泉，煮茶瓷罐。沉垢，古茶洗。合香，藏日支茶瓶，以贮司品者。易持，用以纳茶，即漆雕秘阁。

屠隆《考槃余事》：构一斗室相傍书斋，内设茶具，教一童子专主茶役，以供长日清谈，寒宵兀坐①。此幽人②首务，不可少废者。

【注释】

①兀坐：危坐、端坐。

②幽人：文人雅士。

【译文】

屠赤水《茶笺》：茶具，湘筠焙，烘焙茶叶的箱子。鸣泉，煮茶的瓷罐。沉垢，古代洗茶的用具。合香，收藏日常用的茶瓶时，用它来装茶具。易持，用来装茶叶的，就是漆雕秘阁。

屠隆《考槃余事》：在靠近书房的小屋里，置办一套茶具，让一个童子专门负责煮茶，以便长日清谈，寒宵夜读。这是文人雅士不能缺少的。

【原文】

《灌园史》：庐廷璧嗜茶成癖，号茶庵①。尝蓄元僧讵可庭茶具十事，具衣冠拜之。

王象晋《群芳谱》：闽人以粗瓷胆瓶贮茶。近鼓山支提②新茗出，一时尽学新安，制为方圆锡具，遂觉神采奕奕不同。

【注释】

①茶庵：茶屋，称人为茶庵，言其酷爱饮茶。

②支提：塔的别名，有舍利为塔，无舍利为支提。

【译文】

《灌园史》记载：庐廷璧好茶成瘾，号为茶庵。曾经为了向元僧讨教茶具的10件事。特意整理好衣冠去拜访。

王象晋《群芳谱》：福建人用粗瓷胆瓶装茶。最近鼓山支提有了新茶叶，顿时全都学习新安，制成方形和圆形的茶具，就觉得神采奕奕与众不同。

【原文】

冯可宾《芥齐茶笺·论茶具》：茶壶，以窑器[1]为上，锡次之。茶杯汝、官、哥、定如未可多得，则适意为佳耳。

【注释】

[1]窑器：窑里烧出来的器具。

【译文】

冯可宾《芥茶笺·论茶具》：茶壶，用窑里烧出来的器具最好，锡制的就要差一点。茶杯汝、官、哥、定这些地方出品的瓷器都是不可多得的上品，只要自己喜欢就可以了。

【原文】

李日华《紫桃轩杂缀》：昌化茶大叶如桃枝柳梗，乃极香。余过逆旅偶得，手摩其焙甄三日，龙麝[1]气不断。

【注释】

[1]龙麝：龙指龙涎香。它是抹香鲸肠胃中的病体分泌物，像结石一样，排出后飘浮海上或冲上海岸。把它加热成液体，具有持久的香气。麝即香獐子，雄的脐部有香腺，能分泌麝香，可作香料或药材。

【译文】

李日华《紫桃轩杂缀》：昌化的茶叶像桃树的叶子和柳树的梗那么大，非常香。我曾在旅途中偶然得到，手在制茶的焙甄上摩挲3天，香气不断。

【原文】

瞿仙云：古之所有茶灶，但闻其名，未尝见其物，想必无如此清气也。予乃陶土粉以为瓦器，不用泥土为之，大能耐火。虽猛焰不裂。径不过尺五，高不过二尺余，上下皆镂①铭、颂、箴②戒之。又置汤壶于上，其座皆空，下有阳谷之穴，可以藏瓢瓯之具，清气倍常。

【注释】

①镂：雕刻花纹。

②箴（zhēn）：劝告、劝诫。

【译文】

瞿仙说：古代的茶灶，只能听到它的名字，看不到这种东西，估计没有这样的清气。我用陶土粉烧成瓦器，不用泥土烧制，陶土粉更耐火，即使是很猛烈的火焰也不会被烧裂。它的直径不到 1.5 尺，高大约 2 尺多一点，通身都镂刻铭、颂、箴，用来警示后人。又把汤壶放在它的上面，其他的位置都是空的，下面还有打开的空地方，可以装瓢瓯等物品，气味十分清香。

【原文】

《重庆府志》：涪江青蟆石为茶磨极佳。

《南安府志》：崇义县出茶磨，以上犹县石门山石为之尤佳。苍礜①缜密，镌琢②堪施。

【注释】

①礜（yì）：黑色美石。

②镌琢：刻石为镌，治玉为琢。

【译文】

据《重庆府志》记载：涪江的青蟆石做茶磨最好。

《南安府志》记载：崇义县出严茶磨，石门山的石头最好。那里的石头质地纹理缜密，很适合雕琢。

【原文】

闻龙《茶笺》：茶具涤毕，覆于竹架，俟其自干为佳。其拭巾只宜拭外，切忌拭内。盖布帨虽洁，一经人手极易作气。纵器^①不干，亦无大害。

【注释】

①器：喝茶的用具。

【译文】

闻龙《茶笺》：茶具洗完后，要把它倒放在竹架上，让它自行变干最好。只能用抹布擦它的外面，绝对不要擦拭它的里面。虽然布很干净，但是只要经过人手就容易产生异味。即使喝茶时器具不太干，也没有关系。

三、茶之造

【原文】

《唐书》：太和七年正月，吴蜀贡新茶，皆于冬中作法为之。上务恭俭，不欲逆物性，诏所在贡茶，宜于立春后造。

《北堂书钞·茶谱续补》云：龙安造骑火茶^①，最为上品。骑火者，言不在火前，不在火后作也。清明改火，故曰火。

《大观茶论》：茶工作于惊蛰^②，尤以得天时为急。轻寒英华渐长，条达而不迫，茶工从容致力，故其色味两全。故焙人得茶天为度。撷^③茶以黎明，见日则止。用爪^④断芽，不以指揉。凡芽如雀舌谷粒者，为斗品^⑤。一枪一旗为拣芽，一枪二旗为次之，余斯为下。茶之始芽萌，则有白合，不去害茶味，既撷则有乌蒂，不去害茶色。茶之美恶，尤系于蒸芽、压黄之得失。蒸芽欲及熟而香，压黄欲膏尽亟止。如此则制造之功十得八九矣。涤芽惟洁，濯器惟净，蒸压惟其宜，研膏惟熟，焙火惟良。造茶先度日晷^⑥之长短，均工力之众寡，会采择之多少，使一日造成，恐茶过宿，则害色味。茶之范度^⑦不同，如人之有首面也。其首面之异同，难以槩论。要之，色莹彻而不驳^⑧，质缜^⑨绎而不浮，举之凝结，碾之则铿然，可验其为精品也。有得于言意之表者。白茶自为一种，与常茶不同。其条敷阐^⑩，其叶莹薄。崖林之间，偶然生出，有者不过四五家，生者不过一二株，所造止于二三铐而已，须制造精微，运度得宜，则表里昭澈，如玉之在璞，他无与伦也。

【注释】

①骑火茶：指宋代在龙安采造的最好的一种茶。

②惊蛰：我国的二十四节气之一。惊蛰以后天气转暖，冬眠的动物开始出土活动。

③撷：摘取的意思。

④爪：这里是手指甲的意思。

⑤斗品：这里指最好的茶。

⑥日晷：是一种按照日影测定时刻的仪器。有时也称为日规。

⑦范度：品种质量的意思。

⑧驳：颜色不纯，交杂别的颜色叫作驳。

⑨缜：细密的意思。

⑩敷阐：形容茶树枝条多且向外伸展的样子。

【译文】

《唐书》记载：太和七年正月，吴蜀两地向朝廷进贡的新茶，都是在冬天制成的。由于皇上崇尚节俭，不想违背茶在春天生长的特性，于是就下诏书命令贡茶的吴、蜀两个地区，要在立春以后制茶。

《北堂书钞·茶谱续补》认为：龙安采造的骑火茶是上品。被称为骑火茶是因为制茶时间不是在火前，也不是在火后。清明节的时候改火，所以叫火。

《大观茶论》说：茶应该在惊蛰的时候制作，因为这时的气候最为适宜。冬天已经过去，只留下轻微的寒意，这个时候万物开始生长，枝条也慢慢地舒展开来。茶工在这个时候从容制茶，能使茶在色味方面俱佳。所以烘焙茶的人能够制出好茶，是要靠天气给予机会的。采茶应选在黎明的时候，太阳一出来就应该停止。采摘的时候要用指甲去掐，而不要用手指去揉。茶芽形状像雀舌、谷粒的都是好的品种。一枪一旗称为拣芽，一枪二旗要就差一点，其余的都是下等品。茶在开始发芽的时候有白合，如果不去掉它，它就会损害茶的味道，掐去后还有乌蒂，不去掉它的话，会影响茶的颜色。茶的好与坏，关键在于蒸芽、压黄的恰当与否。蒸芽要等到成熟并且发出香味的时候，压黄只要把茶汁压净就立即停止。如果能够做到上面所说的这些，制茶十之八九就成功了。洗茶芽时一定要把茶芽洗干净，洗茶的器具必须要清洁。蒸压茶的时候一定要得当，研茶膏一定要熟，焙茶的火候一定要适度。制茶先要估计所用时间的长

猴子采茶

短，用多少人的工力，由此决定应该采摘多少茶，这样是为当天就能够完成任务。不然的话，茶采接得多了，就会制作不完，如果隔一夜，茶的颜色和味道都会受到影响。茶的品种成色各有不同，这就好像人的脸面一样。人的脸面同与不同，是很难一一说清的。不过，辨茶最重要的一点就是：要纯一没有杂色，质地细密而不虚散。拿起来的时候是凝结在一起的一块，碾的时候，有着铿然的响声，这样的茶，就是茶中的精品。要验茶的话，有了上面所说的那些步骤还不够，还需要进一步用心去体会。白茶是另外一种茶，与平常的茶不同。它的枝条比较多，叶子光洁并且薄。是在山崖树林中，偶然生长出来的，有这种茶树的不过四五家，而能够存活下来的不过一两株，产出的茶只有二三锊而已。制造白茶的时候，工艺要特别精细，操作要得当，表里要清澈，就好像没有被雕琢的璞玉一样，其他的茶是不能与它相比的。

【原文】

蔡襄《茶录》：茶味主于甘滑，惟北苑、凤凰山连属诸焙，所造者味佳。隔溪诸山，虽及时加意制作，色味皆重，莫能及也。又有水泉不甘，能损茶味，前世之论《水品》者以此。

《东溪试茶录》：建溪茶比他郡最先，北苑、壑源者尤早。岁多暖则先惊蛰①十日即芽；岁多寒则后惊蛰五日始发。先芽者，气味俱不佳，惟过惊蛰者最为第一。民间常以惊蛰为候。诸焙后北苑者半月，去远则益晚。凡断芽必以甲，不以指。以甲则速断不柔，以指则多湿易损。择之必精，濯之必洁，蒸之必香，火之必良，一失其度，俱为茶病。芽择肥乳，则甘香而粥面，著盏而不散。土瘠而芽短，则云脚涣乱，去盏而易散。叶梗长，则受水鲜白；叶梗短，则色黄而泛。乌蒂②、白合③，茶之大病。不去乌蒂，则色黄黑而恶。不去白合，则味苦涩。蒸芽必熟，去膏必尽。蒸芽未熟，则草木气存。去膏未尽，则色浊而味重。受烟则香夺，压黄则味失，此皆茶之病也。

【注释】

①惊蛰：二十四节气之一。每年公历的 3 月 5 日左右为惊蛰。

②乌蒂：茶芽的蒂头。

③白合：指两叶抱生的茶芽。

【译文】

蔡襄在《茶录》中说：茶的味道讲究的是甘甜润滑，只有在北苑、凤凰山一带的茶场制出来的茶味道是最好的。隔溪的那些山上出产的茶，虽然经过及时精心的制作，但茶在颜色和味道方面都比较重，都不能和北苑凤凰山一带的茶相比。还需注意的是，如果水泉不够甘甜的话，也会损害茶的味道，前人讨论《水品》说的就是这个道理。

《东溪试茶录》中论述：建溪茶和其他郡的茶相比产得要早，而北苑、壑源的茶产得却更早。如果气候温暖，在惊蛰前十天就能发芽，如果天气寒冷的话就在惊蛰后五天发芽。先长出的芽气味都不是很好，只有过了惊蛰长出的芽才是最好的。民间通常把惊蛰作为制茶的节气。其他地方烘焙茶的时间和北苑相比都要晚半个月，距离北苑远的地方烘焙茶的时间则要更晚一点。采摘茶芽的时候要用手指甲，不能用手指，用指甲可以很快把芽掐掉而不会使芽变软，如果用手指头的话就容易使茶芽受到损伤，失掉水分。采茶的时候要精细，洗茶的时候要干净，蒸茶的时候要使它能够散发出香味来，用火一定要适当，如果各个环节失度的话，就会使茶产生各种各样的毛病。采择的茶芽比较肥壮，煮出来的茶就比较甘甜，在茶汤的表面就会出现一层细沫，把它们倒入杯中，还不会散去。在贫瘠的土地上长出的茶芽比较短，煮出的茶汤云脚涣乱，倒入杯中容易飘散。如果茶叶的梗比较长，遇到水就会呈现出鲜白色，茶叶梗短的话

装茶

就会呈泛黄色。茶芽外面的两片小叶被称为乌蒂，两嫩叶被称为白合，它们都是茶叶的大隐患，如果不去掉乌蒂的话，茶叶颜色就会变成黄黑色，非常难看。如果不去掉白合的话，那么茶叶的味道就会变得十分苦涩。蒸茶芽的时候一定要把它蒸熟，压茶的时候一定要尽力把茶汁压尽。如果茶芽没有蒸熟，那在茶里面就会存在草木的气味。如果膏不流尽的话，那么煮出来的茶颜色会混浊而味道过重。茶叶受了烟，就会失去香气，压黄的茶叶会失去味道，这些都是制茶时应该注意避免的毛病。

【原文】

《北苑别录》：御园四十六所，广袤①三十余里。自官平而上为内园，官坑而下为外园。方春灵芽萌坼，先民焙十余日，如九窠、十二陇、龙游窠、小苦竹、张坑、西际，又为禁园之先也。而石门、乳吉、香口三外焙，常后北苑五七日兴工。每日采茶、蒸榨，以其黄悉送北苑并造。造茶旧分四局。匠者起好胜之心，彼此相夸，不能无褒，遂并而为二焉。故茶堂有东局、西局之名，茶銙有东作、西作之号。凡茶之初出研盆，荡之欲其匀，揉之欲其腻、然后入圈制銙，随笪过黄有方。故銙有花銙，有大龙，有小龙，品色不同，其名亦异。随纲系之于贡茶云。

采茶之法，须是侵晨，不可见日。晨则夜露未晞②，茶芽肥润。见日则为阳气所薄③，使芽之膏腴④内耗，至受水而不鲜明。故每日常以五更挝⑤鼓集群夫于凤凰山。

山有伐鼓亭⑥，日役⑦采夫二百二十二人。监采官人给一牌，入山至辰刻，则复鸣锣以聚之，恐其逾时贪多务得也。大抵采茶亦须习熟，募夫之际必择土著⑧及谙⑨晓之人，非特识茶发早晚所在，而于采摘亦知其指要耳。

茶有小芽，有中芽，有紫芽，有白合，有乌蒂，不可不辨。小芽者，其小如鹰爪。初造龙团胜雪、白茶，以其芽先次蒸熟，置之水盆中，剔取其精英，仅如针小，谓之水芽，是小芽中之最精者也。中芽，古谓之一枪二旗是也。紫芽，叶之紫者也。白合，乃小芽有两叶抱而生者是也。乌蒂，茶之带头是也。凡茶，以水芽为上，小芽次之，中芽又次之。紫芽、白合、乌蒂，在所不取。使其择焉而精，则茶之色味无不佳。万一杂之以所不取，则首面不均，色浊而味重也。

惊蛰节万物始萌。每岁常以前三日开焙，遇闰⑩则后之，以其气候少迟故也。蒸芽再四洗涤，取令洁净，然后入甑，俟汤沸蒸之。然蒸有过熟之患，有不熟之患。过熟则色黄而味淡，不熟则色青而易沉，而有草木之气。故唯以得中为当。茶既蒸熟，谓之茶黄，须淋洗数过，欲其冷也。方入小榨，以去其水，又入大榨，以出其膏，水芽则以高榨压之，以其芽嫩故也。先包以布帛，束以竹皮，然后入大榨压之，至中夜取出揉匀，复如前入榨，谓之翻榨。彻晓奋击，必至于干净而后已。盖建茶之味远而力厚，非江茶之比。江茶畏沉⑪其膏，建茶惟恐其膏之不尽。膏不尽则色味重浊矣。茶之过黄，初入烈火焙之，次过沸汤爁⑫之，凡如是者三，而后宿一火，至翌日⑬，遂过烟焙之，火不欲烈，烈则面泡而色黑。又不欲烟，烟则香尽而味焦。但取其温温而已。凡火之数多寡，皆视其銙之厚薄。銙之厚者，有十火至于十五火。銙之薄者，六火至于八火。火数既足，然后过汤上出色。出色之后，置之密室，急以扇扇之，则色泽自然光莹矣。

研茶之具，以柯⑭为杵⑮，以瓦为盆，分团酌水，亦皆有数。上而胜雪、白茶以十六水，下而拣芽之水六，小龙凤四，大龙凤二，其余皆一十二焉。自十二水而上，曰研一团，自六水而下，曰研三团至七团。每水研之，必至于水于茶熟而后已。水不干，则茶不熟，茶不熟，则首面不匀，煎试易沉。故研夫尤贵于强有力者也。尝谓天下之理，未有不相须而成者。有北苑之芽，而后有龙井之水。龙井之水清而且甘，昼夜酌之而不竭，凡茶自北苑上者皆资焉。此亦犹锦⑯之于蜀江，胶⑰之于阿井也，讵不信然。

【注释】

①袤：古代把南北距离的长度称为袤。

②晞：干燥的意思。

③薄：当迫近讲。

④膏腴：原来称土地肥沃为膏腴，在这里指茶的肥壮。

⑤挝：敲打的意思。

⑥伐鼓亭：指击鼓亭。

⑦役：使用的意思。

⑧土著：指当地的人。

⑨谙：当熟悉讲。

⑩闰：这里指阴历的闰年。

⑪沉：指没入水中，这里是怕茶膏流尽的意思。

⑫�：烤炙的意思。在这里当烫讲。

⑬翌日：指明天。

⑭柯：草木的枝茎称为柯，这里指树的枝干。

⑮杵：舂物时用的一种木棒。

⑯锦：指蜀锦。

⑰胶：指阿胶。阿胶是一种透明、无臭味的具有滋补作用的药。

【译文】

《北苑别录》中记载：御园用地有四十六处，全长有三十余里。自官平以上被称为内园，官坑以下叫作外园。一到春天的时候，茶树就长出嫩芽，御园焙茶的时间和民间比起来要早十几天，象九窠、十二陇、龙游窠、小苦竹、张坑、西际这些地方焙茶的时间又要在禁园的前面。石门、乳吉、香口三处焙茶的时间常常要比北苑晚五七日。每天采茶、蒸榨，然后把这些半成品都送到北苑来制茶。以前制茶的时候可以分为四个部分。由于茶工存在好胜的心理，彼此之间相互争斗，不可避免地要出现一些问题，于是就把制茶并成了两个部分。这样制茶的地方就出现东局、西局的名称。茶銙也被称为东作、西作。刚从研盆出来的茶，要把它荡匀，揉细腻，倒进模子里制作銙，然后放在竹席子上把它晾晒成黄色，这中间是需要工艺的。所以銙有花銙，有大龙，有小龙，因为品色不同，所以名称也就不同。

按照贡茶的运送，计数编号分成纲。采茶的时间应该在天刚破晓的时候，这个时候太阳还没有出来。因为夜间的露水还没有干，所以茶叶肥大而湿润。如果等到太阳

渡茶

出来再去采摘，太阳光就会照射到茶叶上使得茶叶的养分流失，并且会受到伤害，即使把它放到水里，茶的颜色也不会鲜亮。所以，每天经常在五更的时候就击鼓召集众采夫到凤凰山上去。（山上有伐鼓亭，每天役使采夫二百二十二人。）监采官给每一个采夫发一个牌子。从入山一直到辰时，再敲锣把他们聚集起来，这样做是担心他们贪图多采，超时工作，想多得一些报酬。采茶的人大致都要熟悉如何采茶，招募这些人的时候，要挑选那些当地人和有采茶技术的人。不仅要求他们能够识别茶生长的规律，也要知道采摘的要领。

茶有小芽、中芽、紫芽、白合、乌蒂，对于它们一定要能够分辨清楚。小芽的形状就像鹰爪一样小。初造龙团胜雪、白茶的时候，就是先要把茶芽蒸熟，然后放在水盆中，一定要选取最好的茶芽，有一种茶芽像针一样小，称为水芽，是小芽中的精华。中芽，古人称为一枪二旗。紫芽，说的是紫颜色的芽。白合是在小芽外生出的两片叶子，好像抱着小芽似的。乌蒂指的就是茶的蒂头。茶以水芽为上等，小芽稍微差一些，中芽比起来又差点。紫芽、白合、乌蒂，这些是根本不能要的。只要是挑选精细，选出的茶颜色和味道都会不错。假如一些不好的茶掺杂在里面，一眼看去就会显得不均匀，而且颜色浑浊，茶的味道太重。

在惊蛰节之前万物新生，每年常常在这个节气的前三天开焙，遇到闰年的话就要往后推迟时间，因为节令迟，气温还不适合焙茶。蒸的茶芽要进行多次洗涤，使它变得干净，然后再放入甑内，等水烧开后蒸。蒸的时候要避免出现两个问题：一个就是过熟，再一个就是不熟。如果茶过熟的话，茶的颜色就会发黄而且味道淡。不熟的话，茶的颜色就会发青而且容易沉积在水里，会产生一种草木的气味。所以蒸茶要强调温度适中。茶蒸熟后叫作茶黄，必须先用清水淋几遍，（淋洗是为了让它冷却。）才能放入小榨中榨掉水。然后再放入大榨中把茶汁榨出，（水芽用高榨压，因为芽嫩。）在榨之前，要用布或绸子将茶包好，再用竹皮把它们束紧。在榨到半夜的时候把包取出来打开，把茶揉匀，再放入大榨中，这叫作翻榨。一直到天亮都要用力打压，直至把茶汁榨干为止。建茶喝着有一种深远力厚的味道，这一点是江茶所不能比的。江茶是怕把汁挤干了，而建茶则唯恐汁去不尽。如果汁没有榨尽的话，那茶的颜色和味道就会重而且浑浊。茶过黄以后，要放到烈火上去烘焙，然后再放在开水里滚烫，这样重复三次以后，再烘焙一夜。第二天，要用烟来焙，在焙的时候，火力不能太大，如果火力太大了茶叶表面就容易起泡并且颜色发黑。同时也不能有烟熏，如果有烟熏的话茶叶的香味就会消失而且会发焦，所以用温火就可以了。需用强火还是弱火，这要看銙的厚薄，如果銙厚的话，需要过十次到十五次的火，但銙薄的话，过六次至八次火就可以了。火数过足之后，然后过汤出色。出色之后，要放在密室里，用扇子赶紧扇，这样的话茶就会显得十分有光泽。

研茶时的器具最好是木杵瓦盆，分团加上水，这些都是需要有一定的数量的。像胜雪、白茶这样的好茶要用十六分的水，拣芽这种茶只需用六分水就可以，小龙凤四分，大龙凤二分，其余的都是十二分。十二分水以上的要研一团，六分水以下的，研三团至七团。每次用水研茶的时候，必须要等到水干茶熟以后。水不干的话，茶就不够熟，茶不熟，研出的茶看上去就显得不均匀，煎试的时候就容易沉积。所以研茶的人一定要身强力壮。天下事物的道理都是互相依赖，相辅相成的。有了北苑的芽茶，后来就有了龙井的水。龙井的水味道清甜，可以日夜汲用而不枯竭，所以北苑以上的茶都靠龙井的水。这就好像蜀锦依靠蜀江的水漂洗，阿胶的制成依靠东阿县的井水一样。难道事实不是这样的吗？

【原文】

姚宽《西溪丛语》：建州龙焙面北，谓之北苑。有一泉极清淡，谓之御泉。用其池水造茶，即坏茶味。惟龙团胜雪、白茶二种，谓之水芽，先蒸后拣。每一芽先去外两小叶，谓乌蒂①；又次取两嫩叶，谓之白合②；留小心芽置于水中，呼为水芽。聚之稍多，即研焙为二品，即龙团胜雪、白茶也。茶之极精好者，无出于此。每銙计工价近二十千，其他皆先拣而后蒸研，其味次第减也。茶有十纲，第一纲第二纲太嫩，第三纲最妙，自六纲至十纲，小团至大团而止。

拣茶

【注释】

①乌蒂：茶的蒂头。

②白合：两叶抱生的小芽。

【译文】

姚宽在《西溪丛语》中说：建州焙茶的地方，是面向北方的，所以把它称为北苑。那里有一处泉眼，泉水十分清淡，被称为是御泉。如果用这里的池水造茶的话，就会损害茶的味道。只有龙团胜雪、白茶这两种茶被称为水芽，是把采来的茶先蒸然后进行挑拣。每一茶芽先把外面的两小叶去掉，小叶叫作乌蒂；接着又取出两片嫩芽，嫩芽叫作白合；只把小的心芽放在水中，称为水芽。水芽聚集的稍微多了，就可以研焙为二品，那也就是所说的龙团胜雪和白茶。茶中那些最好的，也不会超过这些了。每铸计算工价将近有二十千。其他的茶都是先挑拣然后再蒸研，味道慢慢变得越来越差。茶叶有十纲，第一纲、第二纲的茶叶都太嫩，只有第三纲是最好的，从六纲一直至十纲，小团至大团而止。

【原文】

黄儒《品茶要录》:"茶事起于惊蛰前,其采芽如鹰爪。初造曰试焙,又曰一火,其次曰二火。二火之茶,已次一火矣。故市茶芽者,惟伺出于三火前者为最佳。尤喜薄寒气候,阴不至冻。芽登时尤畏霜,有造于一火二火者皆遇霜,而三火霜霁①,则三火之茶胜矣。晴不至于暄②,则谷芽含养约勒③而滋长有渐,采工亦优为矣。凡试时泛色鲜白,隐于薄雾者,得于佳时而然也。有造于积雨者,其色昏黄,或气候暴暄,茶芽蒸发,采工汗手熏渍,拣摘不洁,则制造虽多,皆为常品矣。试时色非鲜白,水脚微红者,过时之病也。""茶芽初采,不过盈筐而已,趋时争新之势然也。既采而蒸,既蒸而研。""蒸或不熟,虽精芽而所损已多。试时味作桃仁气者,不熟之病也。惟正熟者味甘香。""蒸芽以气为候,视之不可以不谨也。试时色黄而粟纹大者,过熟之病也。然过熟愈于不熟,以甘香之味胜也。故君谟论色,则以青白胜黄白。而余论味,则以黄白胜青白。""茶蒸不可以逾久,久则过熟。又久则汤干而焦釜④之气出。茶工有泛薪汤以益之。是致熏损茶黄。故试时色多昏黯,气味焦恶者,焦釜之病也。建人谓之热锅气。""夫茶本以芽叶之物就之棬⑤模。既出棬,上笪⑥焙之,用火务令通彻,即以灰覆之,虚其中,以透火气。然茶民不喜用实炭,号为冷火。以茶饼新湿,急欲干以见售,故用火常带烟焰。烟焰既多,稍失看候,必致熏损茶饼。试时其色皆昏红,气味带焦者,伤焙之病也。""茶饼先黄而又如阴润者,榨不干也。榨欲尽去其膏,膏尽则有如干竹叶之意。惟喜饰首面者,故榨不欲干,以利易售。试时色虽鲜白,其味带苦者,渍膏之病也。""茶色清洁鲜明,则香与味亦如之。故采佳品者,常于半晓间冲蒙云雾而出,或以瓷罐汲新泉悬胸臆间⑦,采得即投于中,盖欲其鲜也。如或日气烘烁,茶芽暴长,工力不给,其采芽已陈而不及蒸,蒸而不及研,研或出宿而后制,试时色不鲜明,薄如坏卵气者,乃压黄之病也。""茶之精绝者曰斗,曰亚斗,其次拣芽。茶芽,斗品虽最上,园户或止一株,盖天材间有特异,非能皆然也。且物之变势无常,而人之耳目有尽,故造斗品之家,有昔优而今劣、前负而后胜者。虽人工至有不至,亦造化推移不可得而擅也。其造,一火曰斗。二火曰亚斗,不过十数銙而已。拣芽则不然,遍园陇中择其精英者耳。其或贪多务得,又滋色泽,往往以白合盗叶间之。试时色虽鲜白,其味涩淡者,向白合盗叶之病也。"(一凡鹰爪之芽,有两小叶抱而生者,白合也。新条叶之初生而白者,盗叶也。造拣芽者,只剔取鹰爪,而白合不用,况盗叶乎。)"物固不可以容伪,况饮食之物,尤不可也。故茶有入他草者,建人号为入杂。

鋝列入柿叶，常品入桴槛叶，二叶易致，又滋色泽，园民欺售直而为之。试时无粟纹古香，盏面浮散，隐如微毛，或星星如纤絮者，入杂之病也。善茶品者，侧盏视之，所入之多寡，从可知矣。向上下品有之，近虽鋝列，亦或勾使。"

【注释】

①霁：停止。

①暄（xuān）：太阳光的热。

③约勒：指约束茶的生长适应气候的变化。

④焦釜：锅烧焦了。

⑤棬（quān）：这里指制茶的模型。

⑥笪（dá）：粗竹席。

⑦悬胸臆间：挂在胸前。

【译文】

黄儒《品茶要录》："制茶要在惊蛰前开始，采下的芽像鹰爪一样细小。开始制造的时候叫试焙，又叫第一火，后面的是二火，二火的茶叶，已经比一火的差了。因此市场上的茶叶，只有在三火以前出来的茶叶才是最好的。特别喜欢天气稍冷一些，气候虽然阴冷但还不至于冻的时候采摘茶叶。芽出的时候最怕风霜，有的在一火二火遇到了风霜，到了三火风霜就没有了，那么三火的茶叶就要好一些。天晴太阳还没出来，茶芽吸收养分而渐渐生长，采摘的人要仔细挑选。只要是试制的时候颜色很鲜白的，是经历过薄雾且在最佳时机采摘的。有的茶叶在雨水多的时候制作，颜色就会昏暗，或者气候非常炎热的时候，采摘人手里的汗沾在茶叶上面，摘下来的茶叶就不太干净，所以制造出来的虽然很多，都是很普通的茶叶。试的时候如果颜色不是鲜白的，水脚有一点泛红，这是因为时间太长了。""开始时采摘的茶芽很少，只是刚好装满筐子，都是为了要趋时争新。采回来后就蒸，蒸了以后再研。""如果没有蒸熟的话，即使是精芽也会受损。如果试的时候有桃仁气息，那就是没有蒸熟。只有正好熟了的味道才会甜美。""蒸芽要看火候，一定要谨慎小心。试的时候如果颜色泛黄而且有很大的粟纹的，这是因为蒸得过熟了。然而过熟比不熟要好，甘甜和香味要强一些。所以君谟谈论颜色，认为青白比黄白好。而我说论味道，黄白比青白好。""蒸茶的时候时间不可以太长，时间长就过熟，容易把水烧干，会出现焦烂的气味。蒸茶的人在烧干后加进水来弥补，是使茶叶交黄的重要原因。试的时候颜色昏暗，气味有些焦恶，都是蒸烂的缘故。建人把它叫作热锅气。""茶本来是用茶芽上棬模来制作的。既然有了棬模就应该放在匾上烘焙，用火烘的时候一定要让它全部变热，再将茶叶覆盖在上面，使它的中间变空，这样可以透出火气。但是茶民不喜欢用实炭，称为冷火。新茶饼有湿气，茶民着急烘干后售出，所以用火常常带有火焰。火焰过大，如果稍微没有照看好，就会熏坏茶叶。如果试的时候颜色是昏红的，那是因为没有烘焙好。""茶叶先是黄色而后又变得很阴润的，那就是没有榨干。榨的时候应该将它的膏去尽，膏尽就像干竹叶一样。有人只是把表面弄得干并不榨干，这样可以多卖钱。试的时候，如果它的颜色虽鲜白，但带有苦味，这是因为没有榨干。""茶的颜色干净鲜明，那么香气和味道都会好。所以采摘上好茶叶的人，常常是在半夜的时候顶着云雾去采，或者在瓷罐里灌上新汲的泉水放在胸前，采摘后立即放进水里，这是为了保持它的新鲜。如果等到太阳出来阳光照射，茶芽暴长时采摘，如没有及时加工，采摘来的茶芽积在一起还来不及去蒸，蒸了又赶不上研，研了以后又要等到第二天再制作，试茶时颜色不鲜明，略带有臭鸡蛋味，那是因为压黄了。""茶叶中的精品，称为斗、亚斗，其次拣芽。茶芽，斗品虽然最好，一个园户也许只有一棵。所以说天材之间也有差异，不能都是这样。而且物体的变化无常，人的耳朵和眼睛能力又有限，所以制作出斗品的人家，有以前好而今天差、前面不好而后面要强一些的。虽然人的力量有的能达到有的达不到，这也是造化推移而不能够改变的。他们制造的时候一火为斗，二火为亚斗，也不过十几铸而已。拣芽就不是这样了，那就是在整个园子里面选择精英。茶农可能有一味贪多的，又为加重颜色，就把白合、盗叶掺杂在里面。试茶时如果颜色鲜白而味道苦涩清淡，就是其中掺杂了白合、盗叶的缘故。"（凡是像鹰爪那样的小芽，有两片很小的叶子合抱在一起生长的，就是白合了。新的枝条和叶子刚生长出来的时候是白色的，就是盗叶。制造拣芽的人，只是拣取中间的鹰爪，连白合都不用，何况是盗叶呢？）"任何东西都不可以掺假，饮食之物更不可以。茶中如果有其他的杂草，建人称为入杂。茶中有加入柿叶的，一般的品种有加入桴槛叶的，两种叶子容易混淆，又能够滋润颜色，茶民就这样欺售而多获利。如果没有粟纹而且不甘香，杯子的水面有浮散的东西，就像是微小的细毛，或者像天上的星星一样，都是加入了杂质的缘故。善于品茶的人将茶杯侧过来看，加入多少杂质，就都可以知道了。所有的品种里都有掺假，即使列入铸茶的，也可能有。"

【原文】

《万花谷》：龙焙泉在建安城东凤凰山，一名御泉。北苑造贡茶，社前芽细如针。用此水研造，每片计工直①钱四万分。试其色如乳，乃最精也。

【注释】

①直：通"值"。

【译文】

《万花谷》：龙焙泉在建安城东侧的凤凰山上，又叫御泉。北苑制造贡茶，茶芽像针一样细小。用这里的水研造，每片计工钱四万分。如果它的颜色白得像乳，那就是最好的了。

【原文】

《文献通考》：宋人造茶有二类，曰片，曰散。片者即龙团旧法，散者则不蒸而干之，如今时之茶也。始知南渡①之后，茶渐以不蒸为贵矣。

【注释】

①南渡：东晋及南宋偏安时代的代称。这里指宋时金兵入侵。徽、钦二帝被掳，高宗建都临安，史称南宋。因为渡过长江建都，故又说是南渡。

【译文】

《文献通考》：宋朝的人制造两种茶叶，分为片和散。所谓片，就是龙团旧法，所谓散，就是茶叶不蒸直接把它晒干，就像今天的茶叶一样。这样才知道在南渡以后，没有蒸过的茶叶才算好。

【原文】

《学林新编》：茶之佳者，造在社前；其次火前，谓寒食前也；其下则雨前，谓谷雨前也。唐僧齐己诗曰："高人爱惜藏岩里，白甄①封题寄火前。"其言火前，盖未知社前之为佳也。唐人于茶，虽有陆羽《茶经》，而持论未精。至本朝蔡君谟《茶录》，则持论精矣。

【注释】

①甀（zhuì）：盛水浆的小口瓮。这里作装茶用。

【译文】

《学林新编》：好的茶叶，应在社前就是惊蛰季节前制作；其次在火前，就是寒食节前；再次就是在雨前，就是谷雨季节前。唐代僧人齐己有诗说："高人爱惜藏岩里，白甀封题寄火前。"之所以说在火前，那是因为他不知道社前的是最好的。就唐人论茶而言，虽然有陆羽的《茶经》，但是里面的观点也不太准确。到了本朝蔡君谟的《茶录》，论述就很精确了。

【原文】

《苕溪诗话》：北苑，官焙也，漕司岁贡为上；壑源，私焙也，土人亦以入贡，为次。二焙①相去三四里间，若沙溪，外焙也，与二焙绝远，为下。故鲁直诗："莫遣沙溪来乱真。"是也。官焙造茶，常在惊蛰后。

【注释】

①二焙：两种烘焙的方法。

【译文】

《苕溪诗话》：北苑，是官府焙茶的地方，漕司每年都要向皇上进贡；壑源，是私人焙茶的地方，那里的人也将它进献给皇上，但是茶叶还是稍差些。两地相隔了三四里远，如果是沙溪，那就是外焙，跟上面两种烘焙万法相比，就差得远了，是下等。所以鲁直有诗说："莫遣沙溪来乱真。"就是这样。官府烘焙茶叶，常常在惊蛰以后。

【原文】

朱翌《猗觉寮记》：唐造茶与今不同，今采茶者得芽即蒸熟焙干，唐则旋摘旋炒。刘梦得《试茶歌》："自傍芳丛摘鹰嘴，斯须①炒成满室香。"又云："阳崖阴岭各不同，未若竹下莓苔地。"竹间茶最佳。

【注释】

①斯须：很快。

【译文】

朱翌《猗觉寮记》：唐代制造茶叶跟现在不同，现在采茶的人采茶后马上蒸熟再焙干，唐人则是即采即炒。刘梦得《试茶歌》："自傍芳丛摘鹰嘴，斯须炒成满室香。"又说："阳崖阴岭各不同，未若竹下莓苔地。"生长在竹林间的茶叶最好。

【原文】

《武夷志》：通仙井在御茶园，水极甘洌，每当造茶之候，则井自溢，以供取用。《金史》：泰和五年春，罢①造茶之防。

【注释】

①罢：废除。

【译文】

《武夷志》：通仙井在御茶园里，水质非常甘洌，每当制造茶叶的时候，井水就会自然溢满，供人们使用。

《金史》：泰和五年的春天，废除了造茶的禁令。

【原文】

张源《茶录》："茶之妙，在乎始造之精，藏之得法，点之得宜。优劣定于始铛，清浊系乎末火。""火烈香清，铛①寒神倦。火烈生焦，柴疏失翠。久延则过熟，速起却还生。熟则犯黄，生则著黑。带白点者无妨，绝焦点者最胜。""藏茶切勿临风近火。临风易冷，近火先黄。其置顿之所，须在时时坐卧之处，逼近人气，则常温而不寒。必须板房，不宜土室。板房温燥，土室潮蒸。又要透风，勿置幽隐之处，不惟易生湿润，兼恐有失检点。"

【注释】

①铛（chēng）：就是鬴、锅。鬴有足者为锅。

【译文】

张源《茶录》："茶的妙处，在于制造时候的精良，贮藏得当，泡茶的方法得当。

品质好坏最重要的是开始的时候，清浊的关键在后面的火候上。""火烈就有清香，能够防寒去除疲劳。火大容易烘焦，柴少就会失去翠色。时间长就太熟，时间短就会不熟。熟了就会泛出黄色，生的就呈现黑色。带白点没关系，一点不焦的最好。""储藏茶叶的地方千万不要在风口和靠近火的地方。通风，茶叶就容易受冷，靠近火容易使茶变黄。应该放在我们经常坐卧的地方，靠近人气，就会保持温热而且不会寒冷。必须是板房，不适合土房子。木板房子里温暖干燥，土房子里潮湿蒸热。而且还要透气，不要放在过于隐蔽的地方，那样不仅容易潮湿，而且还容易忘记查看。"

【原文】

谢肇淛《五杂俎》："古人造茶，多春令细，末而蒸之。唐诗'家僮隔竹敲茶臼'是也。至宋始用碾。若揉而焙之，则本朝始也。但揉者，恐不及细末之耐藏耳。""今造团之法皆不传。而建茶之品，亦远出吴会诸品下。其武夷、清源二种，虽与上国争衡，而所产不多，十九赝鼎。故遂令声价靡复不振。""闽之方山、太姥、支提，俱产佳茗，而制造不如法，故名不出里闬①。予尝过松萝，遇一制茶僧，询其法，曰：'茶之香，原不甚相远，惟焙之者火候极难调耳。茶叶尖者太嫩，而蒂多老。至火候匀时，尖者已焦，而蒂尚未熟。二者杂之，茶安得佳？'制松萝者，每叶皆剪去其尖蒂，但留中段，故茶皆一色。而工力烦矣，宜其价之高也。闽人急于售利，每斤不过百钱，安得费工如许？若价高，即无市者矣。故近来建茶所以不振也。"

【注释】

①闬：读作 bì。

【译文】

谢肇淛《五杂俎》："古代的人造茶，大多数将它春细，然后再蒸。唐代诗中的'家童隔竹敲茶臼'说的就是这个。到了宋朝的时候才开始用碾。将它揉在一起烘焙。那是本朝才开始的。但是揉的茶，恐怕没有细末容易收藏。""现在造茶团的方法没有留传下来，但建茶的质量，也远远在吴会其他品种以下。其中武夷、清源两种茶，虽然能与那些上好的品种相抗衡。然而产量不多，十之八九是假货，才让它的身价萎靡不振。""福建的方山、太姥、支提，都出产好茶叶，但没有好的制造方法，所以名气没有传出去。我曾经经过松萝，遇见一个制茶的和尚，询问他的诀窍，他说：'茶叶的香味，本来相差并不太多，只是烘焙的时候火候特别难把握。茶叶尖部太嫩，而蒂部太老。到火候调和的时候，尖部已经焦枯，而根部还没有熟。两者掺杂在一起，茶叶怎么会好呢？'制造松萝的时候，每片叶子都要剪掉尖部和蒂部，只留下中间的部分，这样茶就是一样的了。只是在刀工方面过于烦琐，所以价格很高。闽人急于卖出赚钱，每斤不过卖百钱，怎么会费这么多的周折呢？如果价格太高，就可能没有人来买。所以近来建茶一直不好。"

【原文】

罗廪《茶解》："采茶制茶，最忌手汗、体膻、口臭、多涕、不洁之人及月信妇人，更忌酒气。盖茶酒性不相入，故采茶制茶，切忌沾醉。""茶性淫①，易于染著，无论腥秽及有气息之物不宜近，即名香②亦不宜近。"

【注释】

①淫：沾染其他的东西。
②名香：著名的香味。

【译文】

罗廪《茶解》："在采茶和制茶的时候，最忌讳手上有汗，身体有异味，口臭、多鼻涕、不干净的人和月经期妇人，更忌讳酒气。这是因为茶和酒的性质不合，所以采摘茶叶制茶，最忌讳的就是喝了酒去碰茶叶。""茶容易沾染其他的东西，所以无论是腥秽还是有其他异味的东西都不适合接近，即使是很著名的香也不适合靠近。"

【原文】

许次杼《茶疏》："芥茶非夏前不摘。初试摘者，谓之开园，采自正夏，谓之春茶。其地稍寒，故须待时，此又不当以太迟病之。往时无秋日摘者，近乃有之。七八月重摘一番，谓之早春。其品甚佳，不嫌少薄。他山射利，多摘梅茶，以梅雨时采故名。梅茶苦涩，且伤秋摘，佳产戒之。""茶初摘时，香气未透，必借火力以发其香。然茶性不耐劳，炒不宜久。多取入铛，则手力不匀。久于铛中，过熟而香散矣。炒茶之铛，最忌新铁。须预取一铛以备炒，毋得别作他用。一说惟常煮饭者佳，既无铁腥，亦无脂腻。炒茶之薪，仅可树枝，勿用干叶。干则火力猛炽，叶则易焰①、易灭。铛必磨洗莹洁，旋②摘旋炒。一铛之内，仅可四两，先用文火炒软，次加武火催之。手加木指，急急炒转，以半熟为度，微俟香发，是其候也。""清明太早，立夏太迟，谷雨前后，其时适中。若再迟一二日，待其气力完足，香烈尤倍，易于收藏。""藏茶于庋阁，其方宜砖底数层，四围砖砌，形若火炉，愈大愈善，勿近土墙。顿瓮其上，随时取灶下火灰，候冷簇于瓮旁。半尺以外，仍随时取火灰簇之，令里灰常燥，以避风湿。却忌火气入瓮，盖能黄茶耳。日用所须，贮于小瓷瓶中者，亦当箬包苎扎，勿令见风。且宜置于案头，勿近有气味之物，亦不可用纸包。盖茶性畏纸，纸成于水中，受水气多也。纸裹一夕既，随纸作气而茶味尽矣。虽再焙之，少顷即润。雁宕诸山之茶，首坐此病。纸贴贻远，安得复佳。""茶之味道，而性易移，藏法喜温燥而恶冷湿，喜清凉而恶郁蒸，宜清触而忌香惹。藏用火焙，不可日晒。世人多用竹器贮茶，虽加箬叶拥护，然箬性峭劲，不甚伏贴，风湿易侵。至于地炉中顿放，万万不可。人有以竹器盛茶，置被笼中，用火即黄，除火即润。忌之！忌之！"

【注释】

①易焰：容易使火焰过大，过猛。
②旋：随，随时，及时。

【译文】

许次杼《茶疏》："一定在夏天之前采摘芥茶。开始采摘的时候，被称为开园，采摘到正夏的时候，就称为春茶。如果那里的气候稍微冷一点的话，就需要等一段时间，但是又不要犯太迟的毛病。以前没有在秋天采摘的，近几年开始有了。七八月的时候再采摘一次，被称为早春，它的质量很好，就是有点少。有的山上为了追求利益，大多去摘梅茶，因为它是在梅雨的时候采摘的。梅茶有些苦涩，而且会影响秋天采摘，好的品种要忌讳摘梅茶。""开始采摘的茶叶，香气没有完全散发，必须要借助火力让它的香气散发出来。但是茶叶的本性耐不住劳顿，炒的时间不应过长。如果锅里放得太多，炒时手上的力就不均匀。放在锅里面的时间过长，茶叶过熟香气就散尽了。炒茶的锅最忌讳的就是新铁。必须准备一口炒茶时专用的锅，不能炒别的东西。也有人说经常煮饭的锅最好，既没有铁的腥味，也没有油脂的腻味。炒茶用的柴火，只能用树枝，不能用干叶子。因为干叶子容易使火力过猛，叶子容易产生火焰而且燃烧得很快。必须要把锅洗干净再炒茶叶，随摘随炒。一锅里，只能放进4两，先用文火将它炒软，再用武火催化。用手加木指快速翻炒，到半熟为止，有一点香味散发出来，就到火候了。""清明的时候太早，立夏又太迟了，谷雨前后，是最佳时间段。如果再迟一两天，等茶叶的气力足够、香气更好的时候，就适合收藏了。""将茶叶放在庋阁的里面，它的底部垫上几层砖，四周也用砖围起来，就像火炉一样，越大越好，不要靠近土墙。把坛子放在它的上面，随时弄掉灶下的灰，冷却了之后放在坛子的旁边。半尺以外，仍然用火灰围起来，使里面的灰能够长期保持干燥，可以避免风和潮气。但千万不能让火气进到坛子里面，否则会使茶叶变黄。把平时要用的茶，放到小瓷瓶里面，也应该用箬叶包起来，千万不要被风吹。而且适合放在案头，不要接近有气味的物体，也不可以用纸包。因为茶的本性很怕纸，纸是从水中来的，纸里有很多水气。在纸里面裹了一个晚上，茶叶的味道就没有了。如果再烘焙一次，马上就会变潮了。雁宕等山的茶叶，最容易患上这个毛病。纸贴在茶叶上面，怎么能变得好呢？""茶叶的味道很清淡，而且性质很容易转变，储藏的方法是喜欢温暖干燥而讨厌冰冷潮湿，喜欢清凉而讨厌蒸热，喜欢清淡而忌讳香气。用火烘焙了以后收藏，不能让太阳直晒。大家多用竹器来装茶，虽然加上了竹叶来保护，但是竹叶有力道，不会服帖，风和湿气容易侵入。至于放在地炉里，那就更不可取了。有的人用竹器来装茶，放在笼中，用火烤就会变黄。没有火就会退潮，千万不要！千万不要！"

【原文】

闻龙《茶笺》："尝考《茶经》言茶焙甚详。愚谓今人不必全用此法。予构一焙室，高不逾寻，方不及丈，纵广正等。四围及顶绵纸密糊，无小罅隙，置三四火缸于中，安新竹筛于缸内，预洗新麻布一片以衬之。散所炒茶于筛上，阖户而焙。上面不可覆盖，以茶叶尚润，一覆则气闷罨黄，须焙二三时，俟润气既尽，然后覆以竹箕。焙极干出缸，待冷，入器收藏。后再焙，亦用此法，则香色与味犹不致大减。""诸名茶法多用炒，惟罗岕宜于蒸焙，味真蕴藉，世竞①珍之。即顾渚、阳羡，密迩洞山，不复仿此。想此法偏宜于岕，未可概施诸他茗也。然《茶经》已云，'蒸之焙之'，则所从来远矣。""吴人绝重岕茶，往往杂以黑箬，大是阙事。余每藏茶，必令樵青入山采竹箭箬，拭净烘干，护罂四周，半用剪碎拌入茶中。经年发覆，青翠如新。""吴兴姚叔度言，茶若多焙一次，则香味随减一次。予验之良然。但于始焙时，烘令极燥，多用炭箬，如法封固，即梅雨连旬，燥仍自若。惟开坛频取，所以生润，不得不再焙耳。自四月至八月，极宜致谨。九月以后，天气渐肃，便可解严矣。虽然，能不弛懈尤妙。""炒茶时须用一人从旁扇之，以祛热气，否则茶之色香味俱减，此予所亲试。扇者色翠，不扇者色黄。炒起出铛时，置大瓷盆中，仍须急扇，令热气稍退。以手重揉之，再散入铛，以文火炒干之。盖揉则其津上浮，点时香味易出。田子艺以生晒不炒不揉者为佳，其法亦未之试耳。"

【注释】

①竞：都，全。

【译文】

闻龙《茶笺》："曾经考证《茶经》，里面详细地介绍焙茶的方法。我认为现在不必完全按照这个方法。我盖了一间用来烘茶的房，高不超过8尺，长不过1丈，纵深和长相同。四周和顶部用绵纸糊得很细密，没有一点缝隙，放进三四个火缸，把新的竹筛放在缸里，预先洗一片新的麻布放在上面。将炒的茶叶散放在上面，关上窗户进行烘焙。上面不能盖东西，因为茶叶还很湿润，一旦盖上就会气息不通、颜色变黄，必须烘焙两三个小时，等到湿润的气息尽了的时候，再盖上竹箕。直到烘焙得非常干的时候再取出，冷却以后放进器具里面。收藏后再进行烘焙，也用这个办法，那么香气和味道就不会有太大的变化。""各种名茶大多用炒，只有罗岕适合蒸焙，味道蕴藉在里面，人们都很珍惜它。即使顾渚、阳羡、密迩洞山，也可以按照这种方法。我想这种方法只适宜岕茶吧，不可把它使用在其他的茶叶上面。《茶经》上已经说了：'蒸之焙之'，就说明这种说法已经有很长时间了。""吴地的人特别重视岕茶，经常将黑色的竹叶夹杂在里面，这是个非常严重的错误。我每次收藏茶叶的时候，一定要让年轻的樵民到山里面去采摘箭竹的叶子，擦拭干净后烘干，围在茶缸的四周，留一半剪细了拌进茶叶里面。过了一年再打开，还像刚摘的时候一样青翠。""吴兴的姚叔度说，茶多烘焙一次，香味就会减一次。我验证以后果然是这样。但是开始烘焙的时候，要把茶叶烘焙得特别干燥，多用炭和竹叶，想办法牢固封存，即使下了很长时间的雨，仍然会非常干燥。只有经常打开坛子取茶叶，才容易使它受潮，只好再次烘焙了。四月到八月，最容易出现这样的事情。九月以后，天气渐渐干爽，就不怕打开了。虽然是这样，如果不经常开取就更好了。""炒茶的时候需要一个人在旁边扇风，可以去除热气，否则茶的颜色和香味都会受到损害，这是我亲自试验过的。扇了的话，颜色是青翠的，如果不扇的话颜色就是黄。炒好出锅以后，放进大的瓷盆里，仍然需要用力地扇，这样热气能够稍微减少一些。再用手揉它，然后放入锅里，用文火干炒。如果揉的话茶叶就容易上浮，倒水的时候香味就容易散发出来。田子艺认为生晒不炒不揉的茶叶最好，这个办法还没有试过。"

【原文】

《群芳谱》：以花拌茶，颇有别致。凡梅花、木樨、茉莉、玫瑰、蔷薇、兰、蕙、金橘、栀子、木香之属，皆与茶宜。当于诸花香气全时摘拌，三停茶，一停花，收于瓷罐中，一层茶一层花，相间填满，以纸箬封固入净锅中，重汤煮之，取出待冷，再以纸封裹。于火上焙干贮用。但上好细芽茶，忌用花香。反夺其真味。惟平等①茶宜之。

【注释】

①平等：普通，一般。

【译文】

《群芳谱》里说：用花来拌茶，会很别致。像梅花、桂花、茉莉、玫瑰、蔷薇、兰花、蕙、金橘、栀子、木香这些，都适合拌进茶里。应在这些花的香气浓的时候摘下来同茶拌在一起，三份茶叶，一份花，收起来放进瓷罐里，一层茶叶一层花间隔着填满，用纸和竹片封好放进干净的锅里，再放进汤里煮，取出来等冷却了以后，再用纸封裹起来，放在火上焙干储存起来待用，但是上好的细芽茶，不必用花香，否则会夺走它本来的味道。只有一般的茶叶才适合。

【原文】

《云林遗事》：莲花茶：就①池沼中，于早饭前日初出时，择取莲花蕊略绽者，以手指拨开，入茶满其中，用麻丝缚扎。定经一宿，次早连花摘之，取茶纸包晒。如此三次，锡罐盛贮，扎口收藏。

【注释】

①就：生长在。

【译文】

《云林遗事》：莲花茶，生长在池沼里，在早饭之前、太阳刚出来的时候选择刚刚绽放的莲花蕊，用手指拨开，往里面放满茶叶，用麻丝捆扎起来。过一夜，第二天早上同花一起采摘，用茶叶纸包起来晾晒，像这样反复三次。再用锡制的罐子装起来，把口封好收藏。

【原文】

邢士襄《茶说》：凌露无云，采候之上。霁日①融和，采候之次。积日重阴，不知其可。

【注释】

①霁日：有太阳的日子。

【译文】

邢士襄《茶说》：带着露水又没有云的时候，是采摘的最好时机。太阳出来很暖和的话，采摘的时机就差一点。太阳被云遮住的阴天，不知道是不是适合。

【原文】

田艺蘅《煮泉小品》：芽茶以火作者为次，生晒者为上，亦更近自然，且断烟火气耳。况作人手①器不洁，火候失宜，皆能损其香色也。生晒茶瀹之瓯中，则旗枪舒畅，青翠鲜明，香洁胜于火炒，尤为可爱。

【注释】

①作人手：指茶工人的手。

【译文】

田艺蘅《煮泉小品》里记载：茶芽用火烘焙的不算好，晒干的茶叶最好，也更接近自然的本色，而且没有烟焰的气味。况且茶工的手和器具不干净，火候不合适，都会破坏茶叶的香味和颜色。把生晒的茶叶放在瓯里，那样旗枪就显得舒畅，青翠鲜明，又香又干净比火炒的好，更加可爱。

【原文】

《洞山茶系》：岕茶采焙定以立夏后三日，阴雨又须之。世人妄云"雨前真岕"，抑亦未知茶事矣。茶园既开，入山卖草枝者。日不下二三百石。山民收制，以假混真。好事家躬往予租，采焙戒视惟谨，多被潜易真茶去。人至竞相高价分买，家不能二三斤。近有采嫩叶、除尖蒂、抽细筋焙之，亦曰片茶。不去尖筋，炒而复焙，燥如叶状，曰摊茶，并难多得。又有俟茶市将阑，采取剩叶焙之，名曰修山茶，香味足而色差老，若今四方所货岕片，多是南岳片子，署为"骗茶"可矣。茶贾炫人，率以长潮等茶，本岕亦不可得。噫！安得起陆龟蒙于九京，与之赓《茶人》诗也。茶人皆有市心①，今予徒仰真茶而已。故余烦闷时，每诵姚合《乞茶诗》一过。

【注释】

①市心：卖东西挣钱的心理。

【译文】

《洞山茶系》载：岕茶摘下后烘焙的时间定在立夏后的第三天，如果遇到阴雨就需要多等几天。人们都说"雨前真岕"，也许并不知道有关茶的事情。茶园开了以后，到山里面卖草枝的，每天不少于两三百石。山里的农民收下，用来以假乱真。谨慎的人家亲自去看护，采摘和烘焙的时候看得很认真，大多能得到真正的茶叶。人们竞相用高价采买，一家不过两三斤。最近有把采摘的嫩叶去掉叶尖和叶蒂、抽出细筋来烘焙的，也被称为片茶。如果不去掉尖和筋，炒完再烘焙，就会像叶子一样干枯，被称为摊茶，也很少见。还有在茶市快完的时候，采摘剩下的叶子来烘焙，又叫修山茶，虽然香味很浓但是颜色会很老，就像现在各地卖的岕片，大多是南岳的片子，可以把它叫作"骗茶"了。通常都是有很多茶叶商人等着购茶，可是又没有办法得到本岕。唉！怎么对得起陆龟蒙在九京的时候，跟之赓作的《茶人》诗呢？茶人都有卖钱的心理，现在我们只能仰望着真茶了。所以我在烦闷的时候，就念着姚合的《乞茶诗》。

【原文】

《月令广义》说："炒茶每锅不过半斤，先用干炒，后微洒水，以布卷起，揉做。""茶择净微蒸，候变色摊开，扇去湿热气。揉做毕，用火焙干，以箬叶包之。语曰：'善蒸不若善炒，善晒不若善焙。'盖茶以炒而焙者为佳耳。"

《农政全书》："采茶在四月。嫩则益人，粗则损人。茶之为道，释滞去垢，破睡除烦，功则著矣。其或采造藏贮之无法，碾焙煎试之失宜，则虽建芽浙茗，只为常品耳。

此制作之法，宜亟^①讲也。"

【注释】

①亟（jí）：急切；迫切。

【译文】

《月令广义》："炒茶的时候一锅茶不能超过半斤，先干炒，再往上面洒水。用布卷起来揉。""挑出干净的茶叶稍微蒸一下，等到颜色变了再摊开，把湿气、热气扇去。揉好后，用火将湿气烘焙干净，再用竹叶包起来。有人说：'会蒸不如会炒，会晒不如会烘焙。'茶叶炒后烘焙是最好的。"

《农政全书》说："采茶的时间在四月。嫩茶对人有益，过于粗糙的茶对人有害。茶的作用是去除内脏里滞留的东西，可以让人少睡，消除疲劳，功劳非常大。如果采摘、制造、贮藏不讲方法，碾细煎煮又没有把握好分寸，即使是建茶、浙茗，也只能成为很平常的品种。这种制作方法，真应该多讲。"

【原文】

冯梦祯^①《快雪堂漫录》："炒茶锅令极净。茶要少，火要猛，以手拌炒令软净，取出摊于匾中，略用手揉之。揉去焦梗，冷定复炒，极燥而止。不得便入瓶，置于净处，不可近湿。一二日后再入锅炒，令极燥，摊冷，然后收藏。""藏茶之罂，先用汤煮过烘燥。乃烧栗炭透红投罂中，覆之令黑。去炭及灰，入茶五分，投入冷炭，再入茶，将满，又以宿箸叶实之，用厚纸封固罂口。更包燥净元气味砖石压之，置于高燥透风处，不得傍墙壁及泥地方得。"

【注释】

①冯梦祯：1548—1595年，字开之，号具区，又号真实居士，浙江秀水（今嘉兴）人。梦祯因家藏王羲之《快雪时晴帖》名其堂曰"快雪"。著有《快雪堂集》六十四卷，《快雪堂漫录》一卷，及《历代贡举志》，均《四库总目》并传于世。

【译文】

冯梦祯《快雪堂漫录》："炒茶的锅要非常干净。茶叶要少，火势要猛烈，用手去拌炒，等茶软了再取出来摊开，放进匾里，用手轻轻揉茶。揉去已经交焦的茶梗，冷却以后再炒，炒到完全干燥为止。炒完不要马上放进瓶子里，放在干净且远离潮湿的地方。一两天后再放进锅里炒，等干燥、冷却以后再收藏。""贮藏茶叶的瓶子，先用水煮再烘干。把烧红的果炭放进瓶子里面，盖上之后让它变黑。再去掉炭和灰，倒进一半茶叶，将冷炭放进去，再放茶叶，快满的时候再装进干竹叶塞实，用很厚的纸封住瓶口。再包上干燥而且没有气味的砖石压在瓶口，放在干燥通风的高处，不能靠着墙壁和有泥土的地方。"

【原文】

屠长卿《考槃余事》："茶宜箬叶而畏香药，喜温燥而忌冷湿。故收藏之法，先于清明时收买箬叶[1]，拣其最青者，预焙极燥，以竹丝编之。每四片编为一块，听用。又买宜兴新坚大罂，可容茶十斤以上者，洗净焙干听用、山中采焙回，复焙一番，去其茶子、老叶、梗屑及枯焦者，以大盆埋伏生炭，覆以灶中敲细，赤火既不生烟，又不易过。置茶焙下焙之，约以二斤作一焙。另用炭火入大炉内，将罂悬架其上，烘至燥极而止。先以编箬衬于罂底，茶焙燥后，扇冷方入。茶之燥，以拈起即成末为验。随焙随入，既满又以箬叶覆于茶上，每茶一斤约用箬二两。罂口用尺八纸焙燥封固，约六七层，压以方厚白木板一块，亦取焙燥者。然后于向明净室或高阁藏之。用时以新燥宜兴小瓶，约可受四五两者，另贮。取用后随即包整。夏至后三日再焙一次，秋分后三日又焙一次，一阳后三日又焙一次，连山中共焙五次。从此直至交新，色味如一。罂中用浅，更以燥箬叶满贮之，虽久不浥。""又一法，以中坛盛茶，约十斤一瓶。每年烧稻草灰入大桶内，将茶瓶座于桶中，以灰四面填桶，瓶上覆灰筑实。用时拨灰开瓶，取茶些少，仍复封瓶覆灰，则再无蒸坏之患。次年另换新灰。""又一法，于空楼中悬架，将茶瓶口朝下放，则不蒸。缘蒸气自天而下也。""采茶时，先自带锅入山，另租一室，择茶工之尤良者，倍其雇值。戒其搓摩，勿使生硬，勿令过焦。细细炒燥，扇冷方贮罂中。""采茶，不必太细，细则芽初萌而味欠足；不可太青，青则叶已老而味欠嫩。须在谷雨前后，觅成梗带叶微绿色而团且厚者为上。更须天色晴明，采之方妙。若闽广岭南，多瘴疠之气，必待日出山霁，雾瘴岚气收净，采之可也。"

【注释】

①箬叶：竹叶。

屠长卿《考槃余事》:"茶叶适合用竹叶包而忌讳用香叶,喜欢温暖干燥而忌讳阴冷潮湿的地方。所以收藏的办法是,先在清明的时候买一些竹叶,拣最青的预先烘焙干燥,用竹丝编起来,每四片编成一块,留着待用。再买来宜兴新坚可盛 10 斤以上茶叶的大瓶,洗干净烘干后备用。从山里采来焙过的茶叶。回来后再烘焙一次,去掉里面的茶子、老叶、梗屑和焦枯的东西,用大盆装生炭,放进灶里敲细后点起火,火焰既不生烟,又不容易使火过大。把火放在茶焙下面烘焙,一次大约烘焙两斤。另将炭火放进大炉里,把瓶架在上面,烘到干燥为止。先把编好的竹叶放在下面,茶叶烘焙干燥后扇冷,再放进去。以捻起成粉末为茶叶的干燥标准。焙好后马上放进去,满了以后将竹叶盖在茶叶的上面,每 1 斤茶叶大约要用 2 两竹叶。瓶口用 8 尺大小的干燥纸封紧。大约有六七层,压上一块白色的木板,也必须是烘干了的。然后放在明朗而且干净屋里的高阁上面。用的时候用干燥的宜兴小瓶子,大约可放四五两茶叶,另外储存。取用以后马上包起来整理好。夏至过后 3 天再烘焙一次。秋分后 3 天再烘焙一次,重阳后 3 天又烘焙一次,连山中总共烘焙了 5 次。此后直到新茶到来的时候,颜色和味道会始终如一。如果瓶子里的茶不满,应用干燥的竹叶填满,存放很长时间也不会潮湿。""还有一个办法,用中等大的坛子盛茶,一瓶大约能盛 10 斤。每年把烧的稻草灰放进大桶里,将茶瓶放进大桶,将桶的四周填满灰,瓶子的上面也用灰压实。用的时候拨开灰打开瓶子,取出少量的茶叶,再封好茶瓶盖上灰,那样就没有蒸坏的顾虑了。第二年再换上新灰。""还有一个办法,在空楼里悬上一个架子,将茶瓶口朝下放,那样就不会有蒸热的问题。因为蒸热的气息是从上往下走的。""采茶的时候自己带锅进山,另外租用一间房子,挑选采茶技术好的工人,用双倍的工价雇用。不要用手揉搓,不要让茶叶生硬,避免过焦。慢慢地将茶叶炒干,将茶叶扇冷后再贮藏到瓶中。""采的茶不能过细,太细是因为茶芽刚长出来味道还不足。不能太青,青就说明叶子已经老了,味道欠嫩。必须在谷雨前后,找带叶子的成梗,微绿色团状而且很厚的为最好。天色晴朗的时候采摘才好。像闽广岭南多有瘴疠之气,必须要等到太阳出山,雾瘴之气散尽后,才可以采摘。"

【原文】

冯可宾《岕茶笺》:"茶,雨前精神未足,夏后则梗叶太粗。然以细嫩为妙,须当交夏时。时看风日晴和，月露初收，亲自监采入篮。如烈日之下，应防篮内郁蒸，又须伞盖，至舍速倾干净匾内薄摊，细拣枯枝、病叶、蛸丝、青牛之类，一一剔去，方为精洁也。""蒸茶须看叶之老嫩，定蒸之迟速，以皮梗碎而色带赤为度。若太熟，则失鲜。其锅内汤须频换新水，盖熟汤①能夺茶味也。"

【注释】

①熟汤：这里指的是热水。

【译文】

冯可宾《岕茶笺》："茶叶，雨水之前还没有长好。夏至以后梗叶就会太粗了。所以要采到细嫩的好茶叶，必须等到春夏交替之际，在风和日丽的时候，露水刚开始收敛，亲自监督采摘到篮子里。如果是在烈日下，应该避免篮子里蒸热，需要用伞遮盖，到家以后马上倒进干净的匾里薄薄地摊开，仔细挑出枯枝、病叶、蛸丝、青牛这些东西，一一去掉。才能称为干净。""蒸茶时要根据叶子的老嫩，来决定蒸的时间。以皮梗破碎而颜色带一点赤红为标准。如果太热，就不新鲜了。锅里的水必须时常更换，因为热水会夺走茶叶的味道。"

【原文】

陈眉公《太平清话》：吴人于十月中采小春茶，此时不独逗漏花枝，而尤喜日光晴暖。从此蹉过，霜凄雁冻，不复可堪矣。
眉公云：采茶欲①精，藏茶欲燥，烹茶欲洁。

【注释】

①欲：应该。

【译文】

陈眉公《太平清话》记载：吴地的人在十月的时候采摘小春茶，这时不仅花枝逗漏，而且阳光晴暖。如果错过这个时候，就是霜凄雁冻，不再适合采摘。
眉公说：采摘茶叶时要精细，贮藏茶叶应该干燥，烹制茶水应该清洁。

【原文】

吴拭云：山中采茶歌，凄清哀婉，韵态①悠长，一声从云际飘来，未尝不潸然堕泪。吴歌未便能动人如此也。

【注释】

①韵态：这里指的是唱歌者的声音。

【译文】

吴拭说：山中的采茶歌凄清委婉，声音悠长，声音好像是从云际里飘来的。让人潸然泪下。即使是吴歌也不能让人这样感动。

【原文】

熊明遇《芥山茶记》记载：贮茶器中，先以生炭火煅过，于烈日中曝①之，令火灭，乃乱插茶中，封固罂口②，覆以新砖，置于高爽近人处。霉天雨候，切忌发覆③，须于清燥日开取。其空缺处，即当以箬填满，封闭如故，方为可久。

《雪蕉馆记谈》：明玉珍、子昇，在重庆取涪江青蟆石为茶磨，令宫人以武隆雪锦茶碾，焙以大足县香霏亭海棠花，味倍于常。海棠无香，独此地有香，焙茶尤妙。

《诗话》：顾渚涌金泉，每岁造茶时，太守先祭拜，然后水稍出。造贡茶毕，水渐减，至供堂茶毕，已减半矣。太守茶毕，遂涸。北苑龙焙泉亦然。

【注释】

①曝：晒。
②罂口：瓶口。
③发覆：打开。

【译文】

熊明遇《芥山茶记》：要将茶叶储存在器具里，先用生炭火煅烧瓶子，在烈日下晒过，火灭后，再把茶叶倒进里面。将瓶口封好，在上面压上新砖块，放在高处清爽易接近人的地方。下雨天千万不要打开，一定要等到天晴的时候再打开。取完茶后瓶子会不满，应用竹叶填满，像以前一样封闭起来，这样才能使茶保持的时间更长。

《雪蕉馆记谈》记载：明朝玉珍、子昇，在重庆取涪江青蟆石当茶磨，让宫里的人用武隆雪锦茶碾，加进大足县香霏亭的海棠花烘焙。焙出的茶味道比平常的茶要好得多。海棠本来没有香味，只有这个地方的海棠花香，用它来焙茶最好。

《诗话》记载：顾渚有涌金泉，每年造茶的时候，太守先祭拜，然后水才冒出来。造完了贡茶，水就变少了，到供堂的茶造完了的时候，水流已经减少了大半。太守造好茶后，水就干涸了。北苑的龙焙泉也是这样。

【原文】

《紫桃轩杂缀》："天下有好茶，为凡手①焙坏。有好山水。为俗子妆点坏。有好子弟，为庸师教坏。真无可奈何耳。""匡庐顶产茶，在云雾蒸蔚中，极有胜韵，而僧拙于焙，瀹之为赤卤，岂复有茶哉。戊戌春小住东林，同门人董献可、曹不随、万南仲，手自焙茶，有'浅碧从教如冻柳，清芬不遣杂花飞'之句。既成，色香味殆绝。""顾渚，前朝名品，正以采摘初芽，加之法制，所谓'馨一亩之入，仅充半环'，取精之多，自然擅妙也。今碌碌诸叶茶中，无殊菜沈，何胜括目。""金华仙洞与闽中武夷俱良材，而厄于焙手。""埭头本草市溪庵施济之品，近有苏焙者，以色稍青，遂混常价。"

【注释】

①凡手：普通人的手。

【译文】

《紫桃轩杂缀》："天下本来有好茶，却被一些普通人焙坏了。有好的山水，却被凡夫俗子玷污了。有好的子弟，却被平庸的老师教坏了。真是无可奈何啊！""匡庐的山顶出产茶叶，在云雾的衬托下，别有韵致，但和尚烘焙的技术太糟糕，泡出的茶像红卤。哪里还有好茶呢？戊戌的春天在东林住了一段时间，同门的董献可、曹不随、万南仲亲自烘焙茶叶，有'浅碧从教如冻柳，清芬不遣杂花飞'的句子。制成以后，色香味都非常好。""顾渚是前朝茶叶中著名的品种，正是用采摘初芽的方法进行加工的，所谓的'馨一亩之入，仅充半环'，取的多是精华，自然美妙。在今天众多的茶叶中，都像菜蔬一样，哪有出色的呢？""金华仙洞与闽中的武夷，都是很好的原料，却被烘焙坏了。""埭头的本草卖溪庵施舍的品种，最近有苏焙的人，以颜色稍青为借口，同一般的价格一样了。"

【原文】

《岕茶汇钞》："岕茶不炒，甑中蒸熟，然后烘焙。缘其摘迟，枝叶微老，炒不能软，徒枯碎耳。亦有一种细炒芥，乃他山炒焙，以欺好奇者。芥中人惜茶，决不忍嫩采，以伤树木。余意他山摘茶，亦当如芥之迟摘老蒸，似无不可。但未经尝试，不敢漫作。""茶以初出雨前者佳，惟罗芥立夏开园。吴中所贵梗粗叶厚者，有萧箬之气，还是夏前六七日，如雀舌者，最不易得。"

《檀几丛书》：南岳贡茶，天子所尝，不敢置品①。县官修贡期以清明日入山肃祭，乃始开园采造。视松萝、虎丘而色香丰美，自是天家清供，名曰片茶。初亦如芥茶制法，万历丙辰，僧稠荫游松萝，乃仿制为片。

【注释】

①置品：买来品尝。

【译文】

《芥茶汇钞》记载："芥茶叶不炒，放在甑中蒸熟，然后再烘焙。这是因为它摘取的时间比较晚，枝叶有一点老，炒了以后不能变软，只会变得枯碎。也有一种细炒芥茶，是在别的山上炒焙的茶叶，用来欺骗好奇的人。芥中的人爱惜茶叶，绝对不忍心采嫩叶而伤了树的根本。我认为从其他山上采的茶，也应该像芥茶一样摘迟一点蒸老一些，好像也没有什么不可以。只是没有经过尝试，不敢随便说。""茶叶在雨水前刚刚出来的为最好，只有罗芥在立夏的时候开园。吴地喜欢叶子粗厚的茶叶，有竹叶的气息，还是在立夏前六七天的时候出的，像雀舌这样的品种，最不容易得到。"

《檀几丛书》记载：岳南的贡茶，是专门供天子用的，不敢买来品用。县官选好贡期在清明的时候到山里面祭祀，这时才开园采造。像松萝、虎丘颜色和香味都很丰美，自然是天家清供的，起名片茶。开始的时候也是按照芥茶的方法制作，万历年间丙辰的时候，和尚稠荫游览到松萝，才开始仿制成片。

【原文】

冯时可《滇行纪略》：滇南城外石马井泉，无异惠泉；感通寺茶，不下天池、伏龙。特此中人不善焙制耳。徽州松萝旧亦无闻，偶虎丘一僧往松萝庵，如虎丘法焙制，遂见嗜①于天下。恨此泉不逢陆鸿渐，此茶不逢虎丘僧也。

【注释】

①嗜：喜欢。

【译文】

冯时可《滇行纪略》：云南城外的石马井水，跟惠泉没有什么区别。感通寺的茶叶不比天池、伏龙茶差，只是这里的人不善焙制罢了。徽州松萝以前没听说过制茶，偶然一次机会，虎丘一位僧人到松萝庵，按照虎丘的方法焙制，才让天下的人喜欢松萝茶。只是可惜这里的泉水没有碰到陆羽，这里的茶叶没有遇上虎丘和尚啊。

【原文】

《湖州志》：长兴县啄木岭金沙泉，唐时每岁造茶之所也，在湖、常二郡界，泉处沙中，居常无水。将造茶，二郡太守毕至，具仪注，拜敕祭泉，顷之发源。其夕清溢，供御者毕，水即微减；供堂者毕，水已半之；太守造毕，水即涸矣。太守或还旆稽期，则示风雷之变，或见鸷兽①、毒蛇、木魅、阳睒之类焉。商旅多以顾渚水造之，无沾金沙者。今之紫笋，即用顾渚造者，亦甚佳矣。

【注释】

①鸷（zhì）兽：凶猛的兽。

【译文】

《湖州志》记载：长兴县城啄木岭的金沙泉，是唐朝每年制造茶叶的地方。在湖、常两郡交界的地方，泉水在沙中，经常没有水。在造茶的时候，两郡的太守到齐后，举行仪式，拜祭泉水，泉水马上就会出现。泉水在傍晚时分清澈溢出，供皇上用的茶造好后，水就会减少；等供堂茶叶造好后，水只有一半了；太守造完茶后，水就干了。太守也许还会择期祈祷，就会出现风雷这样的变化，也许见到了蛰伏的野兽、毒蛇、木魅、阳睒这类的东西。商家也多半用顾渚的水来造茶，没有沾染金沙的。今天的紫笋，就是用顾渚的水来制造的，也非常不错。

【原文】

高濂《遵生八笺》：藏茶之法，以箬叶封裹入茶焙中，两三日一次，用火当如人体之温温然，而湿润①自去。若火多，则茶焦不可食矣。

【注释】

①湿润：湿气，水分。

【译文】

高濂《遵生八笺》：储藏茶叶的方法，是用箬竹叶封裹起来放进茶焙里，两三天一次，火的温度应该接近人的体温，湿气就会去掉了。如果火太大，茶叶就会变得焦枯而且不能食用。

【原文】

陈眉公《太平清话》："武夷屴崱、紫帽、龙山皆产茶。僧拙于焙，既采则先蒸而后焙，故色多紫赤，只堪供宫中干濯用耳。近有以松萝法制之者，既试之，色香亦具足，经旬月，则紫赤如故。盖制茶者，不过土著数僧耳。语三吴之法，转转相效。旧态毕露。此须如昔人论琵琶法，使数年不近，尽忘其故调，而后以三吴之法行之，或有当也。""徐茂吴云：'实茶大瓮底，置箬瓮口，封闭倒放，则过夏不黄，以其气不外泄也。'子晋云：'当倒放有盖缸内。缸宜砂底。则不生水而常燥。加谨封贮，不宜见日，见日则生翳而味损矣。藏又不宜于热处。新茶不宜骤用，贮过黄梅①，其味始足。'"

【注释】

①黄梅：黄梅季节，就是每年的端午前后，正是江淮入梅时，接下来将是一个月左右雨不止的日子，所谓黄梅时节家家雨。

【译文】

陈眉公《太平清话》记载："武夷屴崱、紫帽、龙山都出产茶叶。但是和尚不善于烘焙，采来茶叶先蒸再烘焙，所以茶叶会显出紫红色。只能供宫里洗漱用了。最近有用松萝的办法制造的，试了以后，颜色和香味也很充足，但过十几天后仍然和以前一样出现紫红色。原来制茶的是几个当地和尚。告诉他们三吴的方法，他们相互转告相互效仿，又恢复了原来的样子。就必须像前人说的弹琵琶的方法一样。让他多年都不接近，完全忘掉以前的方法，再用三吴的方法来做，也许还行。""徐茂吴说：'把茶叶放在坛子的底下，把竹叶放在坛口，封闭以后倒放。过了夏天也不会变黄，它的气味也不会往外泄漏。'子晋说：'应该倒放在有盖的缸里。缸应该是砂底，那样就不会发潮而且干燥，密封起来储存，不应见到太阳，见到太阳就容易出毛病而会损害味道。储藏又不应该放在很热的地方。新茶不适合马上享用，储藏到了黄梅季节，它的味道才好。'"

【原文】

张大复①《梅花笔谈》：松萝之香馥馥，庙后之味闲闲，顾渚扑人鼻孔，齿颊都异，久而不忘。然其妙在造，凡宇内道地之产。性相近也，习相远也。吾深夜被酒，发张震封所遗顾渚，连啜而醒。

宗室文昭《古瓶集》：桐花颇有清味，因收花以熏茶，命之曰桐茶。有"长泉细火夜煎茶，觉有桐香入齿牙"之句。

【注释】

①张大复：约1554—1630年，苏州昆山兴贤里片玉坊人，名彝宣，字心期，一作星其，自号寒山子又号病居士。清代戏曲作家、声律家。记录整理除了名著《梅花草堂笔谈》，还著有《嘘云轩文字》《昆山人物传》《昆山名宦传》《张氏先世纪略》等作品。

【译文】

张大复《梅花笔谈》：松萝的香味很浓，庙后的茶味道清淡，颐渚的香气扑鼻，牙颊间感受不同。很长时间都不能忘记。但是茶精妙的地方在于制造，大凡天下正宗的产品，性质都非常相似，但是习性却不同。我深夜的时候醉酒，于是打开张震封留下的顾渚，连喝几杯就清醒了。

宗室文昭《古瓶集》：桐花味道很清新，所以用它的花来熏茶，称为桐茶。有"长泉细火夜煎茶，觉有桐香入齿牙"这样的句子。

【原文】

王草堂《茶说》：武夷茶自谷雨采至立夏，谓之头春；约隔二旬复采，谓之二春；又隔又采，谓之三春。头春叶粗味浓，二春三春叶渐细，味渐薄。且带苦矣。夏末秋初又采一次，名为秋露，香更浓，味亦佳，但为来年计，惜之不能多采耳。茶采后以竹筐匀铺，架于风日中，名曰晒青。俟其青色渐收，然后再加炒焙。阳羡芥片只蒸不炒，火焙以成。松萝、龙井皆炒而不焙。故其色纯。独武夷炒焙兼施，烹出之时半青半红，青者乃炒色，红者乃焙色。茶采而摊，摊而香气发越即炒，过时不及皆不可。

既炒既焙，复拣去其中老叶枝蒂，使之一色。释超全^①诗云："如梅斯馥兰斯馨，心闲手敏工夫细。"形容殆尽矣。

【注释】

①释超全：1627—1712 年，俗名阮日锡，同安（厦门市同安区）人。明末布衣，曾文忠樱（南明文渊阁大学士）门人，师事曾樱传性理学，患难与共，性嗜茶，幼习茶书，随师在郑成功储贤馆为幕僚，善烹工夫茶，有制茶工艺。他的著作有《夕阳寮诗稿》《海上见闻录定本》和《幔亭游稿》。

【译文】

王草堂《茶说》：武夷的茶叶从谷雨的时候采摘到立夏，被称为头春；大约过了两旬以后再采摘，就称为二春；又隔两旬再采摘，称为三春。头春的茶叶粗壮味道浓，二春三春的茶叶渐渐变细，味道渐渐变淡，而且带有苦味。夏末秋初的时候再采摘一次，名为秋露，香气更加浓郁，味道也就更好了，但是为了来年打算，不能摘得太多。茶叶采摘以后，均匀地铺在竹筐上面，架在风口中，叫晒青。青色渐渐变淡，然后再炒焙。阳羡的芥片只蒸不炒，用火烘焙而成。松萝、龙井都是用炒而不用烘焙，所以颜色很纯，只有武夷的茶叶用烘焙和炒两种方法，烹制出来的时候半青半红，青的是炒的颜色，红的是烘焙成的颜色。采摘茶叶要摊开，摊开以后用手搅弄，香气散发出来以后马上炒，过了或者没到都不可以。炒了或者烘焙了以后，再拣去老叶和枝蒂，使茶的品质统一。释超全的诗："如梅斯馥兰斯馨，心闲手敏工夫细。"形容得很贴切。

【原文】

王草堂《节物出典》：《养生仁术》云："谷雨^①日采茶，炒藏合法。能治痰及百病。"

【注释】

①谷雨：播谷降雨是也。是播种移苗、埋瓜点豆的最佳时节。是二十四节气之一。谷雨指雨水增多，大大有利于谷类农作物的生长。每年 4 月 19~21 日视太阳到达黄经 30°时为谷雨。

【译文】

王草堂《节物出典》记载：《养生仁术》："谷雨的时候采摘茶叶，炒制和贮藏的方法得当，可以祛痰和医治百病。"

【原文】

《随见录》："凡茶见日则味夺，惟武夷茶喜日晒。""武夷造茶，其岩茶以僧家所制者最为得法。至洲茶中采回时，逐片择其背上有白毛者，另炒另焙，谓之白毫，又名寿星眉。摘初发之芽，一旗未展者，谓之连子心。连枝二寸剪下烘焙者，谓之凤尾、龙须。要皆异其制造，以欺人射利①，实无足取焉。"

【注释】

①射利：谋利。

【译文】

《随见录》记载："茶叶见了太阳就会失去它的味道，只有武夷的茶叶喜欢日晒。""武夷制造茶叶，岩茶以寺庙里的制造方法为最佳。把茶叶采摘回来的时候，把背上有白毛的茶叶逐个挑出来。另外炒焙，称为白毫，又叫寿星眉。采摘刚发出的茶芽，一旗没有展开的，被称为连子心。和两寸长的枝条一起剪下来烘焙的，被称为凤尾、龙须。要是和这样的制作方法不一样，就是为了欺人谋利，实在是不可取。"

四、茶之器

【原文】

《御史台记》：唐制御史有三院：一曰台院，其僚为侍御史；二曰殿院，其僚为殿中侍御史；三曰察院，其僚为监察御史。察院厅居南。会昌初，监察御史郑路所葺①礼察厅，谓之松厅，以其南有古松也。刑察厅谓之魇厅，以寝于此者多梦魇②也。兵察厅主掌院中茶，其茶必市蜀之佳者，贮于陶器，以防暑湿。御史辄躬亲缄启，故谓之茶瓶厅。

《资暇集》：茶托子，始建中蜀相崔宁之女，以茶杯无衬，病其熨指，取楪③子盛之。既啜而杯倾。乃以蜡环^④楪子之央，其杯遂定，即命工匠以漆代蜡环，进于蜀相。蜀相奇之，为制名而话于宾亲，人人为便，用于当代。是后传者更环其底，愈新其制，以至百状焉。贞元初，青郓油缯为荷叶形，以衬茶碗，别为一家之楪。今人多云托子始此，非也。蜀相即今升平崔家，讯则知矣。

【注释】

①葺：这里是新建的意思。
②魇：在这里指梦中感到压抑或呼吸困难的状况。
③楪：同"碟"。
④蜡环：指把蜡烤软之后，制成和茶杯底大小一样的蜡环，防止杯子倾倒。

【译文】

童子侍茶

在《御史台记》中有这样的记载：唐朝的制度把御史分成三院：一是台院，在那里设侍御史；二是殿院，在殿院里面设殿中侍御史；三是察院，那里设的是监察御史。察院厅在南面。会昌初年的时候，监察御史郑路把新建的礼察厅，起名为松厅，因为在它的南面有一棵古老的松树。刑察厅被称为魇厅，因为住在这里的人经常会梦魇。院中的茶都是由兵察厅来主管的，这些茶都是从四川买来的最好的茶，把它们储存在陶器瓶里，防止高温和潮湿。因为御史总是亲自封起茶瓶或者启封，所以这里又被称为茶瓶厅。

在《资暇集》中记载：茶托子的兴起是在建中年间，蜀丞相崔宁的女儿发明的。开始的时候，认为茶杯没有衬托，喝茶的时候会熨到手指。于是，就用碟子把茶杯托起来。而再喝茶的时候，茶杯却倾倒了。于是把蜡做成一环放在碟子的中央，这样杯子就能够稳稳当当地放着了。考虑到蜡很容易融化，于是便用漆改制成漆环，并把它们送给蜀相观看。蜀相看了之后很是惊奇，给它取了名字叫作茶托，还把这件事情告诉了宾客和亲戚好友。人人在使用的时候都感觉很方便，于是当时就很快流传起来。到后来的时候茶托的底子也变成了环形，并且制作也越来越新奇，形式多种多样，品种达到一百多种。贞元初年的时候，在青郓县有人把油缯布制成荷叶的形状，用它来衬托茶碗，于是就成为另外的一种碟。现在人们说茶托子就是从这以后开始有的，这种说法是不对的。所说的蜀相也就是现在的升平崔家，想知道事情的原委去问一问就知道了。

【原文】

《大观茶论·茶器》：罗、碾。碾以银为上，熟铁次之。槽欲深而峻，轮欲锐而薄。罗欲细而面紧。碾必力而速。惟再罗，则入汤轻泛，粥面光凝，尽茶之色。盏须度茶之多少，用盏之大小，盏高茶少，则掩蔽茶色；茶多盏小，则受汤不尽。惟盏热，则茶立发耐久。筅以觔竹老者为之，身欲厚重，筅欲疏劲①，本欲壮而末必眇，当如剑脊之状。盖身厚重，则操之有力而易于运用。筅疏劲如剑脊，则击拂虽过，而浮沫不生。瓶宜金银，大小之制惟所裁给。注汤利害，独瓶之口嘴而已。嘴之口差大而宛直，则注汤力紧而不散。嘴之末欲圆小而峻削，则用汤有节而不滴沥。盖汤力紧则发速有节，不滴沥则茶面不破。勺之大小，当以可受一盏茶为量。有余不足，倾勺烦数，茶必冰矣。

蔡襄《茶录·茶器》：茶焙，编竹为之，裹以箬叶②。盖其上以收火也，隔其中以有容也。纳火其下，去茶尺许，常温温然，所以养茶色香味也。茶笼，茶不入焙者，宜密封裹，以箬笼盛之，置高处，切勿近湿气。砧椎，盖以碎茶。砧，以木为之，椎则或金或铁，取于便用。茶钤，屈金铁为之，用以炙茶。茶碾，以银或铁为之。黄金性柔，铜及石皆能生鉎③，不入用。茶罗，以绝细为佳。罗底用蜀东川鹅溪绢④之密者，投汤中揉洗以罩之。茶盏，茶色白，宜黑盏。建安所造者绀⑤黑，纹如兔毫，其坯微厚，熁⑥之久热难冷，最为要用。出他处者，或薄或色紫，不及也。其青白盏，斗试自不用。茶匙要重，击拂有力，黄金为上，人间以银铁为之。竹者太轻，建茶不取。茶瓶要小者，易于候汤⑦，且点茶注汤有准。黄金为上，若人间以银铁或瓷石为之。若瓶大啜存，停久味过，则不佳矣。

【注释】

①疏劲：指小笤帚茶筅的头要破为硬丝，这样便于搅动茶汤，而不会泛起浮沫。
②箬叶：指一种竹叶。

③鉎：锈。

④鹅溪绢：鹅溪是地名，这个地方出产一种质量很好的绢，称为鹅溪绢。

⑤绀：指一种微微带红的黑色。

⑥燷：火逼近称为燷。

⑦候汤：煮茶时候需要辨别茶汤，不可未熟或者是过熟，要恰到好处。

【译文】

《大观茶论·茶器》中记载：罗和碾。碾用银制的是最好的，用熟铁做成的就要差一些。碾子的槽做得要尽可能深一些，要峭峻。轮子最好是比较薄而且锋利。罗一定要细，面要箍得特别紧。在碾的时候要用力，而且要快。茶只要用罗筛两次后就会变得很细，把它放到开水里面它就会浮在面上，好像一层薄粥一样，颜色特别光亮，显现出的茶色十分均匀。需要用多大的茶杯，这要看茶的多少。如果杯子高而茶少，就会把茶的颜色给掩盖住了；而如果茶多杯子小的话，那么就装不完茶汤。只有先把茶杯烫热，然后茶叶才能很快泡开，并且在杯中保温时间也能够比较长。茶筅是一种小筅帚，它能够搅动茶末让茶泛起茶花来。它是用一种老竹做成的。在制作筅的时候一定要把筅身制作得厚重一些，筅头破竹成为硬丝，比较疏劲，上面比较粗壮而下端锐利，就好像剑脊一样。因为如果筅身厚重的话，拿起来的时候就会感到十分有力，这样在使用的时候会很方便。筅头疏劲，就好像剑的脊梁一样，这样用它来击拂茶汤的时候，就不会产生浮沫。茶瓶最好是用金银制作，至于茶瓶的大小要根据实际情况而定。冲沸水时流注是否便利通畅，要看瓶口如何。瓶口一定要紧缩而且曲度不大，注汤时候应该是笔直向下倒，这样就不会出现散洒的情况。瓶口出水处要圆小，出水流注面要陡峭，注汤的时候才会缓慢而有节奏，这样的话才不会导致滴沥。因为如果茶汤倒得快就会显得有节奏，倒的时候不滴沥，茶的表面就会显得很均匀。舀茶的勺子大小，要以能倒一杯茶为量。如果勺子里面的茶倒一杯用不完的话，或者是倒一杯不够，那么就需要用勺子舀很多次，这样倒入杯中的茶就比较容易凉。

蔡襄在《茶录·茶器》中说：茶焙是用竹子编成的，把竹叶裹在它的外面。上面盖好，这样火力不至于散掉，在中间的位置有隔板，可以用来放茶。在它的下面有容火器，距离隔板上的茶有一尺多远，这样可以保持茶的温热，使茶的颜色和香味保持不变。茶笼是用来装那些不入焙的茶。茶不入焙的时候，应该密封包裹起来，放在用竹叶编成的茶笼里面，把它放在高处，一定不要接近湿气。砧板和椎是用来把茶碾碎的。砧板是用木头做成的，椎是用金或铁制作的，方便使用。茶钤是把金或铁弄弯曲制成的用来烤茶的金属夹子，茶碾是用银或铁制成的。黄金的质地比较柔软，不适合做成碾。而铜和瑜石都生锈，所以也不能用。茶罗，要制作得非常细密。最好用四川东部出产的细密的鹅溪绢来做罗底，把这种绢放进水中去揉洗，然后再覆盖上去。选用茶的时候要看茶的颜色。如果茶的颜色是白色的，就比较适合选用黑色的杯子。建安所制造的一种青黑色的杯子，它的细纹就好像兔子的毛一样，它的坯稍微有点厚，如果用火烤过后，杯子就会一直很热，难以在一时之间冷却下来，这是在斗茶的时候一定要用到的。而其他地方出产的杯子，要么是坯太薄，要么是颜色发紫，都赶不上建安所制造的这种杯子。而那些青白颜色的杯子，斗茶的时候是不能用的。茶匙一定要重，这样在击拂茶汤时就会有力量。茶匙用黄金制造的被认为是最上等的，一般的茶匙都是用银或铁做成的。用竹子制成的茶匙就显得太轻，饮建安茶的时候是不用它的。茶瓶要小一点的，这样便于盛汤，同时在点茶注汤的时候会更准确。茶瓶用黄金制作的被认为是最好的，一般人都用银铁或者瓷石制作。如果瓶比较大用来存放茶汤的话，时间一长，味道就变得不好了。

【原文】

孙穆《鸡林类事》：高丽①方言，茶匙曰茶戍。

《清波杂志》：长沙匠者，造茶器极精致，工直之厚，等所用白金②之数，士大夫家多有之，置几案间，但知以侈靡相夸，初不常用也。凡茶宜锡，窃意以锡为合③，适用而不侈。贴以纸，则茶味易损。张芸叟云：吕申公家有茶罗子，一金饰，一棕栏。方接客索银罗子，常客也；金罗子，禁近也；棕栏，则公辅必矣。家人常挨排于屏间以候之。

《黄庭坚集·同公择咏茶碾》诗：要及新香碾一杯，不应传宝到云来。碎身粉骨方余味，莫厌声喧万壑雷。

【注释】

①高丽：指高句丽。

②白金：说银子。

③合：这里当盒讲。

碾茶场景

【译文】

孙穆在《鸡林类事》中有这样的记载：按照高丽的方言，他们把茶匙叫成茶戍。

《清波杂志》中记载：长沙的工匠，在造茶器的时候把茶器做得特别精致，工价之高等于所用的白银的钱数。好多的仕宦人家都有工匠所制造的茶具，那些仕宦人家经常把它们放到茶几案头上，用来炫耀自己的阔绰和富有，开始的时候都不经常用它。凡茶适宜于锡，所以我认为用锡盒来装茶是最好的，锡盒比较适用而不会显得奢侈。如果用纸盒来装，茶的味道很容易受到损害。张芸叟说：吕申公家有茶罗子，一个是用金做成的，一个是用棕栏制成的，如果在接待客人的时候用银罗子，那么客人一定是经常去的；如果在接待客人的时候用金罗子，那么客人一定和他不是很近；如果用辅佐大臣的话，那辅佐大臣一定会在一旁陪同。而家人常常要依次站在屏风的后面，等待有事被呼唤。

《黄庭坚集·同公择咏茶碾》诗是这样说的：要及新香碾一杯，不应传宝到云来。碎身粉骨方余味，莫厌声喧万壑雷。

【原文】

陶穀《清异录》：富贵汤①当以银铫煮之，佳甚。铜铫煮水，锡壶注茶，次之。

《苏东坡集·扬州石塔试茶》诗：坐客皆可人，鼎器手自洁。

《秦少游集·茶臼》诗：幽人就茗饮，刳木事捣撞。巧制合臼形，雅音伴柷敔[2]。

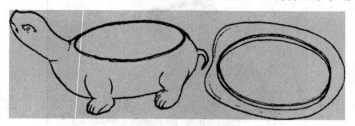

龟形茶盒

《文与可集·谢许判官惠茶器图》诗：成图画茶器，满幅写茶诗。会说工全妙，深谙句特奇。

谢宗可《咏物诗·茶筅》：此君一节莹无瑕，夜听松声漱玉华。万里引风归蟹眼，半瓶飞雪起龙芽。香凝翠发云生脚，湿满苍髯浪卷花。到手纤毫皆尽力，多因不负玉川家。

【注释】

①富贵汤：古代把用银锅来煮茶叫作富贵汤。

②柷敔：敔即为柷，同为一种乐器，形制如方斗。

【译文】

陶榖在《清异录》中说：人们所说的富贵汤应该是用银铫来煮的，这是很好的。如果用铜铫来煮水，用锡制的壶倒茶那就要差一些了。

《苏东坡集·扬州石塔试茶》诗云：坐客皆可人，鼎器手自洁。

《秦少游集·茶臼》诗云：幽人就茗饮，刳木事捣撞。巧制合臼形，雅音伴柷敔。

《文与可集·谢许判官惠茶器图》诗云：成图画茶器，满幅写茶诗。会说工全妙，深谙句特奇。

谢宗可《咏物诗·茶筅》诗云：此君一节莹无瑕，夜听松声漱玉华。万里引风归蟹眼，半瓶飞雪起龙芽。香凝翠发云生脚，湿满苍髯浪卷花。到手纤毫皆尽力，多因不负玉川家。

【原文】

《乾淳岁时记》：禁中大庆会，用大镀金氅，以五色果簇钉①龙凤，谓之绣茶。

《演繁露》：《东坡后集二·从驾景灵宫》诗云："病贪赐茗浮铜叶。"按今御前赐茶皆不用建盏，用大汤氅，色正白，但其制样似铜叶汤氅耳。铜叶色黄褐色也。

【注释】

①簇钉：拼成。

【译文】

《乾淳岁时记》：皇宫里举行重大庆祝活动的时候都会用镀金的大氅，用五色果拼成龙凤的形状，叫作绣茶。

《演繁露》：《东坡后集二·从驾景灵宫》诗中写道，"病贪赐茗浮铜叶。"但是现在御赐的茶水都不用建安时期的茶杯，用大的汤氅，颜色纯白，只是它的式样同铜叶汤氅一样。铜叶色，就是黄褐色。

【原文】

周密《癸辛杂志》：宋时长沙茶具精妙甲天下。每副用白金三百星或五百星，凡茶之具悉备。外则以大缨银合贮之。赵南仲丞相帅潭，以黄金千两为之，以进尚方①。穆陵大喜，盖内院之工所不能为也。

【注释】

①尚方：皇室放置器物的地方。

【译文】

周密《癸辛杂志》：宋朝时期湖南长沙的茶具是天下最精致的。每副茶具用三百星或者五百星的白金，只要是茶器都备齐。用大银盒子装起来。丞相赵南仲曾经用上千两黄金制作，然后把它进献给皇上。皇上非常喜欢，因为这些都是宫里的工匠做不出来的。

【原文】

杨基《眉庵集·咏木茶炉》诗云：绀绿仙人炼玉肤，花神为曝紫霞腴。九天清泪沾明月，一点劳心讫鹧鸪。肌骨已为香魄死，梦魂犹在露团枯。嫦娥莫怨花零落，分付余醺与酪奴①。

【注释】

①酪奴：指茶汤。

【译文】

杨基《眉庵集·咏木茶炉》诗：绀绿仙人炼玉肤，花神为曝紫霞腴。九天清泪沾明月，一点芳心托鹧鸪。肌骨已为香魄死。梦魂犹在露团枯。媚娥莫怨花零落。分付余醺与酪奴。

【原文】

张源《茶录》："茶铫，金乃水母①，银备刚柔，味不咸涩，作铫最良。制必穿心。令火气易透。""茶瓯以白瓷为上，蓝者次之。"

【注释】

①水母：这里指道家的修炼之术，认为金乃水母，母隐子胎。

【译文】

张源《茶录》记载："茶铫子，金属于水母，银就刚柔相济，味道也不会咸涩，用它来做铫子最好。制作的时候必须在中间打眼，这样火就容易穿透。""茶瓯用白色的瓷器最好，蓝色就要差一点。"

【原文】

闻龙《茶笺·茶镜》：山林隐逸，水铫①用银尚不易得，何况镜乎。若用之恒，归于铁也。

罗廪《茶解》："茶炉，或瓦或竹皆可，而大小须与汤铫称。凡贮茶之器，始终贮茶。不得移为他用。"

【注释】

①水铫：煎水的用器。

【译文】

闻龙《茶笺·茶镜》：隐居在山林里面的隐士，不容易得到银制的水铫子，何况是金呢？如果要用，只能用铁制的了。

罗廪《茶解》："茶炉，瓦制的和竹制的都可以。大小要同汤铫子相配套。用来装茶的器具，只能装茶，不能有其他的用途。"

【原文】

李如一《水南翰记》：韵书无氅①字，今人呼盛茶酒器曰。

《檀几丛书》：品茶用瓯，白瓷为良，所谓"素瓷传静夜，芳气满闲轩"也。制宜弇口邃肠，色浮浮而香不散。

【注释】

①氅（biē）：一种装茶或酒的容器。

【译文】

李如一在《水南翰记》中写道：韵书里面没有氅这个字，现在的人把装茶和酒的器具称为氅。

《檀几丛书》记载：品茶用的瓯，白瓷的最好，正所谓"素瓷传静夜，芳气满闲轩"。样子应该是口小腹大，颜色浮浮而且香气不会轻易散去。

【原文】

《茶说》：器具精洁，茶愈为之生色。今时姑苏之锡注，时大彬之砂壶，汴梁①之锡铫，湘妃竹之茶灶，宣成窑之茶盏，高人词客、贤士大夫，莫不为之珍重。即唐宋以来，茶具之精，未必有如斯之雅致。

《闻雁斋笔谈》：茶既就筐，其性必发于日，而遇知己于水。然非煮之茶灶、茶炉，则亦不佳。故曰饮茶富贵之事也。

【注释】

①汴梁：汴梁位于中国河南省中部偏东（古代称东京），是北宋时的国都，简称汴，是中国七大古都和国务院首批公布的24座历史文化名城之一，现在称为开封市。

【译文】

《茶说》：如果器具洁净，那么茶的味道也会更加出色。今天姑苏的锡具，当时大彬的砂壶，汴梁的锡铫子，湘妃竹做成的茶灶，宣成窑里的茶杯，文人墨客、仕宦官员没有不珍惜的。唐宋以来，茶具的精妙之处，都没有这样雅致的。

《闻雁斋笔谈》：把茶叶装进了筐里，它的本味会在短时间里散去，而茶的知己是水。但是如果不是用煮茶的灶、炉来煮，那也不会好。所以说饮茶是富贵的事情。

【原文】

《雪庵清史》："泉冽①性驰②，非肩以金银器，味必破器而走矣。有馈③中泠泉④于欧阳文忠者，公讶曰：'君故贫士，何为致此奇贶⑤？'徐视馈器，乃曰：'水味尽矣。'噫！如公言，饮茶乃富贵事耶。尝考宋之大小龙团，始于丁谓，成于蔡襄。公闻而叹曰：'君谟⑥士人也，何至作此事！'东坡诗曰：'武夷溪边粟粒芽⑦，前丁后蔡⑧相笼加，吾君所乏岂此物，致养口体何陋耶。'此则二公又为茶败坏多矣。故余于茶瓶而有感。""茶鼎，丹山碧水之乡，月涧云龛⑨之品。涤烦消渴，功诚不在芝术⑩下。然不有似泛乳花浮云脚，则草堂暮云阴，松窗残雪明，何以勺之野语清。噫！鼎之有功于茶大矣哉。故日休有'立作菌蠢⑪势，煎为潺湲⑫声'，禹锡有'骤雨松风入鼎来，白云满碗花徘徊'，居仁有'浮花原属三昧手，竹斋自试鱼眼汤'，仲淹有'鼎磨云外首山铜，瓶携江上中泠水'，景纶有'待得声闻俱寂后，一瓯春雪胜醍醐'。噫！鼎之有功于茶大矣哉。虽然，吾犹有取卢仝'柴门反关无俗客，纱帽笼头自煎吃'，杨万里'老夫平生爱煮茗，十年烧穿折脚鼎'。如二君者，差可不负此鼎耳。"

【注释】

①冽：寒冷。

②驰：跑掉。泉冽性驰，指泉水性寒，它的味道极易散发。

③馈：赠送。

④中泠（或作零）泉：唐代刘伯刍称为第一泉的扬子江南零水，在唐代以后的文献中，多认为是中泠水。长江水流至江苏丹徒区金山一带，分为三泠、即南泠、北泠、中泠。中泠在金山附近，乱流夹石中，很难汲取。一些达官贵人多冒险在中泠自取或派人代汲水。到了明清时代，金山已成为旅游胜地。山上的佛寺（即金山寺，传说中白娘子与小青水漫金山寺的故事发生地）的和尚为了满足游客的需要，在山的西北挖了一口井，从中汲取的泉水，也称为中泠泉，清代张潮写有《中泠泉记》，述之甚详。

⑤贶：厚重的赐予。

⑥君谟：蔡襄，字君谟，他是兴化仙游（今福建）人，进士出身，官至端明殿学士，北宋著名书法家。他和丁谓先后对采茶、制茶做了许多工作。

⑦粟粒芽：指初生茶芽如粟米粒一样大。

⑧前丁后蔡：即前有丁谓，后有蔡襄。

⑨龛：供佛像神位的小阁子。

⑩芝术：指医术，因灵芝能治病救人，故名。

⑪菌蠢：菌是竹笋。蠢，动的意思。

⑫潺湲：水徐徐流貌。

【译文】

《雪庵清史》："泉水甘洌容易走味，如果不用金银器具封存，味道很快就散失了。有人送中泠泉水给欧阳修，他惊讶地说：'您虽然贫穷，也不至于送这样奇怪的礼啊！'看到送水的器具，说：'水味已经没有了。'哎！如果像他这样说的话，喝茶真是一件富贵的事情。有人考证宋朝的茶叶大龙团和小龙团都是从丁谓开始，到蔡襄时期才渐渐成熟。欧阳修听说后叹息道：'君谟是贤士，为什么做出这样的事情呢？'东坡也在诗中说：'武夷溪边粟粒芽，前丁后蔡相笼加，吾君所乏岂此物，致养口体何陋耶。'这两人是由茶的弊端而发出的感慨呀！因此我对着茶瓶发出感慨。""茶鼎，山清水秀的地方，出产月涧云龛的东西，能够消除疲劳解除饥渴，功劳不在医术之下。如果没有漂着乳花浮着云脚的香茶，那么草堂暮色里，松窗残雪的月夜，又哪来的野语清谈的雅兴呢。哎！对于茶来说鼎的功劳实在是太大了。所以皮日休有'立作菌蠢势，煎为潺湲声'，刘禹锡有'骤雨松风入鼎来。白云满碗花徘徊'，居仁有'浮华原属三昧手，竹斋自试鱼眼汤'，范仲淹有'鼎磨云外首山铜，瓶携江上中泠水'，景纶有'待得声闻俱寂后，一瓯春雪胜醍醐'。哎，鼎对于茶的功劳多大呀。现在我仍然记得卢全的那句'柴门反关无俗客，纱帽笼头自煎吃'。杨万里'老夫平生爱煮茗，十年烧穿折脚鼎'。像这两人一样，才算是不辜负这个鼎啊。"

【原文】

冯时可《茶录》：芘莉①，一名筹筤，茶笼也。牺，木勺也，瓢也。

《宜兴志·茗壶》：陶穴环于蜀山，原名独山，东坡居阳羡时，以其似蜀中风景，改名蜀山。今山椒建东坡祠以祀之，陶烟飞染，祠宇尽黑。

冒巢民云：茶壶以小为贵，每一客一壶，任独斟饮，方得茶趣。何也？壶小则香不涣散，味不耽迟。况茶中香味，不先不后，恰有一时。太早或未足，稍缓或已过，个中之妙，清心自饮，化而裁之。存乎其人。

【注释】

①筥莉：筥，读音 bǐ。筥莉，竹制的盘子类器具。

【译文】

据冯时可《茶录》记载：筥莉，又叫筹篧，就是茶笼。牺，就是木勺或叫作瓢。

《宜兴志·茗壶》：陶穴在蜀山里。原名是独山，苏东坡在阳羡的时候，因为它跟蜀中的风景很像，所以将它改名为蜀山。现在山椒建有东坡祠堂可以祭祀苏东坡，因为被制陶的黑烟熏染，祠堂里都变黑了。

冒巢民说：茶壶越小越好，每一位客人一壶，任凭你独自斟饮，才能得到其中的乐趣。这是为什么呢？因为茶壶小香气就不容易散失，味道就不容易改变。何况茶中的香气不能早不能迟，只能保持一个时辰。太早就会显得不足，稍微慢点就可能过了最好的时刻，静下心来自斟自饮，品味消化都在个人了。

【原文】

周高起《阳羡茗壶系》："茶至明代，不复碾屑①和香药制团饼，已远过古人。近百年中，壶黜②银锡及闽豫瓷，而尚③宜兴陶，此又远过前人处也。陶④曷取诸？取其制以本山土砂，能发真茶之色香味。不但杜工部云'倾金注玉惊人眼'，高流务以免俗也。至名手所作，一壶重不数两，价每一二十金，能使土与黄金争价。世日趋华，抑足感矣。考其创始，自金沙寺僧。久而逸⑤其名。又提学颐山吴公读书金沙寺中，有青衣⑥供春者，仿老僧法为之。栗色暗暗，敦庞周正，指螺纹隐隐可按，允称第一，世作龚春，误也。""万历间，有四大家：董翰、赵梁、玄锡、时朋。朋即大彬父也。大彬号少山。不务妍媚⑦，而朴雅坚栗。妙不可思，遂于陶人⑧擅空群之目矣。此外则有李茂林、李仲芳、徐友泉；又大彬徒欧正春、邵文金、邵文银、蒋伯荂四人；陈用卿、陈信卿、闵鲁生、陈光甫；又婺源人陈仲美，重镂叠刻⑨，细极鬼工；沈君用、邵盖、周后溪、邵二孙、陈俊卿、周季山、陈和之、陈挺生、承云从、沈君盛、陈辰辈，各有所长。徐友泉所自制之泥色，有海棠红、朱砂紫、定窑白、冷金黄、淡墨、沉香、水碧、榴皮、葵黄、闪色、梨皮等名。大彬镌款⑩，用竹刀画之，书法娴雅。""茶洗，式如扁壶，中加一盎⑪髙而细窍⑫其底，便于过水漉沙。茶藏，以闭洗过之茶者。陈仲美、沈君用各有奇制。水杓、汤铫，亦有制之尽美者，要以椰瓢锡缶为用之恒。""茗壶宜小不宜大，宜浅不宜深。壶盖宜盎不宜砥。汤力茗香俾得团结氤氲⑬，方为佳也。""壶若有宿杂气，须满贮沸汤涤之，乘热倾去，即没于冷水中，亦急出水泻之，元气复矣。"

【注释】

①碾屑：将茶碾成细末。

②黜：废止。

③尚：尊崇、重视。

④陶：用黏土制造的器物。宜兴陶则是用宜兴产的土砂制成的陶器。

⑤逸：失去。逸其名，忘掉了他的名字。

⑥青衣：古代以青衣是低贱人穿的，故多称奴婢为青衣。这里指书童。

⑦妍媚：华丽、媚俗。

⑧陶人：制陶器的工人。

⑨锼叠刻：用钢丝锯挖刻。

⑩镌款：雕刻落款。

⑪盎，这里指箅子。

⑫窍：小孔。

⑬氤氲（yīn yūn）：指壶中茶水气和香味弥漫。

【译文】

周高起《阳羡茗壶系》："茶到了明代，不再碾成细屑和着香料制成饼状了，这比以前的人先进。最近百年来，壶淘汰了银锡和闽豫的瓷器，开始崇尚宜兴陶器，这又比古人先进多了。陶器有什么好处？陶器是用本山的沙土制造的，能够保持茶叶真正的香味，不但杜工部说'倾金注玉惊人眼'，高雅的人士也免不了落入俗套啊！著名的手艺人所做的壶，不过几两重，每个壶就值一二十两黄金，能让土变得和黄金一样贵重。现在的生活越来越奢华，也足以让人感叹了。考究壶的创始，是由金沙寺的和尚发明的，时间长了名气就越来越大了。提学吴颐山在金沙寺里读书，有青色的供春茶壶，就是按照老和尚的方法做的。颜色很暗，沉实端正，隐隐约约的螺纹可以用手指按，称得上第一，人们把它叫作龚春，这可能是错误的叫法。""万历年间，有四大家：董翰、赵梁、玄锡、时朋。时朋就是大彬的父亲。大彬号少山，不喜欢妍媚却崇尚朴雅。制作的陶器非常巧妙，擅长制陶的人也没有见过。此外还有李茂林、李仲芳、徐友泉；大彬的徒弟欧正春、邵文金、邵文银、蒋伯荂四个人；陈用卿、陈信卿、闵鲁生、陈光甫；还有婺源人陈仲美善于雕刻，细致得如鬼斧神工；沈君用、邵盖、周后溪、邵二孙、陈俊卿、周季山、陈和之、陈挺生、承云从、沈君盛、陈辰之辈，都有自己的长处。徐友泉自制的泥色，有海棠红色、朱砂紫色、定窑白色、冷金黄色、淡墨色、沉香色、水碧色、榴皮色、葵黄色、闪色、梨皮等色，大彬镌刻落款，用竹刀在上刻面，书法娴熟高雅。""茶洗，样子像扁壶。中间有一个盎离能够探到它的底部，可以过水滤沙。茶藏，用来装洗过的茶叶。陈仲美、沈君用各有自己的奇特制品处。水勺、汤铫子也有制作得特别好的，如果用椰瓢和锡制作就能用得更长久。""茶壶宜小不宜大，宜浅不宜深，壶盖应该满而不应该平。这样茶水清香馥郁氤氲，才是好的。""壶里面如果留有其他的杂气，就需要用热水清洗，乘热倒掉，马上放到冷水里，再马上拿出把水倒掉，气味就不会再有了。"

【原文】

许次杼①《茶疏》："茶盒以贮日用零茶。用锡为之，从大坛中分出，若用尽时再取。""茶壶，往时对尚龚春，近日时大彬所制，极为人所重。盖是粗砂制成，正取砂无土气耳。"

【注释】

①许次杼：1549—1604年，字然明，号南华，明钱塘人。一生所著诗书甚多，有《小品室》《荡栉斋》《茶疏》等作品。

【译文】

许次杼《茶疏》："茶盒是用来放置每天所用的少量茶叶的，用锡做的，从大坛中取出少量的茶，如果用完了可以再去取。""过去的茶壶崇尚龚春，现在大彬做的茶壶特别被人们重视。那是用粗砂做成的，因为粗砂没有泥土的气息。"

【原文】

臞仙说：臞仙①云：茶瓯者，予尝以瓦为之，不用瓷。以笋壳为盖，以槲叶赞覆于上，如箬笠状，以蔽其尘。用竹架盛之，极清无比。茶匙以竹编成，细如笊篱样，与尘世所用者大不凡矣，乃林下出尘之物也。煎茶用铜瓶不免汤鍟，用砂铫亦嫌土气。惟纯锡为五金之母，制铫能益水德。

谢肇淛《五杂俎》：宋初闽茶，北苑为最。当时上供者，非两府禁近不得赐，而人家亦珍重爱惜。如王东城有茶囊，惟杨大年至，则取以具茶，他客莫敢望也。

【注释】

①臞仙：即朱权，明太祖朱元璋之第十七子，晚号臞仙，又号涵虚子、丹丘先后，亦称宁献王。著有《家训》《宁国仪范》《汉唐秘史》《史断》《文谱》《诗谱》等数十种著作。

【译文】

茶瓯，我曾经尝试用瓦制作，而不用瓷。用笋壳做盖子，把槲叶聚拢放在上面，像斗笠一样，可以遮挡灰尘。再用竹架支起来，清幽无比。茶匙是用竹子编成的，像笊篱一样细小，与一般人用的有很大的区别，因为它是林子里面的东西。煎茶的时候用铜瓶，汤会有异味，如果用砂铫子，又会显得土气，只有纯锡才是五金之母，做出的铫子对茶水有好处。

谢肇淛《五杂俎》：宋朝初年时候的闽茶，北苑的最好。是当时向皇上进贡的茶叶，不是两府的亲信就不可能得到赏赐，所以他们也更加珍重爱惜，像王东城有茶囊，只在杨大年到了的时候，才拿出来喝茶用，其他的客人就不可能受到这样的待遇。

【原文】

《支廷训集》有《汤蕴之传》，乃茶壶也。

文震亨①《长物志》：壶以砂者为上，既不夺香，又无熟汤气。锡壶有赵良璧者亦佳。吴中归锡，嘉禾黄锡，价皆最高。

【注释】

①文震亨：1585—1645 年，字启美，明湖广衡山人，系籍长州（今江苏苏州）。文

微明曾孙，文彭孙，文震孟之弟元发仲子。天启五年（1625年）恩贡，崇祯初为中书舍人，给事武英殿。书画咸有家风，山水韵格兼胜。

【译文】

《支廷训集》里有《汤蕴之传》，就是茶壶。

文震亨《长物志》：茶壶中砂壶是上品，既不会夺走茶的香气，也没有热水的味道。锡壶有赵良璧的也很好，吴中归锡、嘉禾黄锡的锡器，价钱都很高。

文震亨

【原文】

《遵生八笺》："茶铫、茶瓶，瓷砂为上，铜锡次之。瓷壶注茶，砂铫煮水为上。茶盏惟宣窑坛为最，质厚白莹，样式古雅有等，宣窑印花白瓯，式样得中，而莹然如玉。次则嘉窑，心内有茶字小盏为美。欲试茶，色黄白，岂容青花乱之。注酒亦然，惟纯白色器皿为最上乘，余品皆不取。""试茶以涤器为第一要。茶瓶、茶盏、茶匙生鍟，致损茶味，必须先时洗洁则美。"

【译文】

《遵生八笺》："制造茶铫子、茶瓶，用瓷砂造的是最好的，铜锡就差一点。瓷壶泡茶，砂铫子煮茶最好。茶杯只有宣窑坛的最好，内壁厚实洁白，样式古雅有致。宣窑里有白色印花的茶瓯，样式一般，但也像玉一样光洁。差一点的还有嘉窑，里面写上小字的茶杯是非常美的。如果想试茶，茶色黄白，怎么能让青色、花色在里面掺和。倒酒也是这样，只有纯白色的器皿才是最好的，其他的都不应该用。""试茶时洗净器具是最重要的。茶瓶、茶杯、茶匙这些容易产生异味，会损害茶的香味，必须先洗干净，茶的味道才会比较好。"

【原文】

曹昭[①]《格古要论》：古人吃茶汤用擎，取其易干不留滞。

陈继儒《试茶》诗，有"竹炉幽讨""松火怒飞"之句。（竹茶炉出惠山者最佳。）

《渊鉴类函·茗碗》：韩诗"茗碗纤纤捧。"

徐葆光《中山传信录》：琉球茶瓯，色黄，描青绿花草，云出土噶喇[2]。其质少粗无花，但作水纹者，出大岛。瓯上造一小木盖，朱黑漆之，下作空心托子，制作颇工。亦有茶托、茶帚。其茶具、火炉与中国小异。

葛万里《清异论录》：时大彬茶壶，有名钓雪，似带笠而钓者。然无牵合意。

《随见录》：洋铜茶铫，来自海外。红铜荡锡，薄而轻，精而雅，烹茶最宜。

【注释】

①曹昭：元末明初人，字明仲，松江人。撰有《格古要论》三卷，《新增格古要论》等。

②噶喇：噶读作 gá，喇读作 lǎ。

【译文】

曹昭《格古要论》记载：古时候的人喝茶、汤用擎，因为它容易变干而且不留滞。

陈继儒《试茶》诗中有"竹炉幽讨""松火怒飞"的句子。（竹茶炉惠山出产的最好。）

《渊鉴类函·茗碗》中记有韩诗："茗碗纤纤捧。"

徐葆光《中山传信录》记载：中国台湾的茶瓯，是黄色的，上面画着青绿的花草，说是从噶喇那里出土的。它没有粗糙的花纹的质地，如果有水纹，那是出自大岛上的。瓯上造一个木盖，漆成深红色，下面是一个空心托子，制作精致。还有茶托、茶帚等小配件。它的茶具和火炉与中国其他地方没有两样。

葛万里《清异论录》记载：时大彬的茶壶，有个名字叫钓雪，就像是戴着斗笠的钓鱼人。没有牵合的意思。

《随见录》记载：洋铜茶铫，是从海外传过来的。红铜外包着锡，又薄又轻巧，又精致又典雅，最适合煮茶了。

五、茶之煮

【原文】

唐陆羽《六羡歌》：不羡黄金罍[①]，不羡白玉杯；不羡朝入省[②]，不羡暮入台；千羡万羡西江水，曾向竟陵[③]城下来。

庐山瀑布

唐张又新《水记》：故刑部侍郎刘公讳伯刍，于又新丈人行[④]也。为学精博，有风鉴称。较水之与茶宜者，凡七等：扬子江南零[⑤]水第一，无锡惠山寺石水第二；苏州虎邱寺石水第三；丹阳县观音寺井水第四；大明寺井水第五；吴淞江水第六；淮水最下第七。余尝具瓶于舟中，亲挹而比之，诚如其说也。客有熟于两浙者，言搜访未尽，余尝志之。及刺永嘉，过桐庐江，至严濑，溪色至清，水味甚冷，煎以佳茶，不可名其鲜馥也。愈于扬子、南零殊远。及至永嘉，取仙岩瀑布用之，亦不下南零，以是知客之说信矣。陆羽论水次第凡二十种：庐山康王谷水帘水第一；无锡惠山寺石泉水第二；蕲州兰溪石下水第三；峡州扇子山下虾蟆口水第四；苏州虎邱寺石泉水第五；庐山招贤寺下方桥潭水第六；扬子江南零水第七；洪州西山瀑布泉第八；唐州桐柏县淮水源第九；庐州龙池山岭水第十；丹阳县观音寺水第十一；扬州大明寺水第十二；汉江金州上游中零水第十三；水苦，归州玉虚洞下香溪水第十四；商州武关西洛水第十五；吴淞江水第十六；天台山西南峰千丈瀑布水第十七；柳州圆泉水第十八；桐庐严陵滩水第十九；雪水第二十。用雪不可太冷。

【注释】

①罍：古代的一种形状像壶的盛酒的器皿。
②省：在这里指官署的意思。
③竟陵：陆羽出生的地方，有一种说法是现在的湖北钟祥，一说是湖北天门。
④丈人行：在古代把长辈，长老通称为丈人行。
⑤南零：一般人都把中泠认成刘伯刍所说的南零。

【译文】

唐朝陆羽所做的《六羡歌》中说：我从来不羡慕那些黄金壶，也不羡慕那些白玉杯，更不羡慕一天到晚出入官府，过那样的富贵生活。让我羡慕千万遍的是那曾经从竟陵城下流过的西江的水。

唐朝张又新在《水记》中记载：刘公的名讳叫伯刍，是已故的刑部侍郎，他对于又新来说是一位长辈。他有渊博的学问，见识很深，有风鉴之称。他把各地的水进行了比较，得出适合煮茶的水一共可以分为七等：一等水要数扬子江南零水；二等水是无锡惠山寺石水；三等水是苏州虎丘寺石水；丹阳县观音寺的井水可以称为四等水；五等水是大明寺井水；可以称得上是六等水的是吴淞江水；淮水最下，称为七等水。我曾经带着水瓶坐着船，亲自到这些地方把水舀起来进行品尝比较，感觉真的像刘公曾经所说的那样。我的友人当中有的对两浙一带很熟悉，说我搜访得来的那些水是不全面的，我曾经把它们记下来过。后来我到永嘉作刺史，过桐庐江，到达严濑这个地方，发现这里的溪水颜色特别清，水的味道非常冰冷，用这里的溪水来煎茶，茶的气味清香无比，和扬子江南零的水比起来要好得多。在永嘉的时候，曾经用仙岩瀑布的水来煮茶，它的味道也不比南零的水差。从这里就可以看出我的朋友所说的那些话是很可信的。陆羽论水的时候把水的等级分为二十种，一等水要数庐山康王谷水帘水；

二等水是无锡惠山寺石泉水；蕲州兰溪石下的水被认为是三等水；四等水是峡州扇子山下虾蟆口水；五等水是苏州虎丘寺石泉水；六等水是庐山招贤寺下方桥潭水；七等水要算扬子江南零水；洪州的西山瀑布泉是八等水；九等水是唐州桐柏县淮水源；十等水是庐州龙池山岭水；十一等水是丹阳县观音寺水；十二等水是扬州大明寺水；汉江金州上游中零水被称为是十三等水；（水苦。）十四等水是归州王虚洞下香溪水；被称为十五等水的是商州武关西洛水；十六等水要数吴淞江水；十七等水是天台山西南峰千丈瀑布水；而柳州圆泉水被称为十八等水；十九等水说的是桐庐严陵滩水；雪水可以被认为是二十等水。（用雪不可太冷。）

【原文】

唐顾况《论茶》：煎以文火细烟，煮以小鼎长泉。

苏廙《仙芽传》第九卷载"作汤十六法"[1]谓：汤者，茶之司命。若名茶而滥汤，则与凡味同调矣。煎以老嫩言，凡三品；注以缓急言，凡三品；以器标者，共五品；以薪论者，共五品。一得一汤，二婴汤，三百寿汤，四中汤，五断脉汤，六大壮汤，七富贵汤，八秀碧汤，九压一汤，十缠口汤，十一减价汤，十二法律汤，十三一面汤，十四宵人汤，十五贱汤，十六魔汤。

丁用晦《芝田录》：唐李卫公德裕[2]，喜惠山泉，取以烹茗。自常州到京，置驿骑传送，号曰"水递"。后有僧某曰："请为相公通水脉。盖京师有一眼井与惠山泉脉相通，汲以烹茗，味殊不异。"公问："井在何坊曲？"曰："昊天观常住库后是也。"因取惠山、昊天各一瓶，杂以他水八瓶，令僧辨晰。僧止取二瓶井泉，德裕大加奇叹。

【注释】

①作汤十六法：指的是制作茶汤的十六种方法。
②李卫公德裕：唐代的李德裕，他曾被封为卫国公。

【译文】

唐顾况在《论茶》中说：煮茶的时候不需要太大的火力，要文火细烟。要用小鼎长泉。

苏廙在《仙芽传》第九卷中提到了制作茶汤的十六种方法。他说：煮茶的一个重要条件就是水。如果要煮的是名茶而对煮茶的水却不进行选择的话，煮出来的茶的味道就和一般的茶的味道没有什么区别了。按照水煮的老嫩来说可以分为三种；从注水的缓急方面来说，也可以分为三种；如果按照茶具来分，共可以分为五种；如果从煮

惠山品泉

茶所用的柴来分的话，也可以分为五种。一名为得一汤，二名为婴汤，三名为百寿汤，四名为中汤，五名为断脉汤，六名叫作大壮汤，七名称为富贵汤，八名称为秀碧汤，九名称为压一汤，十名称为缠口汤，十一名称为减价汤，十二名称为法律汤，十三名称为一面汤，十四名称为宵人汤，十五名称为贱汤，十六名叫作魔汤。

丁用晦在《芝田录》中记载：唐朝的卫国公李德裕非常喜欢惠山泉的水，经常把那里的泉水取来煮茶。他在京城居住，而惠山泉却在常州，因为从常州到京城，距离十分遥远，所以只好用驿马来送水，这叫作"水递"。有一位和尚后来对李德裕说："还是让我把水脉给您打通吧。"因为惠山泉脉和京城的一眼井是相通的，把水从里面汲取出来煮茶，和惠山泉的味道是一样的。李德裕问道："那么这眼井在什么地方呢？"和尚回答说："就在吴天观常住库的后面。"于是把惠山泉和昊天观泉各拿来一瓶，把它们和其他的八瓶水混杂在一起，来让和尚辨别，和尚品尝后只取了其中的两瓶泉水。李德裕见到之后，很是惊讶，认为很神奇。

【原文】

《事文类聚》：赞黄公①李德裕居廊庙②日，有亲知③奉使于京口，公曰："还日，金

山下扬子江南零水与取一壶来。"其人敬诺。及使回举棹日，因醉而忘之，泛舟至石头城下方忆，乃汲一瓶于江中，归京献之。公饮后，叹讶非常，曰："江表水味有异于顷岁矣，此水颇似建业石头城下水也。"其人即谢过，不敢隐。

《河南通志》：卢仝茶泉在济源市。仝有庄，在济源之通济桥二里余，茶泉存焉。其诗曰："买得一片田，济源花洞前。自号玉川子，有寺名玉泉。"汲此寺之泉煎茶，有《玉川子饮茶歌》，句多奇警。

《黄州志》：陆羽泉在蕲水县凤栖山下，一名兰溪泉，羽品为天下第三泉也。尝汲以烹茗，宋王元之有诗。

无尽法师《天台志》：陆羽品水，以此山瀑布泉为天下第十七水。余尝试饮，比余幽溪、蒙泉殊劣。余疑鸿渐但得至瀑布泉耳。苟遍历天台，当不取金山为第一也。

【注释】

①赞黄公：黄；通"皇"这里指李德裕，因为李德裕是赞皇人所以把他称为赞皇公。

②廊庙：这里意指朝廷。

③亲知：把亲近的友人称为亲知。

【译文】

《事文类聚》中记载：被称为赞黄公的李德裕做宰相时，有一位亲近的友人奉命要去镇江，李德裕对他说："你把事情办完回来的时候，到金山带一壶扬子江南零水回来。"这个人很恭敬地答应了他的请求。等到完成使命要坐船回京城的时候，由于喝醉了酒而把去南零取水的事情忘了，一直到船行驶到南京城下时才想起这件事来，于是顺手取了一瓶江中的水带了回来，到京城以后把它献给了李德裕，李德裕喝了之后，十分吃惊地对这个人说："最近几年江里的水味变化真是挺大的，你带的水与南京石头城下的江水很相似啊。"这个人听了之后立即向李德裕承认错误，把实际情况向他说明，不敢有丝毫的隐瞒。

《河南通志》中记载：卢仝茶泉位于河南的济源市。卢仝在这个地方有一个庄园，有一眼茶泉在距离济源市通济桥二里多的地方。他曾经写诗道："买得一片田，济源花洞前。自号玉川子，有寺名玉泉。"把这个寺的泉水汲取出来煎茶，味道特别好。在他的《玉川子饮茶歌》中有很多新奇惊人的句子。

《黄州志》中记载：陆羽泉位于蕲水县凤栖山的下面，它也叫作兰溪泉。陆羽认为它是天下第三泉。曾经把这泉里的水汲取出来煮茶。宋代王元之还曾经写过关于此泉的诗歌。

无尽法师在《天台志》中记载：陆羽品水的时候，把天台山瀑布泉的水评为天下第十七等的水。我曾经尝试着饮用过这里的水，比我那里幽溪、蒙泉的水来要相差很远。我怀疑陆羽恐怕只是到过瀑布泉，如果他能够走遍天台的话，就不会认为金山水是一等的水了。

【原文】

《海录》：陆羽品水，以雪水第二十，以煎茶滞而太冷也。

陆乎泉《茶寮记》：唐秘书省中水最佳，故名秘水。

《檀几丛书》：唐天宝中，稠锡禅师名清晏，卓锡①南岳涧上，泉忽进石窟间，字曰真珠泉。师饮之清甘可口，曰："得此渝吾乡桐庐茶，不亦称乎！"

《大观茶论》：水以轻清甘洁为美，用汤以鱼目蟹眼②连络进跃为度。

【注释】

①卓锡：这里指僧人居住的地方。

②鱼目蟹眼：指斗茶的时候，煎汤出现像鱼目、蟹眼一样的小珠泡。

【译文】

《海录》中记载：陆羽品水的时候，把雪水评为第二十等水，认为它具有凝积冰冷的特性，它的这种特性在煮茶的茶汤中能够体现出来。

陆平泉在《茶寮记》中记述：唐秘书省中的水是最好的，所以把它称为"秘水"。

《檀几丛书》中有这样的记述：在唐代天宝年间，名叫清晏的稠锡禅师，他特地在南岳的涧上居住，那里的泉水忽然从石洞中迸发出来，叫作真珠泉。大师喝了这里的泉水以后感觉它清甜可口，于是说道："我家乡桐庐的茶用这里的水来煮，难道不是很合适吗？"

《大观茶论》中说：那些清亮、甘甜、洁净的水是最好的，在煮水时出现像鱼目、蟹眼一样连在一起向前涌进的水珠，这是恰到好处的。

【原文】

《咸淳临安志》：栖霞洞内有水洞深不可测，水极甘洌。魏公①尝调以瀹茗。又莲花院有三井，露井最良，取以烹茗，清甘寒洌，品为小林第一。

王氏《谈录》：公言茶品高而年多者，必稍陈。遇有茶处，春初取新芽轻炙，杂而烹之，气味自复在。襄阳试作甚佳，尝语君谟，亦以为然。

欧阳修《浮槎水记》：浮槎与龙池山皆在庐州界中，较其味不及浮槎远甚。而又新②所记，以龙池为第十，浮槎之水弃而不录，以此知又新所失多矣。陆羽则不然，其论曰：“山水上，江次之，井为下，山水乳泉石池漫流者上。”其言虽简，而于论水尽矣。

【注释】

①魏公：指张浚。
②又新：指唐朝人张又新。

【译文】

《咸淳临安志》中记述：栖霞洞里面有一处水洞，深不可测，里面的水甘甜、冰凉，魏公曾把里面的水汲取出来煮茶。又莲花院里面有三口井，其中露井的水质量是最好的，把它汲取出来煮茶，茶的味道清亮，甘甜，冰凉，经过品评是小林第一。

王氏在《谈录》中记述：那些品位高的茶如果放很长时间的话，就会有一种陈茶的味道。我曾经看见一个产茶的地方，茶工在春初的时候把那些新长出的茶芽取下来轻轻烤一下，然后把它们和那些好的陈茶混杂在一起煮，那么好茶的气味就会又重新散发出来了。襄阳试了一下这种方法，效果很不错，曾经向蔡君谟讲过这件事情，蔡君谟也是这样认为的。

欧阳修在《浮槎水记》中记述：浮槎与龙池山都地处庐州境内，把两处的水味比较一下，龙池山的水比起浮槎的水来要差很多。但张又新在《煎茶水记》中却把龙池水列为第十等，对于浮槎水，却把它舍弃而没有记载，从这里可以看出张又新在排列水的等级上面，是有很多失误的。陆羽就不是这样的，他在他的《茶经》中说：“山上水是上等的水，江水要稍微差一些，井水是最差的，由石池漫流出来的山水钟乳泉被认为是上等的。”他的话虽然简短，但是认识很透彻。

浮槎山

【原文】

蔡襄《茶录》：茶或经年，则香色味皆陈。煮时先于净器中以沸汤渍之，刮去膏油一两重即止。乃以钤拑之，用微火炙干，然后碎碾。若当年新茶，则不用此说。碾时，先以净纸密裹捶碎，然后熟碾。其大要旋碾则色白，如经宿则色昏矣。碾毕即罗。罗细则茶浮，粗则沫浮。候汤最难，未熟则沫浮，过熟则茶沈。前世谓之蟹眼者，过熟汤也。沉瓶中煮之不可辨，故曰候汤最难。茶少汤多则云脚散，汤少茶多则粥面聚。建人谓之云脚，粥面。钞茶一钱七，先注汤，调令极匀。又添注入，环回击拂。汤上盏，可四分则止，视其面色鲜白，著盏无水痕为绝佳。建安斗试，以水痕先退者为负，耐久者为胜，故校胜负之说，曰相去一水两水。茶有真香，而入贡者微以龙脑和膏，欲助其香。建安民间试茶，皆不入香，恐夺其真也。若烹点之际，又杂以珍果香草，其夺益甚，正当不用。

陶榖《清异录》：馔茶而幻出物像于汤面者，茶匠通神之艺也。沙门①福全生于金乡，长于茶海，能注汤幻茶成一句诗，如并点四瓯，共一首绝句，泛于汤表。小小物类，唾手办尔。檀越日造门，求观汤戏，全自咏诗曰："生成盏里水丹青，巧画工夫学不成。却笑当时陆鸿渐，煎茶赢得好名声。"茶至唐而始盛。近世有下汤运匕，别施妙诀，使汤纹水脉成物像者，禽兽、虫鱼、花草之属，纤巧如画，但须臾②即就散灭，此茶之变也。时人谓之"茶百戏"。又有漏影春法。用缕纸贴盏，糁茶而去纸，伪为花身。别以荔肉为叶，松实、鸭脚③之类珍物为蕊，沸汤点搅。

【注释】

①沙门：佛门的意思，是梵文音译的一种略称。
②须臾：当一会儿、很快讲。
③鸭脚：在这里指银杏。

【译文】

蔡襄在《茶录》中说：那些放过一年的茶，在色、香、味方面都会陈旧。所以这种茶在煮的时候要先把它们放在干净的器皿中用开水淋浇一下，把茶饼上的膏油刮掉。一两重就可以了。用茶钤夹着放在缓火上烤干，然后碾碎。如果是当年的新茶，就不需要采用这种办法了。碾的时候，要先把茶饼用干净的纸裹严实，然后再熟碾。差不多要碾到茶色发白的时候，如果把碾出来的茶放一夜的话，颜色会发暗。茶饼碾完之后要马上用茶罗进行罗，罗得细煮茶时茶末就会在上面漂浮着，罗得粗的话煮茶时就要出现茶沫。候汤是一件很难的事情，这是因为要辨别一下煎茶的水是否适度。如果水煎得不熟在表面会浮有茶沫，而如果过熟的话茶就会沉在下面。前人曾提到过的蟹眼，指的就是汤讨熟了。煮茶时茶沉在瓶中熟与不熟不好辨认，所以说候汤是最难的。如果茶少而汤多就会出现云脚散，而汤少茶多的话就

蔡襄

会形成粥面聚。（建安地方的人把这两种情况称为云脚、粥面。）把加工好的一钱七的茶末，先把一点沸汤倒入瓶中调匀，然后再把沸水倒进去，把茶盏中的茶汤用茶筅旋转打击和拂动。倒进杯子的水有四成满就差不多了。如果汤面的颜色呈现鲜白，盏上没有出现水痕是最好的。建安这个地方斗茶的时候，如果水痕先退下去的话就被看成是输了，而水痕能够保持很长的时间就算作胜，所以在论输赢的时候有一种说法，叫作相去一水两水。茶有真香，那些入贡的茶要稍微加一点龙脑和膏在里面，目的是来增加茶的香味。在建安这个地方民间制茶的时候，都不会把香料加进去，避免真茶的香味被夺去。如果在煎茶、点茶的时候，把一些珍果香草掺杂在里面，那茶原来的香味会被夺去更多，那些真正讲究饮茶品位的人是不会把任何香料加在茶中的。

陶穀在《清异录》中记载：注茶的时候可以使茶面变幻出各种各样的物体形象，这需要茶匠的茶艺技巧精湛，佛门的福全在金乡出生，在茶海长大，他在注汤的时候可以使汤面变幻出一句诗来，如果同时要往四个杯子里面注点的话，就能在汤的表面，变幻出一首绝句。这种小小的技艺，唾手之间就能完成。有一次檀越找到福全让他表演汤戏，福全就作诗说："生成盏里水丹青，巧画工夫学不成；却笑当时陆鸿渐，煎茶赢得好名声。"到唐代的时候，十分盛行饮茶。近代就有注汤运匕时，施加一点秘诀在里面，可以让汤纹水脉形成物像，就如同禽兽、虫鱼、花草这类动植物一样，纤巧的就像画一样，但是在很短的时间里就会漂散开，这也就是茶的变化。当时的人们把它称为"茶百戏"。还有一种被称为漏影春法，就是把盏用细纸条粘贴起来，然后把茶末粉撒上去，再去掉纸条，这样看上去让人觉得像是花枝一样。另外，把荔枝肉放在上面作为花叶，再把松子、银杏之类的珍贵物品放上作为花蕊，然后用开水点搅一下，特别好看。

【原文】

《煮茶泉品》：予少得温氏所著《茶说》，尝识其水泉之目有二十焉。会西走巴峡，经虾蟆窟；北憩芜城，汲蜀冈井；东游故都，绝扬子江，留丹阳酌观音泉，过无锡刺①慧山②水。粉枪禾旗，苏兰薪桂，且鼎且缶。以饮以歠③，莫不馪气涤虑，蠲④病析酲⑤，祛鄙恡⑥之生心，招神明而还观。信乎！物类之得宜，臭味之所感，幽人⑦之佳尚，前贤之精鉴，不可及已。昔郦元⑧善于《水经》，而未尝知茶；王肃⑨癖于茗饮，而言不及水，表是二美，吾无愧焉。

【注释】

①刜（jū）：舀取。

②慧山：即惠山。

③歠（chù）：与"啜"通，指喝羹汤。

④蠲（juān）：免除。

⑤醒（chéng）：不清，烦心为醒。

⑥悋（lìn）：过分吝惜。

⑦幽人：指隐逸者。

⑧郦元：即郦道元，北魏范阳人，字善长，著有《水经注》四十卷。

⑨王肃：指北魏的王肃（公元414—501年），临沂人。最初在南齐做官，任秘书丞，后因父亲兄弟被齐武帝所杀，投奔北魏。官散骑常侍郎，督淮南诸军，拜扬州刺史，酷爱饮茶。参见《茶经·七茶之事》中的《后魏录》。

【译文】

《煮茶泉品》：我少年时候读过温氏的《茶说》，从中知道有名的泉水20多处。我往西到过巴峡，经过虾蟆窟；往北曾在芜城歇息，汲取过蜀冈井的水；往东游览过故都，一直走到扬子江，在丹阳停留，喝过观音泉的水，还经过无锡品尝过慧山的水。用粉枪禾旗这样的好茶，用兰草桂木这样好的柴火，一边烹煮，一边品尝，那真是回肠荡气，百病全消。抑郁烦躁挥之而去，神清气爽充满全身。这才理解，那美好气息的感染，那幽静的感觉，即使前辈贤士精湛的说法，都不能达到。过去郦元善著过《水经》，但却不知道茶叶；王肃热衷于喝茶，却没提到过水，要说出茶和水这二者的美好，我可以说是当之无愧。

【原文】

魏泰《东轩笔录》：鼎州北百里有甘泉寺，在道左，其泉清美，最宜瀹茗。林麓回抱，境亦幽胜。寇莱公①谪守雷州，经此酌泉。志壁而去。未几，丁晋公窜朱崖。复经此，礼佛留题而行。天圣中，范讽以殿中丞安抚湖外，至此寺睹二相留题，徘徊慨叹，作诗以志其旁曰："平仲酌泉方顿辔，谓之礼佛继南行。层峦下瞰岚烟路，转使高僧薄宠荣。"

【注释】

①寇莱公：即北宋政治家莱国公寇准。

【译文】

魏泰《东轩笔录》：鼎州往北百里远的地方有一座甘泉寺，在路的左侧有眼泉水清澈美味，最适合泡茶。四周绿荫环抱，环境也很幽雅。寇莱公被贬到雷州时，经过这里喝水，在墙壁上题字后才离去。没过多久，丁晋公又经过这里，拜佛题字后才走。天圣年间，范讽作为殿中丞来到安抚湖外，到这座寺观看了上面题留的文字，徘徊感叹，在旁边作诗说："平仲酌泉方顿辔，谓之礼佛继南行。层峦下瞰岚烟路，转使高僧薄宠荣。"

【原文】

张邦基①《墨庄漫录》："元祐六年七夕日，东坡时知扬州，与发运使晁端彦、吴倅晁无咎。大明寺汲塔院西廊井，与下院蜀井二水校其高下，以塔院水为胜。""华亭县有寒穴泉，与无锡惠山泉味相同，并尝之不觉有异，邑人知之者少。王荆公尝有诗云：'神震洌冰霜，高穴雪与平。空山淳千秋，不出呜咽声。山风吹更寒，山月相与清。北客不到此。如何洗烦醒。'"

【注释】

①张邦基：字子贤，邮人。生卒年均不祥，宋高宗绍兴初前后在世。生平事迹不详。喜藏书，有《墨庄漫录》十卷，《四库总目》行于世。

【译文】

张邦基《墨庄漫录》："元祐六年七夕的时候，苏东坡在扬州任职，跟发运使晁端彦、吴倅晁无咎等人，汲取大明寺塔院西廊井水同下院蜀井的水比较高下，认为塔院的水比较好。""华亭县有寒穴泉，和无锡惠山泉水的味道相同，放在一起品尝，没觉得有什么不同，当地很少有人知道。王荆公曾经有诗说：'神震洌冰霜，高穴雪与平。空山淳千秋，不出呜咽声。山风吹更寒，山月相与清。北客不到此，如何洗烦醒。'"

【原文】

罗大经《鹤林玉露》：余同年友李南金云：《茶经》以鱼目、涌泉连珠为煮水之节。然近世瀹茶，鲜以鼎镬，用瓶煮水，难以候视。则当以声辨一沸、二沸、三沸之节。又陆氏之法，以末就茶镬，故以第二沸为合量而下末。若今以汤就茶瓯瀹①之，则当用背二涉三之际为合量也。乃为声辨之诗曰："砌虫唧唧万蝉催，忽有千车捆载来。听得松风并涧水，急呼缥色绿磁杯。"其论固已精矣。然瀹茶之法，汤欲嫩而不欲老。盖汤嫩则茶味甘，老则过苦矣。若声如松风涧水而遽瀹之，岂不过于老而苦哉。惟移瓶去火，少待其沸止而瀹之，然后汤适中而茶味甘。此南金之所未讲也。因补一诗云："松风桂雨到来初，急引铜瓶离竹炉。待得声闻俱寂后，一瓯春雪胜醍醐。"

【注释】

①瀹（yuè）：煮。

【译文】

罗大经《鹤林玉露》：我的同年好友李南金说，《茶经》里记载水开到像鱼的眼睛、像连珠一样往上冒为标准。但是近来很少用鼎镬煮茶，如果用瓶子煮水，很难看到这些。那就应该用声音来分辨水一开、二开、三开的程度。另外还有陆羽的方法，是放茶末在鼎镬里煮，所以在水二沸时放茶叶比较合适。如果像现在这样把开水冲进茶壶泡茶，那就应该在二沸和三沸之间，才算合适。为此赋诗说："砌虫唧唧万蝉催，忽有千车捆载来。听得松风并涧水，急呼缥色绿磁杯。"这种说法虽然很精确，但对于茶来说，水应该嫩而不应该老。如果汤嫩的话茶叶的味道就很甜，味道太老就会很苦。如果声音像松风涧水一样再冲茶，不是太老、太苦了吗？只能移掉瓶子去掉火，等它停止沸腾再说，那样水适中，茶叶的味道就会很甜美。这是南金没有讲到的，因此补充一首诗："松风桂雨到来初，急引铜瓶离竹炉。待得声闻俱寂后，一瓯春雪胜醍醐。"

【原文】

赵彦卫①《云麓漫钞》：陆羽别天下水味，各立名品，有石刻行于世。《列子》云：孔子："淄渑之合，易牙能辨之"。易牙，齐威公大夫。淄渑二水，易牙知其味，威公不信，数试皆验。陆羽岂得其遗意乎？

《黄山谷集》：泸州大云寺西偏崖石上，有泉滴沥，一州泉味皆不及也。

林逋《烹北苑茶有怀》：石碾轻飞瑟瑟尘，乳花烹出建溪春。人间绝品应难识，闲对《茶经》忆古人。

【注释】

①赵彦卫：字景安，里居及生卒年均不详，约宋宁宗庆元初前后在世。著有《云麓漫钞》十五卷，（《四库总目》《文献通考》）作二十卷以赅博称。

【译文】

赵彦卫《云麓漫钞》：陆羽将天下水的味道，分别列出了有名的品种，刻在石头上流传后代。《列子》说：孔子所说的"淄渑之合，易牙能辨之。"易牙，是齐威公的大夫。淄、渑这两种水，易牙知道它们的味道。威公不相信，多次试探都很灵验。陆羽能得到他遗留的意韵吗？

《黄山谷集》：泸州大云寺偏西的崖石上，有泉水往下滴，周围泉水的味道都比不上它。

林逋《烹北苑茶有怀》：石碾轻飞瑟瑟尘，乳花烹出建溪春。人间绝品应难识，闲对《茶经》忆古人。

【原文】

《东坡集》："予顷自汴入淮泛江，溯峡归蜀，饮江淮水盖弥年。既至，觉井水腥涩，百余日然后安之。以此知江水之甘于井也，审矣。今来岭外，自扬子始饮江水，及至南康，江益清驶，水益甘，则又知南江贤于北江也。近度岭入清远峡，水色如碧玉，味益胜。今游罗浮，酌泰禅师锡杖泉，则清远峡水又在其下矣。岭外惟惠州人喜斗茶，此水不虚出也。""惠山寺东为观泉亭，堂日漪澜，泉在亭中，二井石甃①相去咫尺，方圆异形。汲者多由圆井，盖方动圆静，静清而动浊也。流过漪澜，从石龙口中出，下赴大池者，有土气，不可汲。泉流冬夏不涸，张又新品为天下第二泉。"

【注释】

①甃（zhòu）：以砖瓦砌的井壁。

【译文】

《东坡集》:"我从汴京到淮水,逆流而上到达蜀地,喝了很多年江淮的水。到了这里,觉得井水的味道非常腥涩,喝了上百天才好一点。由这可知道江水比井水要甜一些。现在来到岭外,从扬子江开始喝江水,到了南康,江水更加清澈,水也更加甘甜。于是又知道南方的江水比北方的江水要好。最近来到清远峡,水的颜色就像碧玉一样,味道更好了。现在游览到了罗浮,喝泰禅师锡杖泉水,清远峡的水又比不上它了。岭外只有惠州的人喜欢比试茶水,此水名不虚传。""惠山寺的东面是观泉亭,有个亭子被称为漪澜,泉水在亭子的中间,二井距离很近,一圆一方两种形状。人们多取圆井里的水,因为方井里的水是流动的而圆井里的水是静的,不动水自然显得清澈,而动就会使水变得浑浊。流过漪澜,从石制的龙口中出来,往下流到大池的水,有泥土的气息,不可汲取。泉水整年都不干涸,张又新称它是天下第二泉。"

【原文】

《避暑录话》:裴晋公诗云,"饱食缓行初睡觉,一瓯新茗侍儿煎。脱巾斜倚绳床坐,风送水声来耳边。"公为此诗必自以为得意,然吾山居七年,享此多矣。

冯璧①《东坡海南烹茶图》诗:讲筵分赐密云龙,春梦分明觉亦空。地恶九钻黎火洞,天游两腋玉川风。

【注释】

①冯璧:字叔献,别字天粹,真定人。生于金世宗大定二年,卒于元太宗十二年,年七十九岁。居崧山龙潭十余年,诸生多从之游;赋诗饮酒,放浪山水间,人以为神仙。璧学长于《春秋》,诗笔清峻,字画楚楚,似其为人。

【译文】

《避暑录话》:裴晋公诗说,"饱食缓行初睡觉,一瓯新茗侍儿煎。脱巾斜倚绳床坐,风送水声来耳边。"他作这首诗的时候一定颇为自得,而我在山里居住了7年,已经享受这种生活很长时间了。

冯璧《东坡海南烹茶图》题诗:讲筵分赐密云龙,春梦分明觉亦空。地恶九钻黎火洞,天游两腋玉川风。

【原文】

《万花谷》："黄山谷有《井水帖》云：'取井傍十数小石，置瓶中，令水不浊。'故《咏慧山泉》诗云'锡谷寒泉椭'（音妥）。石俱，是也。石圆而长曰椭，所以澄水。""茶家碾茶，须碾着眉上白，乃为佳。曾茶山诗云：'碾处须看眉上白，分时为见眼中青。'"

《舆地纪胜》：竹泉，在荆州府松滋县南。宋至和初，苦竹寺僧浚井得笔。后黄庭坚谪黔过之，视笔曰："此吾虾蟆碚①所坠。"因知此泉与之相通。其诗曰："松滋县西竹林寺，苦竹林中甘井泉。巴人谩说虾蟆碚，试裹春茶来就煎。"

【注释】

①虾蟆碚（bèi）：地名用字，在湖北省宜昌市西北。

【译文】

《万花谷》："黄山谷中有《井水帖》说，'把井旁十几颗小石子放在瓶子里，可以让水不浑浊。'所以《咏慧山泉》诗中说'锡谷寒泉椭'。石俱，是也。长而圆的石头叫椭圆，所以能澄清水源。""茶家碾茶，必须碾到上面现出白色，才是最好的。曾茶山诗中说：'碾处须看眉上白，分时为见眼中青。'"

《舆地纪胜》：竹泉，在荆州府松滋县的南面。宋代至和年初，苦竹寺的和尚在淘井时得到一支笔。后来黄庭坚被贬到贵州时经过这里，看到笔说："这是我在虾蟆碚那里丢失的。"可知这两个泉水是相通的。他在诗中说，"松滋县西竹林寺，苦竹林中甘井泉。巴人谩说虾蟆碚，试裹春茶来就煎。"

【原文】

周辉《清波杂志》：余家惠山，泉石皆为几案间物。亲旧东来，数问松竹平安信。且时致陆子泉，茗碗殊不落寞①。然顷岁亦可致于汴都，但未免瓶盎气。用细砂淋过，则如新汲时，号拆洗惠山泉。天台竹沥水，彼地人断竹梢屈而取之盈瓮，若杂以他水则亟败。苏才翁与蔡君谟比茶，蔡茶精用惠山泉煮。苏茶劣用竹沥水煎，便能取胜。此说见江邻几所著《嘉祐杂志》。果尔，今喜击拂者，曾无一语及之何也？双井因山谷乃重，苏魏公尝云："平生荐举不知几何人，惟孟安序朝奉岁以双井一瓮为饷。"盖公不纳苞苴，顾独受此，其亦珍之耶。

【注释】

①不落寞：不落下，少不了。

【译文】

周辉《清波杂志》：我家在惠山，泉水和石头都是几案上摆放的东西。亲戚东来，多次问到松竹的情况。到了陆子泉，好茶是少不了的，虽然取了惠山泉水很快就能到汴京，但是也会觉得瓶子中水气不够纯。如果把水用细沙滤过，就会像刚取的一样了，被称为拆洗惠山泉。天台山的竹沥水，是那个地方的人将砍断的竹子弄弯把水装进去的，如果夹杂其他的水就不好了。苏才翁和蔡君谟比茶，蔡君谟的茶好，用惠山泉的水煮，苏才翁的茶不好，用竹沥水煮，苏才翁却取胜了。这种说法在江邻几所写的《嘉祐杂志》里可以看到。如果真是这样的话，今天喜欢茶事的人，怎么没有提到过一句呢？双井因为山谷才被重视，苏魏公曾经说："我一生不知荐举了多少人，只有孟安序朝奉的时候送给我一坛双井里的水。"苏魏公从不接受礼物，唯独接受这坛水，可见对它的珍惜。

【原文】

《东京记》：文德殿两掖有东西上阁门，故杜诗云："东上阁之东，有井泉绝佳。"山谷《忆东坡烹茶》诗云："阁门井不落第二，竟陵谷帘空误书。"

陈舜俞①《庐山记》：康王谷有水帘，飞泉破岩而下者二三十派。其广七十余尺，其高不可计。山谷诗云："谷帘煮甘露"是也。

【注释】

①陈舜俞：字令举，湖州乌程人。生年不详，卒于宋神宗熙宁七年。博学强记，著有《都官集》三十卷，《文献通考》及《庐山记》，《四库总目》并行于世。

【译文】

《东京记》：文德殿的两旁有东西上阁门，所以杜诗中说，"东上阁之东，有井泉绝佳。"山谷《忆东坡烹茶》诗中说："阁门井不落第二，竟陵谷帘空误书。"

陈舜俞《庐山记》：康王谷里有水帘，泉水从岩石上飞下有二三十个分流。大约有70多尺宽，水流的高度不可估测。山谷诗中说"谷帘煮甘露"，说的就是这里的水。

【原文】

孙月峰^①《坡仙食饮录》：唐人煎茶多用姜，故薛能诗云："盐损添常戒，姜宜著更夸。"据此，则又有用盐者矣。近世有此二物者，辄大笑之。然茶之中等者，用姜煎，信佳。盐则不可。

冯可宾^②《岕茶笺》：茶虽均出于岕，有如兰花香而味甘。过霉历秋，开坛烹之，其香愈烈，味若新沃。以汤色尚白者，真洞山也。他嶰初时亦香，秋则索然矣。

《群芳谱》：世人情性嗜好各殊，而茶事则十人而九。竹炉火候，茗碗清缘。煮引风之碧云，倾浮花之雪乳。非借汤勋，何昭茶德。略而言之，其法有五：一曰择水，二曰简器，三曰忌混，四曰慎煮，五曰辨色。

《吴兴掌故录》：湖州金沙泉，至元中，中书省遣官致祭。一夕水溢，溉田千亩，赐名瑞应泉。

【注释】

①孙月峰：1543—1613年，名鑛，字文融，号月峰，以号行。余姚横河镇孙家境村（今属慈溪市）人。孙月峰用其毕生精力，批注百家，自成一言。如《评史记》《评史书》《评韩非子》《评公羊传》《评经》《今文选》及《朱订西厢记》等。

②冯可宾：字祯卿，山东益都人，冯起震之子。明天启壬戌年（1622年）进士，官湖州司班、给事中，入清后隐居不仕。著有《广百川学海》等。

【译文】

孙月峰《坡仙食饮录》：唐代的人多用姜煎茶，所以薛能诗中说："盐损添常戒，姜宜著更夸。"根据这种说法，又有用盐煎茶的了。如果现在还用这两种东西煎茶，应该会被人大笑。但是中等的茶，用姜煎应该很好，盐就不可以了。

冯可宾《岕茶笺》：茶叶虽然都出自岕，有像兰花一样香甜的味道，过了雷雨季节经历了秋天以后，再打开坛子烹煮，它的香味会更浓烈，味道同新茶一样。如果茶水颜色很白，就是真正的洞山。其他的品种刚开始的时候也很香，但是到了秋天就会变得索然无味了。

《群芳谱》：人们喜欢的事物不会相同，但对于茶来说10个人中有9个人喜欢。不过是竹炉火候适用得当，再加上好茶碗、清水的缘故。煮了以后有水汽上升，上面浮着白色的水花。不是水的功劳，哪来这么好的茶呢？简单地说，煮茶有五个技巧：一是选择水，二是选用器具，三忌讳混杂，四是小心地蒸煮，五是分辨颜色。

《吴兴掌故录》：湖州的金沙泉，到了元代，中书省派官员祭拜，水一会儿就溢出来了，灌溉了千亩良田，把它赐名为瑞应泉。

【原文】

《职方志》：广陵蜀冈上有井，曰蜀井，言水与西蜀相通。《茶品》天下水有二十种，而蜀冈水为第七。

《遵生八笺》：凡点茶①，先须爆盏令热，则茶面聚乳，冷则茶色不浮。（爆音胁，火迫也。）

【注释】

①点茶：泡茶。

【译文】

《职方志》：广陵蜀冈上有口井，叫作蜀井，据说井里的水是与西蜀相通的。尝过天下水有二十种，而蜀冈的水是第七。

《遵生八笺》：泡茶时，必须先把杯子烘热，那么茶就会在表面聚拢，如果杯子冷，茶的颜色会不浮。（爆音胁，就是火烤的意思。）

【原文】

陈眉公《太平清话》："余尝酌中泠，劣于惠山，殊不可解。后考之，乃知陆羽原以庐山谷帘泉为第一。《山疏》云：'陆羽《茶经》言，瀑泻湍激者勿食。今此水瀑泻湍激无如矣，乃以为第一，何也？'又云'液泉在谷帘侧，山多云母，泉其液也，洪纤如指，清冽甘寒，远出谷帘之上，乃不得第一，又何也？'又'碧琳池东西两泉，皆极甘香，其味不减惠山，而东泉尤冽。'""蔡君谟'汤取嫩而不取老'，盖为团饼茶言耳。今旗芽枪甲，汤不足则茶神不透，茶色不明。故茗战之捷，尤在五沸。"

【注释】

（略）

【译文】

陈眉公《太平清话》："我曾经喝中泠水，比惠山的水差，不明白为什么。后来进行考证，才知道陆羽原把庐山谷帘泉的水列为第一。《山疏》中说：'陆羽在《茶经》中说，泻下很急的瀑布水不要饮用。但这里的瀑布流得十分湍急，却把它列为第一，这是为什么呢?'另外云'液泉在谷帘的旁边，山上有很多云母石，泉水是它的汁水，流得很急，清冽甘冷，远胜过谷帘，却不是第一，这是为什么呢?'还有'碧琳池的东西方向有两眼泉水，都非常甘甜清香，味道都不比惠山差，尤其东面的泉水更好。'"

"蔡君谟所说的'水应该取嫩而不取老'，都是对团饼的茶叶而言。现在的旗芽枪甲，如果汤水不好，茶叶的神韵就不能完全散发出来，茶叶的颜色就会不分明。所以斗茶要取胜，关键在水开的程度。"

【原文】

徐渭《煎茶七类》：煮茶非漫浪①，要须其人与茶品相得，故其法每传于高流隐逸，有烟霞泉石磊魄②于胸次间者。品泉以井水为下。井取汲多者，汲多则水活。候汤眼鳞鳞起，沫饽鼓泛，投茗器中。初入汤少许，俟汤茗相投即满注，云脚渐开，乳花浮面，则味同。盖古茶用团饼碾屑，味易出。叶茶骤则乏味，过熟则味昏底滞③。

张源《茶录》：山顶泉清而轻，山下泉清而重，石中泉清而甘，砂中泉清而冽，土中泉清而厚。流动者良于安静，负阴④者胜于向阳。山削者泉寡，山秀者有神。真源无味，真水无香。流于黄石为佳，泻出青石无用。汤有三大辨：一曰形辨，二曰声辨，三曰捷辨。形为内辨，声为外辨，捷为气辨。如虾眼、蟹眼、鱼目、连珠，皆为萌汤，直至涌沸如腾波鼓浪，水气全消，方是纯熟；如初声、转声、振声、骇声，皆为萌汤，直至无声，方是纯熟；如气浮一缕、二缕、三缕，及缕乱不分，氤氲缭绕，皆为萌汤，直至气直冲贯，方是纯熟。蔡君谟因古人制茶碾磨作饼，则见沸而茶神便发。此用嫩⑤而不用老也。今时制茶，不假罗碾，全具元体⑥，汤须纯熟，元神始发也。炉火通红，茶铫始上，扇起要轻疾，待汤有声，稍稍重疾，斯文武火候也。若过乎文，则水性柔，柔则水为茶降；过于武，则火性烈，烈则茶为水制，皆不足于中和，非茶家之要旨。投茶有序，无失其宜。先茶后汤，曰下投；汤半下茶，复以汤满，曰中投；先汤后茶，曰上投。夏宜上投，冬宜下投，春秋宜中投。不宜用恶木、敝器、铜匙、铜铫、木桶、柴薪、烟煤、麸炭、粗童、恶婢、不洁巾帨，及各色果实香药。

谢肇淛《五杂俎》：唐薛能《茶诗》云："盐损添常戒，姜宜著更夸。"煮茶如是，味安佳？此或在竟陵翁未品题之先也。至东坡《和寄茶》诗云："老妻稚子不知爱，一半已入姜盐煎。"则业觉其非矣，而此习犹在也。今江右及楚人，尚有以姜煎茶者，虽云古风，终觉未典。闽人苦山泉难得，多用雨水，其味甘不及山泉，而清过之，然自淮而北，则雨水苦黑，不堪煮茗矣。惟雪水，冬月藏之，入夏用，乃绝佳。夫雪固雨

煮茶图

所凝也，宜雪而不宜雨，何哉？或曰：北方瓦屋不净，多用秽泥涂塞故耳。古时之茶，曰煮，曰烹，曰煎。须汤如蟹眼，茶味方中。今之茶惟用沸汤投之，稍著火即色黄而味涩，不中饮矣。乃知古今煮法亦自不同也。苏才翁斗茶用天台竹沥水，乃竹露，非竹沥[7]也。若今医家用火逼竹取沥，断不宜茶矣。

【注释】

①漫浪：指传说的不实之词。

②磊碨：堆积。

③底滞：沉积而不通。

④负阴：指背阴的地方。

⑤嫩：指没有完全沸腾。

⑥元体：指茶叶不经碾碎，维持天然的形色。

⑦竹沥：竹子经加工后提取的汁液。它是一种无毒无副作用，药、食两用的天然饮品。

　　徐渭在《煎茶七类》里面记载：煮茶不是一件很随便的事情，它需要煮茶人的人品和茶品相当，所以每当它的方法被传到高流隐逸者那里，就好像是烟霞泉水石块藏在心中一样。品水的人都把井水认为是最差的。应该选取那些经常有人饮用的井水，如果很多人都到那里汲水，那里的水就是活水。等到把水煮到起了泡泡，上面有泡沫泛出的时候，再把茶叶放进器皿里面。开始时倒的水不要太多，等到汤和茶相融的时候再把水注满，这个时候云脚就会渐渐地开了，它的上面浮着乳花，味道自然就和一般的不同。其实在以前的时候人们把茶叶做成团饼碾成碎屑来喝，味道比较容易出来。茶叶不熟味道就会比较淡，而如果过熟的话，茶的味道就变得不清爽，而且还很容易沉积在底部。

　　张源在《茶录》里面记载：在山顶的那些泉水特别清澈而且还比较轻，在山下的那些泉水清但是比较重，在岩石下面流出的水清澈而且甘甜，在砂中的那些泉水清澈而且冷冽，而土中的泉水清澈而且厚重。流动的水要比静止的水好，而背阴的水比向阳的水要好。如果山势峻峭泉水就会少，山峻秀的话就有神灵在里面。真源是没有味道的，真水是没有香味的。从黄石中流出来的水被认为是最好的，而那些从青石中泻出来的水就没有什么用处。煮水的时候有三种可以分辨的方法：一是辨形，二是辨声，三是辨捷。形是从里面进行分辨，声音是从外面进行分辨，捷是根据气来分辨的。像虾眼、蟹眼、鱼目、连珠都是在水刚开时的样子，一直到水开得像波浪一样翻滚的时候，水汽全部都没有以后，那才算是真的熟了。像初声、转身、振声、骇声这些都是在水刚开时鼓荡的声音，直到声音一点都没有的时候，那才算是真正的熟了。如果水气浮成一缕、二缕、三缕，一直到分辨不清，烟雾缭绕，这些现象都是刚开的时候表现出来的，一直到气息贯通，那才算是真正的熟了。蔡君谟因古代的人把茶叶碾磨成饼状，所以就认为茶的神韵在水开了之后就会散发出来。这也就是为什么用嫩而不用老的原因。现在制造茶叶的时候，不需要用罗碾，使茶保持原来的形状就可以了，但是一定要很开的水，茶才会把内蕴完全散发出来。要等到炉火通红的时候，才开始把茶铫子放上去，扇风的时候动作要轻快，等到开水发出声音的时候，才能稍微扇重一点，这就是文武的火候。如果火太文的话，水性就会过柔，而水太柔的话就会被茶降伏；而如果过于武，火性太烈的话茶就会受制于水，这些都不能称为调和，都是没有得到泡茶的要领。在放茶叶的时候要按照一定的次序，不要把最好的时机失去了。先放茶后放水，这叫作下投；把茶放在一半的水中，然后再把水加满，这叫作中投；而先加水然后再把茶叶放在水里面，这被称为上投。在夏天的时候比较适合上投，冬天的时候适合下投，在春秋季节比较适合中投。不应该使用那些腐朽的木头、那些不好的器具、铜调羹、铜铫子、木桶、柴薪、烟煤、麸炭、粗鲁的童子、丑陋的婢女、不干净的毛巾等来做与茶相关的事，各种果实和香料也是不需要的。

谢肇淛在《五杂俎》里面记载：唐朝的薛能在《茶诗》中说："盐损添常戒，姜宜著更夸。"如果这样来煮茶，味道又怎么会好呢？或许这是在陆羽品茶之前的一种做法吧。至于东坡在《和寄茶》诗中说："老妻稚子不知爱，一半已入姜盐煎。"当时就觉得这样做是不对的，但这种习惯一直延续至今。今天的江右人和楚人，有的还是用姜来煎茶，虽说这是古代的一种风气，还是觉得这不合规矩。闽人的难处在于他们很难得到山泉水，所以他们多把雨水用来煮茶，它的味道不能和山泉水相比，但是要比山泉水清。但是在淮水以北，雨水多是苦而且黑的，这样的雨水是不能用来煮茶的。只好来用雪水，冬天的时候把雪水收藏起来，到了夏天的时候再用，这才是最好的。虽然雪也是由雨水凝固而成的，但是雪水适合而雨水就不适合，这是什么原因呢？可以这样说：因为北方的瓦屋不是很干净，多在上面涂上很脏的泥土。古时候的茶，被称为煮、烹、煎。必须等到水开得像蟹眼一样，这个时候的茶味才是正宗的。现在的茶叶只要用开水冲进去，稍微沾上火颜色就会变黄而且味道苦涩，不适合来饮用。才知道古代煮茶的方法和现代是不一样的。苏才翁斗茶时用天台的竹沥水，其实说的是竹露，而不是竹沥。如果像今天的医生一样用火烤把竹沥从竹子里面取出来，那对茶肯定就不适合了。

【原文】

顾元庆《茶谱》：煎茶四要：一择水，二洗茶，三候汤，四择品。点茶三要：一涤器，二燲盏，三择果。

熊明遇《芥山茶记》：烹茶，水之功居大。无山泉则用天水[1]，秋雨为上，梅雨次之。秋雨冽而白，梅雨醇而白。雪水，五谷之精也，色不能白。养水须置石子于瓮，不惟益水，而白石清泉，会心亦不在远。

【注释】

[1]天水：即雨水。

【译文】

顾元庆在《茶谱》中记载：煎茶的时候有四个要诀：一是要选择水，二是要洗茶，三是要候汤，四是要择品。点茶时的三大要求是：一是要把器具洗干净，二是要把茶杯烧热，三是要选择果子。

熊明遇在《芥山茶记》里记载：烹茶的时候功劳最大的是水。如果没有山泉水的时候就用雨水，最好的是秋雨，而梅雨要差一些。秋雨是冽而白，而梅雨是醇而白。雪水可以称得上是五谷的精华，颜色不能是白的。存水的时候需要在坛子里放进一些石子，这样不仅对水有好处，而且那些白色的石头和清澈的泉水，看起来也会让人觉得赏心悦目。

【原文】

《雪庵清史》：余性好清苦，独与茶宜。幸近茶乡，恣我饮啜。乃友人不辨三火三沸法，余每过饮，非失过老，则失之太嫩，致令甘香之味荡然无存，盖误于李南金之说耳。如罗玉露①之论，乃为得火候也。友曰："吾性惟好读书，玩佳山水，作佛事，或时醉花前，不爱水厄②，故不精于火候。昔人有言：释滞消壅，一日之利暂佳；瘠气耗精，终身之害斯大。获益则归功茶力，贻害则不谓茶灾。甘受俗名，缘此之故。"噫！茶冤甚矣。不闻秃翁之言：释滞消壅，清苦之益实多；瘠气耗精，情欲之害最大。获益则不谓茶力，自害则反谓茶殃。且无火候，不独一茶。读书而不得其趣，玩山水而不会其情，学佛而不破其宗，好色而不饮其韵，皆无火候者也。岂余爱茶而故为茶吐气哉，亦欲以此清苦之味，与故人共之耳！煮茗之法有六要：一曰别，二曰水，三曰火，四曰汤，五曰器，六曰饮。有蜡茶，有散茶，有末茶，有饼茶；有研者，有熬者，有炀者，有舂者。余幸得产茶方，又兼得烹茶六要，每遇好朋，便手自煎烹。但愿一瓯常及真，不用撑肠拄腹文字五千卷也。故曰饮之时，又远矣哉。

【注释】

①罗玉露：指宋代罗大经，因著有《鹤林玉露》，而称"罗玉露"。
②水厄：即饮茶。

【译文】

《雪庵清史》里面记载：我天生比较喜欢清苦，这和茶的习性很相近。幸好居住的地方靠近茶乡，这样能够让我随意饮用。我的朋友不能把三火三沸的做法分清，我每次去他那里饮茶，茶不是太老了，就是太嫩了，使得茶香甜的味道荡然无存，这些都是被李南金的说法所误导。只有按照罗玉露那样的说法，才能把火候把握好。朋友说："我只是喜欢读书，游玩山水，做一些佛事，有时候还会醉倒在花前，不喜欢饮茶，所以不是很精通火候。前人说：茶能够去掉人体内的阻滞和疲劳，让人一天都会感觉舒服；但如果消耗了精气，对终身的危害是很大的。获益的时候就说是茶的功劳，得到害处以后就不说是茶。甘于忍受俗名，就是因为这个原因吧。"哎！茶真的是很冤枉啊。曾听和尚说过：去掉体内的阻滞和疲劳，清苦有很多的益处；消耗精气，情欲的危害是最大的。在获益的时候不说是由于茶，等到害了自己的时候却说是因为茶才遭的殃。不懂得把握好火候，不单茶是这样的道理。如果读书的时候不能领悟到里面的趣味，赏玩山水的时候不能领会其中的情致，学习佛法的时候不能理解它的根本，好色却又不能理解其中的韵味，都应该算是不讲火候。不是因为我爱茶才要为茶出这一口气，而是想把这种清苦的味道，和好朋友一起分享。在煮茶的方法上有六个要诀：一是要会辨别，二是水，三是火，四是汤，五是器具，六是饮。茶里面有粗茶、散茶、末茶、饼茶的分别；有研茶、熬茶、炀茶、舂茶的做法。我很幸运地学会了做茶的方法，又得到了烹茶的六大要点，一旦遇到好朋友的时候，就会亲自来烹煎茶了。但愿一壶茶就能喝到茶中的真谛，不需要用五千卷的文字来撑肠挂腹。所以说饮茶有非常深远的意义。

【原文】

田艺蘅《煮泉小品》：茶，南方嘉木，日用之不可少者。品固有媸①恶，若不得其水，且煮之不得其宜，虽佳弗佳也。但饮泉觉爽，啜茗忘喧，谓非膏粱纨绔可语。爱著《煮泉小品》，与枕石漱流②者商焉。陆羽尝谓："烹茶于所产处无不佳，盖水土之宜也"。此论诚妙。况旋摘旋瀹，两及其新耶。故《茶谱》亦云"蒙之中顶茶，若获一两，以本处水煎服，即能祛宿疾"，是也。今武林③诸泉，惟龙泓④入品，而茶亦惟龙泓山为最。盖兹山深厚高大，佳丽秀越，为两山之主。故其泉清寒甘香，雅宜煮茶。虞伯生诗："但见瓢中清，翠影落群岫；烹煎黄金芽，不取谷雨后。"姚公绶诗："品尝顾渚风斯下，零落《茶经》奈尔何。"则风味可知矣，又况为葛仙翁炼丹之所哉。又其上为老龙泓，寒碧倍之，其地产茶为南北两山绝品。鸿渐第钱塘天竺灵隐者为下品，当未识此耳。而《郡志》亦只称宝云、香林、白云⑤诸茶，皆有水有茶，不可以无火，非谓其真无火也，失所宜也。李约云"茶须活火煎"，盖谓炭火之有焰者。东坡诗云"活水仍将活火烹"，是也。余则以为山中不常得炭，且死火耳，不若枯松枝为妙。遇寒月，多拾松实房蓄，为煮茶之具更雅。人但知汤候，而不知火候。火然则水干，是试火当先于试水也。《吕氏春秋》伊尹说汤五味，"九沸九变，火为之纪"。

【注释】

①嬍：同"美"。

②枕石漱流：指隐居。

③武林：今杭州。

④龙泓：位于杭州西湖凤凰岭下，即龙井所在地。

⑤宝云、香林、白云：古代茶名，均出于杭州。

西湖

【译文】

田艺蘅在《煮泉小品》里面说：茶叶，是南方的一种很好的树木，是人们日常生活中的一种必需品。茶的品质虽然有差别，但是如果没有好水的话，煮的方法又不得当，那么即使再好的茶也不会好喝。人在喝泉水的时候会觉得清爽，而喝茶的时候能够忘记喧嚣，这都不是那些纨绔子弟能够领悟到的。我写作《煮泉小品》，是为了与枕石漱流的雅士们商榷。陆羽曾经说："在出产茶叶的那些地方煮茶没有不好的，这是因为那里的水土适宜。"这种说法十分正确，因为一边采摘、一边制作，在这两道工序中茶叶都是新鲜的。所以《茶谱》中说："如果能够得到一两蒙山之中最好的茶，用当地的水来煎服，能够把人体内积存很久的疾病除掉"，确实是这样的。现在在武林的那些泉水当中，只有龙泓还算是可以的，茶叶也只有龙泓山出产的是最好的。因为龙泓山山高林密，山川十分秀丽，是两山之中最好的。所以那里的水清寒而且甘香，很适合用来煮。虞伯生的诗中说："但见瓢中清，翠影落群岫；烹煎黄金芽，不取谷雨后。"姚公绶的诗中说："品尝顾渚风斯下，零落《茶经》奈尔何。"那样茶的风味就知道了，不然的话怎么能成为葛仙翁炼丹的地方呢？比这个地方还要好的是老龙泓，水的寒碧比它要更好，在这个地方出产的茶叶是南北两山的绝品。陆鸿渐认为最差的水要数钱塘天竺灵隐寺的水，我没有尝试过。在《郡志》里面也只说宝云、香林、白云等，都有水有茶，不可以没有火，并不是说真的没有火，这里说的是掌握火候的问题。李约说"茶必须用活火煎"，活火指的是那些有焰的炭火。东坡的诗中说"活水仍将活火烹"，的确如此。我却认为如果在山中不是经常有炭的话，那就都是死火，这样的话还不如用枯松枝。遇到很冷的天气，在房子里多存放一些松实，用它来煮茶会更好。人们只知道汤候，却不怎么知道火候。火烧下去就能把水蒸干，所以试火应该排在试水的前面。《吕氏春秋》中伊尹说汤有五种味道，"九沸九变，关键就在于火候的把握上"。

【原文】

许次杼《茶疏》："甘泉旋汲，用之斯良①，丙舍在城，夫岂易得。故宜多汲，贮以大瓮，但忌新器，为其火气未退，易于败水，亦易生虫。久用则善，最嫌他用。水性忌木，松杉为甚。木桶贮水，其害滋甚，挈瓶为佳耳。""沸速，则鲜嫩风逸。沸迟，则老熟昏钝。故水入铫，便须急煮。候有松声，即去盖，以息其老钝。蟹眼之后，水有微涛，是为当时。大涛鼎沸，旋至无声，是为过时。过时老汤，决不堪用。""茶注、茶铫、茶瓯，最宜荡涤。饮事甫毕，余沥残叶，必尽去之。如或少存，夺香败味。每日晨兴，必以沸汤涤过。用极熟麻布向内拭干，以竹编架覆而庋之燥处，烹时取用。"

"味若龙泓，清馥隽永甚。余尝一一试之，求其茶泉双绝，两浙罕伍云。" "山厚者泉厚，山奇者泉奇，山清者泉清，山幽者泉幽，皆佳品也。不厚则薄，不奇则蠢，不清则浊，不幽则喧，必无用矣。" "江，公也，众水共入其中也。水共则味杂，故曰江水次之。其水取去人远者，盖去人远，则湛深而无荡漾之漓耳。" "严陵濑，一名七里滩，盖沙石上曰濑、曰滩也，总谓之浙江。但潮汐不及，而且深澄。故入陆品耳。余尝清秋泊钓台下。取囊中武夷、金华二茶试之，固一水也，武夷则黄而燥冽，金华则碧而清香，乃知择水当择茶也。鸿渐以婺州为次，而清臣以白乳为武夷之石，今优劣顿反矣。意者所谓离其处，水功其半者耶。" "去泉再远

严子陵钓台

者，不能日汲。须遣诚实山僮②取之，以免石头城下之伪。苏子瞻爱玉女河水，付僧调水符以取之，亦惜其不得枕流焉耳。故曾茶山《谢送惠山泉》诗有'旧时水递费经营'之句。" "汤嫩则茶味不出，过沸则水老而茶乏。惟有花而无衣，乃得点瀹之候耳。" "三人以上，止热一炉。如五六人，便当两鼎炉，用一童，汤方调适。若令兼作，恐有参差。" "火必以坚木炭为上。然木性未尽，尚有余烟，烟气入汤，汤必无用。故先烧令红，去其烟焰，兼取性力猛炽，水乃易沸。既红之后，方授水器，乃急扇之。愈速愈妙。毋令手停。停过之汤，宁弃而再烹。" "茶不宜近阴室、厨房、市喧、小儿啼、野性人、僮奴相哄、酷热斋舍。"

【注释】

①斯良：效果好。

②山僮：山里的孩子。

【译文】

许次杼《茶疏》："用来煮茶的甘甜泉水，最好是随取随用，这样煮茶的效果才会

好，可是住在城里，又怎么能够随时得到呢？所以应多汲取一些，放在大坛子里储存起来，但是不要用新器具，因为它的火气还没有退尽，容易败坏水质，也容易生虫。用久的器具才好，但就怕把它用作其他的用途。水最忌讳木头，尤其是松杉。用木桶储存水，它的危害很快就显露出来了，用瓶子装是最好的。""水开得快，就会显得鲜嫩风逸。水开得迟，则容易太熟昏钝。所以水放进锅里，就要马上煮。等到发出像松涛一样的声音，就掀开锅的盖子，可以平息它的老钝。泛出蟹眼般的气泡之后，水翻腾起来，这是最适合的时候。声音鼎沸，然后没有声音，那就是过时了。过了时间的老汤，绝对不能用。""茶注、茶铫、茶瓯，最好常洗涤。饮完以后，喝剩下的残叶，必须全部去掉。如果茶叶还留在里面，再用时就会夺走茶的香气败坏茶的味道。每天早晨，一定要用开水洗过，用特别软的麻布擦干杯子的里面，扣在竹架子上晾干，烹茶的时候再拿出采用。""味道像龙泓泉水，清香隽永。我曾经一一试过，想找到茶叶和水都非常好的地方，但两浙一带很少有泉水。""山厚泉水也厚，山奇泉水也奇，山清泉水也清，山幽泉水也幽，都是很好的品种。不厚就薄，不奇就蠢，不清就浑浊，不幽静就喧哗，肯定是不好的水。""江，是公共的，所有的水都汇进里面。汇集成的水的味道就会很杂，因此说饮用江水差一点。应到离人远的地方取水，离人越远，水就会清湛而且没有杂物漂浮。""严陵濑，又叫七里滩，这是因为沙石上被称为濑、被称为滩，总称为浙江。但江的潮汐影响不到这里，水深而且清，所以被陆羽品为好水。我曾经在清秋的时候将船停在钓台下，拿出囊中武夷、金华两种茶进行比较，虽然是同一种水，武夷茶显得黄而燥冽，金华就显得碧绿而清香，才知道选择水也应当选择茶。鸿渐认为婺州差一点，而清臣认为白乳比武夷要差一点，现在这种优劣已经倒过来了，如果把它分开说的话，水的功劳占到了一半。""如果离泉水太远，那就不能天天去汲取了。就要让很诚实的山里孩子去取，避免发生像石头城下取水充数的事情。苏子瞻喜欢玉女河里的水，让和尚拿调水符去取，仍然为不能听着水泉睡觉而觉得惋惜。所以曾茶山在《谢送惠山泉》诗中有'旧时水递费经营'这样的句子。""如果水开得不够则茶的味道就不出来，水开得太过茶就会老。只有开到恰到好处才好。""三人以上，只需要一炉。如果是五六个人，就应当用两个鼎炉，专门让一个童子来做，才能调出好茶。如果让人兼做，就会出现差错。""用坚木炭烧火是最好的，如果木头没有烧透，还有剩余的烟味，烟气到了汤里，汤就被毁了。所以先把木柴烧红去掉里面的烟焰，再用很猛烈的火力，水才容易沸腾。炭红了以后，再放上烧水的器具，马上用扇子去扇，越快越好，手不要停。停过火的汤，宁可放弃再烹制。""茶叶不适合靠近阴暗的房间、厨房、喧闹的地方、小儿啼哭的地方、性格很粗犷的人、仆人打闹的地方、很热的房子。"

【原文】

罗廪《茶解》："茶色白，味甘鲜，香气扑鼻，乃为精品。茶之精者，淡亦白，浓亦白，初泼白，久贮亦白。味甘色白，其香自溢，三者得则俱得也。近来好事者，或虑其色重，一注之水，投茶数片，味固不足，香亦窅然，终不免水厄之诮，虽然，尤贵择水。""香以兰花为上，蚕豆花次之。""煮茗须甘泉，次梅水。梅雨如膏，万物赖以滋养，其味独甘。梅后便不堪饮。大瓮满贮，投伏龙肝一块以澄之，即灶中心干土也，乘热投之。""李南金谓，当背二涉三之际为合量。此真赏鉴家言。而罗鹤林惧汤老，欲于松风涧水后，移瓶去火，少待沸止而瀹之。此语亦未中窾。殊不知汤既老矣，虽去火何救哉？""贮水瓮须置于阴庭，覆以纱帛，使昼挹天光，夜承星露，则英华不散，灵气常存。假令压以木石，封以纸箬①，暴于日中，则内闭其实，外耗其精，水神敝矣，水味败矣。"

【注释】

①纸箬：纸和竹子。

【译文】

罗廪《茶解》："茶叶的颜色发白，味道甘鲜，香气扑鼻，是很好的品种。茶叶中的精品是，茶淡时颜色是白的，茶浓时颜色也是白的，刚做出来的时候是白色，放置时间长了仍然是白色的，它的香味四处飘溢，色香味三者就都有了。近来有好事的人担心茶的颜色太重，一注的水只放几片茶叶，味道不够，香气也不浓，只能被讥讽是水的灾难。尽管这样，选择水还是特别重要。""香味是兰花的最好。蚕豆花要差一点。""煮茶时必须用甘甜的泉水，其次才是雨水。梅雨就像膏一样，所有的物体都依赖它生长，它的味道非常甘甜。梅雨以后就不能喝了。将梅雨用大坛子装起来，在里面放一片伏龙肝，把水澄清，也就是灶中心的干土块，趁热的时候放进去。""李南金说，水在二沸和三沸之间的时候最合适。这是真正的行家的话。罗鹤林怕汤老了，在水大沸以后，移开瓶子去掉炭火，等到停止沸腾的时候再说。这样的说法也不一定准确。要知道汤已经老了，即使去了火又如何挽救呢？""储水瓶必须放在阴暗的屋子里，上面盖上纱布，遮挡白天的阳光，承接夜晚的露水，那样茶的精华就不会消散，灵气就可以长期保留。假如在上面压上木石，封上纸和竹叶，在阳光底下晒，那样瓶里就会封闭，外面就会耗尽水的精气，水的神韵就没有了，水的味道也就坏了。"

【原文】

《考槃余事》："今之茶品与《茶经》迥异，而烹制之法，亦与蔡、陆①诸人全不同矣。""始如鱼目微微有声为一沸，缘边涌泉如连珠为二沸，奔涛溅沫为三沸。其法非活火不成。若薪火方交，水釜才炽，急取旋倾，水气未消，谓之嫩。若人过百息，水逾十沸，始取用之，汤已失性，谓之老。老与嫩皆非也。"

【注释】

①蔡、陆：指的是蔡襄、陆羽。

【译文】

《考槃余事》："今天茶叶的品种同《茶经》里所说的完全不同，烹制的方法，也跟蔡襄、陆羽这些人所说的不一样。""开始有像鱼的眼睛一样的气泡、微微沸腾的声音是一沸，锅的边缘涌出像连珠一样的气泡是二沸，奔腾溅出是三沸。这种方法只有活火才能做到。如果柴火刚点着，锅刚烧热，就急忙取来泡茶，水气还没有消散，被称为嫩。如果等人休息好了，水已经过了十沸，才取用，汤就失去了灵性，已经老了。水老和水嫩都不好。"

【原文】

《夷门广牍》：虎丘石泉，旧居第三，渐品第五。以石泉淳泓，皆雨泽之积，渗窦之潢也。况阖①庐墓隧，当时石工多阖死，僧众上栖，不能无秽浊渗入。虽名陆羽泉，非天然水。道家服食，禁尸气也。

【注释】

①阖（hé）：关闭，阻碍。

【译文】

《夷门广牍》：虎丘的石泉，以前排在第三位，陆羽将它排为第五。石泉里储存的水，都是由雨水积存起来渗透形成的。何况当时盖墓道，多半石工被闷死了，很多和尚住在山上，不可能没有污秽渗透进去。虽然名叫陆羽泉，其实并不是天然的水。道家服用，最忌讳的就是有尸气。

【原文】

《六砚斋笔记》："武林西湖水，取贮大缸，澄淀①六七日。有风雨则覆，晴则露之，使受日月星之气。用以烹茶，甘淳有味，不逊慧麓。以其溪谷奔注，涵浸凝淳，非复一水，取精多而味自足耳。以是知凡有湖陂大浸处，皆可贮以取澄，绝胜浅流阴井，昏滞腥薄，不堪点试也。""古人好奇，饮中作百花熟水，又作五色饮，及冰蜜、糖药种种各殊。余以为皆不足尚。如值精茗，适乏细劚松枝，瀹汤漱咽而已。"

【注释】

①澄淀：沉淀，放置。

【译文】

《六砚斋笔记》："武林的西湖水，取来以后储存在大缸里，放置六七天。遇到风雨的时候就盖上，晴天的时候再打开，让它受到日月星辰的灵气。用它烹茶，会甘醇美味，不比慧麓的差。因为溪谷里的水流很快，能够浸润，不只一处水源，取了多处的精华，味道自然很好。由此可知凡是有湖泊浸润的地方。都可以收集储藏、澄清，绝对胜过浅流阴井的水。那些水带有异味，不能泡茶饮用。""古人因为好奇，饮用时放很多花在水里，还有一种叫作五色饮，放进冰蜜、糖药各种东西，我认为都不应该提倡。如果没有好茶叶，可以用松枝烧水泡汤，能喝就行。"

【原文】

《竹懒茶衡》：处处茶皆有，然胜处未暇悉品，姑据近道日御者：虎丘气芳而味薄，乍入盎，菁英浮动，鼻端拂拂如兰初析，经喉咙亦快然，然必惠麓水，甘醇足佐其寡薄。龙井味极腴厚，色如淡金，气亦沉寂，而咀咽之久，鲜腴①潮舌，又必借虎跑空寒熨齿之泉发之，然后饮者，领隽永之滋，无昏滞之恨耳。

【注释】

①腴（yú）：丰裕。

【译文】

《竹懒茶衡》：处处都有茶叶，只是茶的好处没能品评出来。正如短暂接触几天的道士所说：虎丘的气味芳香而且有些淡，刚放进杯里的时候上面浮着青色的叶子，鼻端飘着淡淡的兰花香味，喝的时候也很舒服，但必须是惠麓的水，水的甘醇能够辅佐茶的清淡。龙井的味道很浓厚，颜色淡黄，气味也不是很显露，但喝下去之后，才觉得特别鲜腴润滑，又必须借深山里的冷泉，喝下去才会觉得隽永滋润，没有昏滞的感觉。

【原文】

松雨斋《运泉约》：吾辈竹雪神期，松风齿颊①，暂随饮啄人间，终拟逍遥物外。名山未即，尘海②何辞！然而搜奇炼句，液沥③易枯；涤滞洗蒙，茗泉不废。月团三百，喜拆鱼缄；槐火一篝，惊翻蟹眼。陆季疵之著述，既奉典刑；张又新之编摩，能无鼓吹。昔卫公宦达中书，颇烦递水；杜老潜居夔峡，险叫湿云。今者，环处惠麓，逾二百里而遥；问渡松陵，不三四日而至。登新捐旧，转手妙若辘轳；取便费廉，用力省于桔槔。凡吾清士，咸赴嘉盟。运惠水：每坛偿舟力费银三分，水坛坛价及坛盖自备不计。水至，走报各友，令人自抬。每月上旬敛银，中旬运水。月运一次，以致清新。愿者书号于左，以便登册，并开坛数，如数付银。某月某日付。松雨斋主人谨订。

【注释】

①齿颊：风吹脸面。
②尘海：世间，凡间，世俗。
③液沥：身体出汗。

【译文】

松雨斋《运泉约》：在雪后的竹林里，阵阵松风吹着脸颊，我们暂时放饮人间，终日逍遥物外。没到过名山，怎么能告别世俗的生活呢？但是搜集提炼奇警的句子，汗体淋漓思绪枯竭，所以洗去迟滞昏蒙，甘泉香茗不断。有月团三百，高兴地拆开包茶叶的鱼纸封缄，燃起槐枝烧成篝火，把泉水煮到翻起蟹眼。根据陆羽的论述，已经奉为经典；张又新的主张也不能不加鼓吹。以前卫公官至中书，非常怕递水；杜老潜居在夔峡，它很险要叫作湿云。今天离惠麓山不超过两百里的路程，在松陵渡口雇一条船，不用三四天就到了。登新弃旧，转手就像辘轳一样，取用方便价钱便宜，比用吊杆打水还省力。像我们这样的清士，都赶着去赴嘉盟。运惠水：每一坛要付船工三分的银钱，水坛和坛盖的价钱还不在内。取到水以后，通知各位朋友，让人来抬。每月的上旬收钱，中旬运水。每个月运一次，可以让水清新。愿意的人把名字写在左面，便于登记注册，并写明所要的坛数，按照数量付银子。某月某日付款。松雨斋主人谨订。

【原文】

《芥茶汇钞》："烹时先以上品泉水涤烹器，务鲜务洁。次以热水涤茶叶，水若太滚，恐一涤味损，当以竹箸夹茶于涤器中，反复洗荡，去尘土、黄叶、老梗既尽，乃以手搦干，置涤器内盖定。少刻开视，色青香冽，急取沸水泼之。夏先贮水入茶，冬先贮茶入水。""茶色贵白，然白亦不难。泉清、瓶洁、叶少、水冽，旋烹旋啜，其色自白，然真味抑郁。徒为目食耳。若取青绿，则天池、松萝及芥之最下者，虽冬月，色亦如苔衣，何足为妙？若余所收真洞山茶，自谷雨后五日者，以汤荡浣①，贮壶良久，其色如玉。至冬则嫩绿，味甘色淡，韵清气醇，亦作婴儿肉香。而芝芬浮荡，则虎丘所无也。"

【注释】

①荡浣：用热水烫洗，晾干。

【译文】

《芥茶汇钞》："烹茶时先用上好的泉水洗净烹制的器具，必须清洁干净。然后用热水洗涤茶叶，如果水开的时间长了，一洗就会损害它的味道，应该用竹制的筷子在器具中反复地清洗，将茶叶里尘土、黄叶、老梗这些东西全部去掉，再用手拧干，放在洗好的器具里盖上。一会儿再打开来看，颜色清香甘冽，马上取开水倒在上面。夏天先放水后放茶叶，冬天先放茶叶后倒水。""茶叶的颜色以白色为好，但是白色也不难。水清、瓶子干净、叶子好、用水洗、烹煮以后马上饮用，它的颜色是白色，但是味道就不知道了，只是中看而已。如果取青绿色，那天池、松萝及芥茶是最差的，虽然是冬天，颜色仍然像苔衣一样，很难说好。像我收藏的真洞山茶叶，在谷雨后的 5 天，用开水煮过晾干，储存在壶里很长时间，它的颜色像白玉一样。到了冬天就会嫩绿，味甘色白，气味甘醇，就像婴儿的体香。而且上面浮荡的芳香，是虎丘茶所没有的。"

【原文】

《洞山茶系》：芥茶德全，策勋惟归洗控。沸汤泼叶，即起洗鬲，敛①其出液。候汤可下指，即下洗鬲，排荡沙沫。复起，并指控干，闭之茶藏候投。盖他茶欲按时分投，惟芥既经洗控，神理绵绵②，止须上投耳。

《天下名胜志》："宜兴县湖汶镇，有于潜泉，窦穴阔二尺许，状如井。其源洑流潜通，味颇甘冽，唐修茶贡，此泉亦递进。""洞庭缥缈峰西北，有水月寺，寺东入小青坞，有泉莹澈甘凉，冬夏不涸。宋李弥大名之曰'无碍泉'。""安吉州碧玉泉为冠，清可鉴发，香可瀹茗。"

【注释】

①敛（liǎn）：聚集，收拢，沥干。

②神理绵绵：神理，即条理；绵绵，清晰。神理绵绵，思路有条有理。

【译文】

《洞山茶系》：芥茶的品性很全面，关键在于洗控。水开了以后再浇在茶叶上，再立即拿出来，沥干了水。水开到可以下指的时候，马上放下去洗涤，洗净里面的沙子和粉末。再拿出来，用指捏干，盖在容器中等待冲泡。只是其他的茶叶应该按照时间分别投煮，只有芥茶洗涤以后，纹理很清晰，只需立即冲泡即可。

《天下名胜志》："宜兴县的湖汶镇，有一眼地下泉水，洞穴有 2 尺多宽，形状像井一样。它的源头跟水源相通，味道非常甘冽，唐代时准备的贡茶，就是用这里的泉水。""洞庭缥缈峰的西北，有一座水月寺。寺的东面进小青坞的地方，有眼泉水清澈甘凉，长年不干涸，宋朝的大将李弥将它命名为'无碍泉'。""安吉州的碧玉泉最好，清澈得可以看见头发，香味可以比得上煮茶。"

【原文】

徐献忠《水品》："泉甘者，试称之必厚重，其所由来者远大使然也。江中南零水，自岷江①发源数千里，始澄于两石间，其性亦重厚，故甘也。""处士《茶经》，不但择水，其火用炭或劲薪。其炭曾经燔为腥气所及，及膏木败器，不用之。古人辨劳薪之味，殆有旨也。""山深厚者，雄大者，气盛丽者，必出佳泉。"

【注释】

①岷江：中国长江上游支流，在四川省中部。全长 793 公里，流域面积 133，500 平方公里。流经的四川盆地西部是中国多雨地区，因此水量丰富，年径流量 900 多亿立方米，为黄河的两倍多。水力资源蕴藏量占长江水系的 1/5。

【译文】

徐献忠《水品》："甘甜的泉水，如果去称量它一足很厚重，这是源远流长的原因。江中的南零水，从岷江发源流经几千里，在两石之间澄清，它的性质也很厚重，而且很甜美。""处士的《茶经》中讲，茶事不但要选择水，烧火也要用炭或硬木。如果炭被腥气沾染，或柴是朽木败器，都不可以用。古代人辨别柴火的气味，也是有要诀的。""山雄伟高大，挺拔秀丽的，一定会出佳泉。"

【原文】

张大复①《梅花笔谈》：茶性必发于水，八分之茶遇十分之水，茶亦十分矣。八分之水试十分之茶，茶只八分耳。

《岩栖幽事》："黄山谷赋：'泂泂乎，如涧松之发清吹；浩浩乎，如春空之行白云。'可谓得煎茶三昧。""扫叶煎茶乃韵事，须人品与茶相得。故其法往往传于高流隐逸，有烟霞泉石磊块胸次者。"

【注释】

①张大复：约 1554—1630 年，苏州昆山兴贤里片玉坊人。名彝宣，字心期，一作星其，自号寒山子又号病居士。清代戏曲作家、声律家。有《嘘云轩文字》《昆山人物传》《昆山名宦传》《张氏先世纪略》等著作。

【译文】

张大复《梅花笔谈》：茶叶的内蕴必须在水中发散出来，八分的茶叶遇到十分的水，茶也会变成了十分。八分的水去泡十分的茶叶，那茶也只有八分了。

《岩栖幽事》："黄山谷有赋说，'那种泂泂的气势，就像清风吹过松林一样；浩大的样子，就像白云在天空走过。可以说是得到了煎茶的要诀。”“扫叶煎茶也是很雅致的事，必须要人品和茶品相得益彰，所以煎茶的方法多半传给高人雅士，胸怀烟霞山川的人。”

【原文】

《涌幢小品》：“天下第四泉，在上饶县北茶山寺。唐陆鸿渐寓其地，即山种茶，酌以烹之，品其等为第四。邑人尚书杨麒读书于此，因取以为号。”“余在京三年，取汲德胜门外水烹茶，最佳。”“大内御用井，亦西山泉脉所灌，真天汉第一品，陆羽所不及载。”“俗语‘芒种逢壬便立霉’，霉后积水烹茶，甚香冽，可久藏，一交夏至便迥别矣。试之良验。”“家居苦泉水难得，自以意取寻常水煮滚，入大磁缸，置庭中避日色。俟夜天色皎洁，开缸受露，凡三夕[①]，其清澈底。积垢二三寸，亟取出，以坛盛之，烹茶与惠泉无异。”

【注释】

①三夕：三个晚上。

【译文】

《涌幢小品》：“天下第四泉在上饶县北面的茶山寺里。唐代陆羽居住在那里，在山上种茶，用泉水烹制后饮用，将泉水评为第四。当地人尚书杨麒曾在这里读书，所以用以为号。”“我在京城3年，用德胜门外面的水烹茶最好。”“皇宫里用的井水，也是西山泉水的水脉，真是天下第一品种，陆羽却没有记载。”“俗话说：‘芒种逢壬便立霉’。梅雨之后积水烹茶，味道香冽，可以长久贮藏，到了夏至就不同了。试过以后很灵验。”“家里很难得到泉水，就用普通的水煮开，装到大瓷缸里，放在院里避免光照。等月亮皎洁的时候，再打开瓷缸接受露水，只要三个晚上，水就会变得清澈见底了。下面积存两三寸厚的污垢，取出来，用坛子把水装起来，用它来煮茶跟惠泉的水没什么两样。”

【原文】

闻龙《它泉记》：吾乡四陲皆山，泉水在在有之，然皆淡而不甘。独所谓它泉者，其源出自四明，自洞抵埭[①]，不下三数百里。水色蔚蓝。素沙白石，粼粼见底。清寒甘滑，甲[②]于郡中。

《玉堂丛语》："黄谏尝作《京师泉品》，郊原玉泉第一，京城文华殿东大庖井第一。后谪广州，评泉以鸡爬井为第一，更名学士泉。""吴蓥云：'武夷泉出南山者，皆洁洌味短。北山泉味迥别。盖两山形似而脉不同也。'予携茶具共访得三十九处，其最下者亦无硬洌气质。"

【注释】

①埭：读作 dài。
②甲：最好的，第一的。

【译文】

闻龙《它泉记》：我的家乡四面都是山，泉水到处都有，清淡却不甘甜。只要被称为泉的水，源头出自四明，自洞流下超过 300 多里，水的颜色蔚蓝。干净的沙子白色的石头，水清澈得可以见底。水质清寒甘滑，是郡中最好的。

《玉堂丛语》："黄谏曾认为京师有品味的泉水，郊外的玉泉是其中之一，京城文华殿里的东大庖井是其中之一。后来谪守广州，评泉认为鸡爬井也是一个，于是将它更名为学士泉。""吴蓥说：'武夷南山的泉水，味道甘洌但太淡。北山泉水的味道就完全不同，两座山虽然看起来很相像但有着本质的区别。'我曾经带着茶具访到了 39 处泉水，就是最差的泉水也没有硬洌的气质。"

【原文】

王新城《陇蜀余闻》：百花潭有巨石三，水流其中，汲之煎茶，清洌异于他水。

《居易录》：济源县段少司空园，是玉川子煎茶处。中有二泉，或曰玉泉，去盘谷不十里；门外一水曰漭水，出王屋山。按《通志》，玉泉在漭水上，卢仝煎茶于此，今《水经注》不载①。

【注释】

①不载：没有记录。

【译文】

王新城《陇蜀余闻》：百花潭里有三块巨石，水在里面流淌，取回来煎茶，清洌的味道和其他的水不一样。

《居易录》：济源县段少司空园，是玉川子煎茶的地方。里面有两处泉水，也可叫玉泉，离盘谷不到 10 里，门外有一条河叫作漭水，源自王屋山。按照《通志》记载，玉泉在泷水的上游，卢仝曾在这里煎茶，现在的《水经注》里没有记载。

【原文】

《分甘余话》：一水，水名也。郦道元①《水经注·渭水》："又东会一水，发源吴山。"《地理志》："吴山，古汧山也，山下石穴，水溢石空，悬波侧注。"按此即一水之源，在灵应峰下，所谓"西镇灵湫"是也。余丙子祭告西镇，常品茶于此，味与西山玉泉极相似。

【注释】

①郦道元：我国著名的地理学家，文学家，撰写了地理巨著《水经注》。

【译文】

《分甘余话》：一水，是水的名字。郦道元在《水经注·渭水》里记载："渭水向东流与一水合流，一水发源于吴山。"《地理志》中记载："吴山，就是古代的汧山，山下有石穴，水从石头的缝隙里流出来，水源很猛烈。"这样说来这就是一水的发源地了，在灵应峰下，所谓的"西镇灵湫"就是了。我丙子年祭告西镇的时候，常在这里品茶，味道跟西山玉泉水差不多。

【原文】

《古夫于亭杂录》：唐刘伯刍①品水，以中泠为第一，惠山、虎丘次之。陆羽则以康王谷为第一，而次以惠山。古今耳食者，遂以为不易之论。其实二子所见，不过江南数百里内之水，远如峡中虾蟆碚，才一见耳。不知大江以北如吾郡，发地皆泉，其著名者七十有二。以之烹茶，皆不在惠泉之下。宋李文叔格非，郡人也，尝作《济南水记》，与《洛阳名园记》并传。惜《水记》不存，无以正二子之陋耳。谢在杭品平生所见之水，首济南趵突，次以益都孝妇泉（在颜神镇）、青州范公泉，而尚未见章丘之百脉泉，右皆吾郡之水，二子②何尝多见。予尝题王秋史苹"二十四泉草堂"云："翻怜陆鸿渐，跬步限江东"，正此意也。

陆次云《湖壖杂记》：龙井泉从龙口中泻出。水在池内，其气恬然。若游人注视久之，忽波澜涌起，如欲雨之状。

张鹏翮《奉使日记》：葱岭乾涧侧有旧二井，从旁掘地七八尺，得水甘冽，可煮茗。字之曰"塞外第一泉"。

【注释】

①刘伯刍：公元755—815年，字素芝，洛川（今陕西洛川）人。累官刑部侍郎左散骑常侍。工书，善八分，元和十二年（公元817年）张躬所撰，唐赠司空于京碑为其所八分书。

②二子：指的是刘伯刍和陆羽两人。

【译文】

《古夫于亭杂录》：唐代的刘伯刍品水，认为中泠的水最好，惠山虎丘的水差一点。陆羽则认为康王谷的水是最好的，惠山的水排在它后面。从古到今，大都认可这个定论。其实两人见到的，不过是江南几百里内的水而已，最远的也只到虾蟆碚，仅仅见到一次。不知道大江的北面像我们这里，到处都是泉水，著名的就有72处。用它们来烹茶，都不在惠泉之下。宋代的李文叔字格非，本郡人，曾经作《济南水记》，当时和《洛阳名园记》齐名。可惜《水记》没有保留下来，不能补充这两人的疏漏。谢在杭品评平生所见的水，认为济南趵突泉的水最好，其次是益都孝妇泉（在颜神镇）、青州的范公泉，但是没有看见章丘的百脉泉。这都是我郡的水，刘伯刍和陆羽两人又何曾见过呢！我曾为王苹的"二十四泉草堂"题诗："翻怜陆鸿渐，跬步限江东。"就是这个意思。

陆次云《湖壖杂记》：龙井泉从龙口中流出，水在池子里，气息很平静。如果游人看的时间长，就会发现它会突然泛出波澜，像要下雨的样子。

张鹏翮《奉使日记》：葱岭乾涧的旁边有两口旧井，在井的旁边往地下挖七八尺，得到的水非常甘冽，可以煮茶。被人称为"塞外第一泉"。

【原文】

《广舆记》："永平滦州有扶苏泉。甚甘冽。秦太子扶苏尝憩此。""江宁摄山千佛岭下，石壁上刻隶书六字，曰：'白乳泉试茶亭'。""钟山八功德水，一清、二冷、三香、四柔、五甘、六净、七不饐、八蠲疴①。""丹阳玉乳泉，唐刘伯刍论此水为天下第四。""宁州双井在黄山谷所居之南，汲以造茶，绝胜他处。""杭州孤山下有金沙泉，唐白居易尝酌此泉，甘美可爱，视其地沙光灿如金，因名。""安陆府沔阳有陆子泉，一名文学泉。唐陆羽嗜茶，得泉以试，故名。"

【注释】

①蠲痾：去病。蠲读音 juān，除去，免除。痾读作 kě，古同"疴"，病。

【译文】

《广舆记》："永平滦州有扶苏泉，非常甘冽。秦朝的太子扶苏曾在这里休息。""在江宁摄山千佛岭的下面，石壁上刻着六个隶书大字：'白乳泉试茶亭'。""钟山水的8种作用在于：一是清、二是冷、三是香、四是柔、五是甘、六是净、七是不馈、八是去病。""丹阳的玉乳泉，唐代的刘伯刍称这里的水是天下第四。""宁州的双井在黄山谷的南面，汲取它做茶，绝对比其他地方的要好。""杭州孤山的下面有金沙泉，唐代的白居易品尝过这里的泉水，觉得甘美可爱，看到这里地上的沙子就像金子一样光灿灿的，所以这样命名。""安陆府沔阳有陆子泉，又称为文学泉。唐代的陆羽喜欢喝茶，曾品尝此泉，其名由此而来。"

【原文】

《增订广舆记》：玉泉山，泉出石罅间，因凿石为螭头，泉从口出，味极甘美。潴为池，广三丈，东跨小石桥，名曰玉泉垂虹。

《武夷山志》：山南虎啸岩语儿泉，浓若停膏①，泻杯中鉴毛发，味甘而溥，啜之有软顺意。次则天柱三敲泉，而茶园喊泉可伯仲矣。北山泉味迥别。小桃源一泉，高地尺许，汲不可竭，谓之高泉，纯远而逸，致韵双发，愈啜愈想愈深，不可以味名也。次则接笋之仙掌露，其最下者，亦无硬冽气质。

【注释】

①停膏：停止不动的膏体。

【译文】

《增订广舆记》：玉泉山的水是从石头罅缝间流出来的，因开凿石头作为龙头，泉水就从龙口中流出来，味道特别的甘美。把水流下的地方造成池，方圆3丈，东面横跨一座小石桥，叫作玉泉垂虹。

《武夷山志》：山南面的虎啸岩语儿泉，浓得就像停止在那里的膏体，放在杯子里面可以看见毛发，味道非常甘甜，喝下去有柔顺的感觉。其次就是天柱的三敲泉，茶园的喊泉又跟它相似。北山的泉水味道很特别。名为小桃源的泉水，高出地面差不多有1尺，怎么取都不会干涸，被称为高泉。味道纯远，韵味十足，越喝越深远，没有办法说清楚。其次就是相连的仙掌露，这里是最差的泉，也没有硬冽的气息。

【原文】

《中山传信录》：琉球①烹茶，以茶末杂细粉少许入碗，沸水半瓯，用小竹帚搅数十次，起沫满瓯面为度，以敬宾。且有以大螺壳烹茶者。

《随见录》：安庆府宿松县东门外，孚玉山下福昌寺旁井，曰龙井，水味清甘，瀹茗甚佳，质与溪泉较重。

【注释】

①琉球：位于中国东南端，日本列岛最南端，由琉球、宫古、八重山三个群岛为中心的六十多个岛屿组成，面积2265平方公里。位于台湾岛与日本九州岛之间。

【译文】

《中山传信录》：中国台湾泡茶的方法，往碗里放进少量的茶末，开水半瓯，用小扫帚在里面搅拌几十次，让泡沫充满了整个瓯面，用来敬献给客人。还有用大螺壳煮茶的。

《随见录》：安庆府宿松县东门外的玉孚山下福昌寺旁边的井，被称为龙井，水的味道非常甘甜，用它来泡茶比较好，只是水质同溪泉相比比较重。

六、茶之饮

【原文】

卢仝①《茶歌》②：日高丈五睡正浓，军将扣门惊周公。口传谏议送书信，白绢斜封三道印。开缄宛见谏议面，手阅月团三百片。闻道新年入山里，蛰虫惊动春风起。天子未尝阳羡茶，百草不敢先开花。仁风暗结珠蓓蕾，先春抽出黄金芽。摘鲜焙芳旋封裹，至精至好且不奢。至尊之余合王公，何事便到山人家。柴门反关无俗客，纱帽笼头自煎吃。碧云引风吹不断，白花浮光凝碗面。一碗喉吻润；二碗破孤闷；三碗搜枯肠，惟有文字五千卷；四碗发轻汗，平生不平事，尽向毛孔散；五碗肌骨清；六碗通仙灵；七碗吃不得也，惟觉两腋习习清风生。

【注释】

①卢仝：唐代著名的诗人，曾自号玉川子。著有诗集《玉川集》。

②《茶歌》：指卢仝所作的《走笔谢孟谏议惠寄新茶歌》，也被称为《七碗茶诗》。

【译文】

（略）

【原文】

唐冯贽《记事珠》：建人谓斗茶曰茗战。

《北堂书钞》杜育《荈赋》云：茶能调神、和内、解倦、除慵①。

《续博物志》：南人好饮茶，孙皓以茶与韦曜代酒，谢安诣陆纳，设茶果而已。北人初不识此，唐开元中，泰山灵岩寺有降魔师教学禅者以不寐②法，令人多作茶饮，因以成俗。

卢仝

【注释】

①慵：困倦、懒的意思。

②寐：这里当睡讲。

【译文】

唐冯贽在《记事珠》中说：福建建安人都把斗茶称为茗战。

《北堂书钞》：杜育在《荈赋》中这样记载：茶能够调节人的精神，人们饮茶之后能够通经活络，消除困乏，还可以祛除人的惰性。

《续博物志》中记载：南方人都特别喜欢喝茶，孙皓在和韦曜饮酒的时候，看到他不胜酒力，于是就让韦曜以茶代酒。谢安曾经到陆纳家去做客，陆纳没有用酒肴来招待他，而只是摆出一些茶果来招待客人谢安。最初的时候北方人对喝茶的习俗不太了解，在唐朝的开元年间，一位能够降魔的法师教给那些学禅人不睡觉的办法，就是多喝茶，于是，喝茶在北方渐渐成为一种风俗。

【原文】

《大观茶论》：点茶①不一，以分轻清重浊，相稀稠得中，可欲则止。《桐君录》②云：若有饽③，饮之宜人，虽多不为贵也。夫茶，以味为上，香甘重滑，为味之全。惟北苑、壑源之品兼之。卓绝之品，真香灵味，自然不同。茶有真香，非龙麝可拟。要须蒸及熟而压之，及干而研，研细而造，则和美具足。入盏则馨香四达，秋爽洒然。点茶之色，以纯白为上真，青白为次，灰白次之，黄白又次之。天时得于上，人力尽于下，茶必纯白。青白者，蒸压微生。灰白者，蒸压过熟。压膏不尽则色青暗。焙火太烈则色昏黑。

【注释】

①点茶：指拿着壶在向茶杯中点水的时候要有节制，落水要准，不能够把茶面点破。

②《桐君录》：唐代以前的一本药物著作。

③饽：茶的味道醇厚悠长。

【译文】

宋徽宗赵佶在《大观茶论》中说：点茶指的就是把存放在茶瓶里煎好的水倒入茶盏中的时候，能够分辨出轻、清、重、浊等几种不同的情况，只要做到茶面的汤花稀稠适中就可以了。在唐代以前有一本药物著作叫作《桐君录》，其中谈到关于茶的内容时说：如果在茶的汤花中存在饽，它厚而绵，味道醇厚悠长，人喝了之后对身体很好，人们可以多喝一些。茶的味道是很讲究的，如果味道香甜爽口，那茶的味道就比较全面了。能够在茶味方面做到兼而有之的只有北苑、壑源这样品位的茶。那些极品的茶，具有真正的香味，天然的灵气和人为加工的是不同的。茶所具有的真正的香味，那些龙涎香和麝香是不能够和它们相比的。要把采摘下来的茶芽蒸熟进行压制，把它焙干以后再研细，在调膏的时候一定要调得均匀，使茶在各个方面都达到适中，充满一种美感。把沸水注入盏中，馨香就会自然散发出来，清爽而且洒然。点茶的颜色，纯白色被认为是最好的，青白色就要比纯白色稍微差一些，而灰白色就要算是不好的了，而黄白色和前面这几种颜色比起来就更差了。茶上要靠天时，然后再加上人工的努力，颜色定然是纯白色的。如果出现青白色，那就是把茶蒸压得有点生。而出现灰白色，那是因为把茶蒸压得过熟。压榨那些蒸过的茶，如果茶汁没有被榨尽，颜色就会青暗。而如果在焙茶的时候火力太强，就会出现昏黑的颜色。

【原文】

《苏文忠①集》：予去黄②十七年，复与彭城张圣途，丹阳陈辅之同来。院僧梵英葺治堂宇，比旧加严洁，茗饮芳冽。予问："此新茶耶？"英曰："茶性新旧交则香味复。"予尝见知琴者言，琴不百年，则桐之生意不尽，缓急清浊常与雨旸寒暑相应。此理与茶相近，故并记之。王焘集《外台秘要》有《代茶饮子》诗云，格韵高绝，惟山居逸人乃当作之。予尝依法治服，其利膈调中，信如所云。而其气味乃一贴煮散耳，与茶了无干涉。《月兔茶》诗：环非环，玦③非玦，中有迷离玉兔儿，一似佳人裙上月。月圆还缺缺还圆，此月一缺圆何年。君不见，斗茶公子不忍斗小团，上有双衔绶带双飞鸾。

【注释】

①苏文忠：即苏轼。
②黄：指黄州，今湖北黄冈。
③玦：古代半圆形的玉。

【译文】

在《苏文忠集》里面记载：我离开黄州已经有十七年了，又和彭城的张圣途、丹阳的陈辅之一起来了。看到和尚梵英修整的屋子，和以前相比更干净了，茶水也是特别芳香清冽。我问："这茶叶是新的吗？"梵英说："茶叶的香味在新旧交替的时候会更浓。"我曾经听那些懂琴的人说过，琴如果还没有超过百年的话，桐木就不会失尽它的生机，天气和季节的变化经常跟琴的音色相互呼应。这跟茶的道理很相近，所以就一起把它们记了下来。王焘编了《外台秘要》，其中有一首《代茶饮子》的诗，格调高雅，只有那些隐居的雅士才能写出来。我曾经按照这个方法做过，它的确能让人胸中顺畅调和，我才相信了他们的说法。只要一次就煮得它的气味散失了，这和茶没有什么关系。《月兔茶》诗中说：环非环，玦非玦，中有迷离玉兔儿，一似佳人裙上月。月圆还缺缺还圆，此月一缺圆何年。君不见，斗茶公子不忍斗小团，上有双衔绶带双飞鸾。

【原文】

坡公尝游杭州诸寺，一日，饮酽茶①七椀，戏书云："示病维摩②原不病，在家灵运已忘家。何须魏帝③一丸药，且尽卢仝七椀茶。"

《侯鲭录》：东坡论茶：除烦已④腻，世固不可一日无茶，然暗中损人不少，故或有忌而不饮者。昔人云，自茗饮盛后，人多患气、患黄，虽损益相半，而消阴助阳，益不偿损也。吾有一法，常自珍之，每食已，辄以浓茶漱口，烦腻既去，而脾胃不知。凡肉之在齿间，得茶漱涤，乃尽消缩，不觉脱去，毋烦挑刺也。而齿性便苦，缘此渐坚密，蠹疾自已矣。然率用中茶，其上者亦不常有。间数日一啜，亦不为害也。此大是有理，而人罕知者，故详述之。

【注释】

①酽茶：指浓茶。

②维摩：指维摩诘，佛教圣人。

③魏帝：指魏文帝曹丕。

④已：止的意思。

【译文】

杭州的各个寺庙苏东坡都曾游览过，有一天，他喝了七碗浓茶，写下了这样的一首诗："示病维摩原不病，在家灵运已忘家。何须魏帝一丸药，且尽卢仝七碗茶。"

在《侯鲭录》中记载：东坡在说茶的时候，认为茶可以把人的烦恼和油腻除去。世上虽然一天都不能缺少茶，但是不少人也被茶暗中损害了，所以有的人顾及这个就不去饮茶。前代的人说，自从盛行喝茶这种风气后，人们多易肾气受损，面色黄瘁，虽说是损益参半，但是消阴壮阳，益不偿损。我有一个方法，可以用来保护自己，每次在吃饭以后，可用浓茶来漱口，那么夹杂的油腻也就没有了，而且这还不会影响到脾脏和肠胃。如果像肉等杂物还残留在牙齿之间的话，那么经过茶的过滤，它们也就会全部消缩，在不知不觉中就去掉了，不用再去挑。这样一来牙齿就变成苦性的了，就会越来越坚固致密，而牙齿里面的那些疾病就可以痊愈。平时用普通的茶就可以了，也不会常有那些最好的茶。隔上几天就喝一次，这也没有什么危害。而且还有很多的好处，但是很少有人知道，所以在这里把它们详细地记述下来。

【原文】

白玉蟾《茶歌》：味如甘露胜醍醐，服之顿觉沉疴苏[1]。身轻便欲登天衢[2]，不知天上有茶无。

唐庚《斗茶记》：政和三年三月壬戌，二三君子相与斗茶于寄傲斋。予为取龙塘水烹之，而第其品。吾闻茶不问团铻，要之贵新；水不问江井，要之贵活。千里致水，伪固不可知，就令识真，已非活水。今我提瓶走龙塘，无数千步。此水宜茶，昔人以为不减清远峡。每岁新茶，不过三月至矣。罪戾之余，得与诸公从容谈笑于此，汲泉煮茗，以取一时之适，此非吾君之力欤。

【注释】

①苏：指复原，康复。
②天衢：指天上，衢意为街道。

【译文】

白玉蟾在《茶歌》中说：茶的味道比醍醐还要好，就像甘露一样，把茶喝下去之后，顿时就会感觉病都没有了。身体变得很轻便，有一种飘飘欲仙的感觉，不知道在天上有没有茶叶。

唐庚在《斗茶记》中记载：在政和三年三月壬戌的时候，几个人相约一起到寄傲斋去斗茶。我特意把龙塘水汲取出来烹煮，而评定其高下。我听说不管是团茶还是铻茶，关键是新茶就可以了；不管是江水还是井水，关键要是活水。从千里以外得到的水，真伪固然不知道，就算是真的，水也不是活水了。现在我提着瓶子走到龙塘去取水，还没有千步的距离。这里的水比较适合泡茶，古人认为它比清远峡的水一点都不差。每年新茶上市，在三月就开始了。罪戾以外，在这里能够同各位从容谈笑，打水煮茶，可以痛快一时，这其实不是因为我，而是由于茶的缘故啊。

斗茶图

【原文】

蔡襄《茶录》：茶色贵白，而饼茶多以珍膏油去声其面，故有青黄紫黑之异。善别茶者，正如相工之视人气色也，隐然察之于内，以肉理润者为上。既已末之，黄白者受水昏重，青白者受水详明，故建安人斗试，以青白胜黄白。

张淏《云谷杂记》：饮茶不知起于何时。欧阳公①《集古录跋》云："茶之见前史，盖自魏晋以来有之。"予按《晏子春秋》，婴相齐景公时，食脱粟之饭②，炙三弋五卵，茗菜而已。又汉王褒《僮约》有"五阳一作武都买茶"之语，则魏晋之前已有之矣。但当时虽知饮茶，未若后世之盛也。考郭璞注《尔雅》云："树似栀子，冬生，叶可煮作羹饮。"然茶至冬味苦，岂可作羹饮耶？饮之令人少睡，张华③得之，以为异闻，遂载之《博物志》。非但饮茶者鲜，识茶者亦鲜。至唐陆羽著《茶经》三篇，言茶甚备，天下益知饮茶。其后尚茶成风。回纥入朝，始驱马市茶④。德宗建中间，赵赞始兴茶税。兴元初虽诏罢，贞元九年，张滂复奏请，岁得缗钱四十万。今乃与盐酒同佐国用，所人不知几倍于唐矣。

【注释】

①欧阳公：指宋代文学家欧阳修。

②脱粟之饭：指粗米饭。

③张华：晋代人，《博物志》的作者。

④马市茶：指茶马市，以茶易马。

【译文】

蔡襄在《茶录》中说：茶色以白为贵，但是多把珍贵的油脂涂在饼茶上面，所以会有青黄紫黑这些颜色的区别。善于识茶的那些人，就跟相士能够辨别人的气色一样，默然观察茶的内部，如果内部纹理润和的就是上品。既然已经把它碾成粉末，那些黄白色的茶烹泡以后会变得浑浊，而青白色的那些茶烹泡以后颜色鲜明，所以建安人比试茶叶，都说青白要胜过黄白。

张淏在《云谷杂记》中记载：喝茶不知道是从什么时候兴起的。欧阳修在《集古录跋》里说："历史上关于茶的记载，是在魏晋以后才有的。"我根据《晏子春秋》里面的记载，晏婴做齐景公的丞相的时候，吃的也不过是米饭、鸡蛋和茗菜。另外在汉朝王褒的《僮约》里面有"五阳（有的说是武都）买茶"这句话，这样看来，茶在魏晋以前就有了。但是虽然当时知道饮茶，却没有像后来这样风行。考证一下郭璞注释的《尔雅》说："树似栀子，冬生，叶可煮作羹饮。"但是到了冬天茶叶的味道就会变苦，又怎么能饮用呢？人喝了茶后，可以减少睡眠，张华得到上述结论后，认为这是一件奇怪的事情，就在《博物志》里面把它记载下来。这说明不但当时喝茶的人不多，而且能够认识茶叶的人也很少。到了唐代陆羽写了三篇《茶经》，详细地记述了茶，人们才渐渐地知道饮茶了。一直到后来形成了一种风气。来到京城的回纥人，开始用它们的马来换茶。德宗建中年间，赵赞开始征收茶税。在兴元初年皇上准奏把茶税给免了，贞元九年，张滂再上奏要求恢复茶税，一年就能得到四十万缗的茶税钱。现在把茶税和盐酒税一起都交给国家，所得到的那些收入比起唐朝来不知道要多多少倍啊！

【原文】

《品茶要录》："余尝论茶之精绝者，其白合未开，其细如麦，盖得青阳之轻清者也。又其山多带砂石，而号佳品者，皆在山南，盖得朝阳之和者也。余尝事闲，乘暑景之明净，适亭轩之潇洒，一一皆取品试。既而神水生于华池，愈甘而新，其有助乎。""昔陆羽号为知茶，然羽之所知者，皆今之所谓茶草。何哉？如鸿渐所论蒸笋并叶，畏流其膏，盖草茶味短而淡，故常恐去其膏。建茶力厚而甘，故惟欲去其膏。又论福建为未详，往往得之，其味极佳。由是观之，鸿渐其未至建安欤。"

谢宗《论茶》：候蟾背之芳香，观虾目之沸涌。故细沤花泛，浮饽①云腾②，昏俗③尘劳，一啜而散。

中华传世藏书

【注释】

①浮饽：水蒸气、云气。

②云腾：蒸腾，水蒸气蒸发时的样子。

③昏俗：烦恼。

【译文】

《品茶要录》："我曾说过茶叶最精绝的，是白色的叶子还没有开，像麦芽一样细，这是因为青阳轻清，又因为那里的山多是砂石为土的，而能称为上等茶叶的，都在山的南面，有充足的阳光照耀。我曾在空闲的时候找到一处很明净的地方，在亭轩里歇息，把茶拿来一一品尝。感觉从华池取来的水，又甘甜又清澈，对发挥茶性有帮助。""以前听说陆羽精通茶，但陆羽知道的茶，都是今天所说的茶草。为什么呢？如果像陆羽说的那样蒸煮茶笋和叶子，不让它里面的汁水流失，这是因为茶草的味道很淡，所以怕去掉它里面的汁水。建茶后劲很足而且很甘甜，所以要去掉它里面的汁水。福建的茶知道的不大详细，得到的茶叶，味道都很好。这样看来，陆羽并没有到过建安。"

谢宗《论茶》：等到水像蟾背发出芳香以后，看到泛出虾眼大的水泡。水花泛起，云气蒸腾，所有的烦恼和疲惫，喝一口香茶就可以消散了。

【原文】

《黄山谷集》：品茶一人得神，二人得趣，三人得味，六七人是名施茶。

沈存中《梦溪笔谈》：芽茶古人谓之雀舌、麦颗，言其至嫩也。今茶之美者，其质素良，而所植之土又美①，则新芽一发，便长寸余，其细如针。惟芽长为上品，以其质干、土力皆有余故也。如雀舌、麦颗者，极下材耳。乃北人不识，误为品题。予山居有《茶论》，且作《尝茶》诗云："谁把嫩香名雀舌，定来北客未曾尝；不知灵草天然异，一夜风吹一寸长。"

《遵生八笺》：茶有真香，有佳味，有正色。烹点之际，不宜以珍果香草杂之。夺其香者，松子、柑橙、莲心、木瓜、梅花、茉莉、蔷薇、木樨之类是也。夺其色者，柿饼、胶枣、火桃、杨梅、橘饼之类是也。凡饮佳茶，去果方觉清绝，杂之则味无辨矣。若欲用之，所宜则惟核桃、榛子、瓜仁、杏仁、榄仁、栗子、鸡头、银杏之类，

茶经

《茶经》与其他茶典

或可用也。

【注释】

①美：这里形容土壤肥沃。

【译文】

《黄山谷集》记载：一个人品茶可以品到其中的神韵，两个人品茶可以品出茶的趣味，三个人品茶可以品出茶的味道。六七个人那就是喝茶了。

沈存中《梦溪笔谈》记载：古人把茶叶叫作雀舌、麦颗，这是说茶叶非常鲜嫩。现在的好茶，质量好，加上种植茶叶的土壤很肥沃，新芽只要一出来，就有一寸多长，像针一样细。只有芽长的茶才是最好的，这跟它的水分、土壤的状况都有关系。像雀舌、麦颗这样的茶，只不过是最次的了。只是北方人不会辨别茶叶，误认为它是上好的茶叶才这样说，我住山里时曾做过《茶论》，而且还有《尝茶》诗："谁把嫩香名雀舌，定来北客未曾尝。不知灵草天然异，一夜风吹一寸长。"

《遵生八笺》记载：茶叶很香，味道也非常好，有很好的颜色。烹煮泡茶的时候，不应该在里面夹上水果。会夺走它香味的东西有松子、柑橙、莲心、木瓜、梅花、茉莉、蔷薇、木樨等。会污染它颜色的东西有柿饼、胶枣、火桃、杨梅、橘饼之类。凡是想喝到好茶的，去除果子才觉得清爽，掺杂了其他的东西，味道就没有办法辨认了。如果实在想用，只能用核桃、榛子、瓜仁、杏仁、榄仁、栗子、鸡头、银杏这些东西。

【原文】

徐渭《煎茶七类》："茶入口，先须灌漱，次复徐啜，俟甘津潮舌，乃得真味。若杂以花果，则香味俱夺矣。""饮茶宜凉台静室，明窗曲几，僧寮道院，松风竹月，晏坐行吟，清谈把卷。""饮茶宜翰卿墨客，缁衣羽士，逸老散人，或轩冕中之超轶世味者。""除烦雪滞，涤醒①破睡②，谭渴书倦，是时茗碗策勋，不减凌烟。"

【注释】

①涤醒：解渴。
②破睡：提神，没有困意。

【译文】

徐渭《煎茶七类》："要先用第一口茶漱口，然后再喝，这样才能品出它真正的味道。如果掺进其他花果，香味就会被夺走。""喝茶适合在凉台静室里，窗明几净，和尚和道士居住的地方，有风中松林和月下的竹影，端坐伴唱，读书清谈。""喝茶适宜文人雅士脱离尘世的修炼的人，潇洒闲逸的人，或是满腹诗书的超凡脱俗的人。""消除烦恼去掉污垢，解渴提神，去除疲倦，都是茶的功效。那时的雅兴不比唐代'天子画读烟云阁'差啊！"

【原文】

许次杼《茶疏》："握茶手中，俟汤入壶，随手投茶，定其浮沉，然后泻啜，则乳嫩清滑，而馥郁于鼻端。病可令起，疲可令爽。""一壶之茶，只堪再巡。初巡鲜美，再巡甘醇，三巡则意味尽矣。余尝与客戏论，初巡为'婷婷袅袅十三余'，再巡为'碧玉破瓜年'，三巡①以来，'绿叶成阴'矣。所以茶注宜小，小则再巡已终，宁使余芬剩馥尚留叶中，犹堪饭后供啜嗽之用。""人必各手一瓯，毋劳传送。再巡之后，清水涤之。""若巨器屡巡，满中泻饮，待停少温，或求浓苦，何异农匠作劳但资口腹，何论品赏，何知风味乎？"

【注释】

①三巡：三次，这里指泡茶第三次。

【译文】

许次杼《茶疏》："手里拿着茶叶，将开水倒进壶里，随手也把茶叶放进去。茶叶沉淀到底以后，再倒出来喝，那样茶水就会很清爽，香气会萦绕在鼻子的周围。可以去病，也可消除疲劳。""一壶茶，只能泡两次，第一次味道鲜美，第二次味道甘醇，第三次味道就没了。我曾跟客人开玩笑说，第一次就像是婷婷袅袅的13岁少女，第二次就像是刚嫁为人妇的小家碧玉，三次以后就像是生了一堆孩子，已绿叶成荫了。所以泡茶时每次应少泡，少的话再喝就没有了，宁可让残留的香味留在叶子当中，还可以在饭后漱口用。""一人一个茶杯，不能传送。喝过第二遍，用清水洗干净。""如果装茶的器具太大，倒满了会不容易喝完，放置的时间太长水就会冷了，味道就会浓苦，这就和农民劳作累了后为了解渴喝茶没有什么区别。哪里还谈得上品尝，又怎么能知

【原文】

《煮泉小品》:"唐人以对花啜茶为杀风景,故王介甫诗云'金谷千花莫漫煎'。其意在花,非在茶也。余意以为金谷花前,信不宜矣;若把一瓯对山花啜之,当更助风景,又何必羔儿酒也。""茶如佳人,此论最妙,但恐不宜山林间耳。昔苏东坡诗云'从来佳茗似佳人',曾茶山诗云'移人尤物众谈夸'。是也。若欲称之山林,当如毛女麻姑,自然仙风道骨,不浇烟霞。若夫桃脸柳腰,亟宜屏诸销金帐中,毋令污我泉石。""茶之团者、片者,皆出于碾碨①之末,既损真味,复加油垢,即非佳品。总不若今之芽茶也,盖天然者自胜耳。曾茶山《日铸茶》诗云'宝铸自不乏,山芽安可无',苏子瞻《壑源试焙新茶》诗云'要知玉雪心肠好,不是膏油首面新'。是也。且末茶瀹之有屑,滞而不爽,知味者当自辨之。""煮茶得宜,而饮非其人,犹汲乳泉以灌蒿莸,罪莫大焉。饮之者一吸而尽,不暇辨味,俗莫甚焉。""人有以梅花、菊花、茉莉花荐茶者,虽风韵可赏,究损茶味。如品佳茶,亦无事此。今人荐茶,类下茶果,此尤近俗。是纵佳者能损茶味,亦宜去之。且下果则必用匙,若金银,大非山居之器,而铜又生鉎,皆不可也。若旧称北人和以酥酪,蜀人入以白土,此皆蛮饮,固不足责。"

【注释】

①碨(wèi):指石磨(mò),也可指动作磨(mó),使物粉碎。

【译文】

《煮泉小品》中记载:"唐代的人认为对着花喝茶是很煞风景的,所以王介甫有这样的诗:'金谷千花莫漫煎。'人的心在花上而不在茶上。我不赞同这种说法,如果拿着茶杯对着山花品赏,应当更有助于风景,为什么还要喝酒呢?""茶就像是美人,这种比喻很好,但只怕不适合山林间。以前苏东坡曾经有诗:'从来佳茗似佳人',曾茶山有诗说:'移人尤物众谈夸',都是这个意思。如果这样的比喻用在山野林间,那就只有像尼姑那样的人,仙风道骨,不会玷污烟霞了。如果是桃面柳腰的女子,那就赶快放进销金帐中吧,不要污染了我的泉石。""茶叶中的团、片都是由碾碎后的粉末做成的,损失了它真正的味道,再加上油垢,不会是好茶。无论如何也比不上今天的茶叶，是以天然品质取胜。曾茶山有诗《日铸茶》这样说：'宝铐自不乏，山芽安可无'，苏子瞻《壑源试焙新茶》诗中说：'要知玉雪心肠好，不是膏油首面新'，说的就是这个意思。如果是不好的茶，冲的时候会有细末，喝起来口感不清爽，懂喝茶的人应该注意分辨。""茶煮得好但喝茶的人不懂得品尝，就像把甘甜的泉水浇灌了野草一样，罪过太大了。如果喝茶的人一饮而尽，不去辨别它的味道，那就太俗气了。""有人将梅花、菊花、茉莉花放在茶中，虽然风韵还值得欣赏，但是会损害茶的味道。如果想品尝真正的好茶，就不要这样做。现在的人烹茶还有放果子的，这是最低俗的做法。再好的东西只要会损茶的味道，都应该去掉。况且放果子在里面，必须用勺子，如果是金银的话，又不是山里人可以用的，但铜又容易生锈气，都不可以用。如果像从前的北方人那样往里面加进酥酪，或者像蜀地的人那样往里面加进白土，都是野蛮的喝法，不值得提倡。"

【原文】

罗廪《茶解》："茶通仙灵，然有妙理。""山堂夜坐，汲泉煮茗，至水火相战，如听松涛，倾泻入杯，云光激滟。此时幽趣，故难与俗人言矣。"

顾元庆《茶谱》：品茶八要：一品，二泉，三烹，四器，五试，六候[1]，七侣[2]，八勋[3]。

张源《茶录》："饮茶以客少为贵，众则喧，喧则雅趣乏矣。独啜曰幽，二客曰胜，三四曰趣，五六曰泛，七八曰施。""酾不宜早，饮不宜迟。酾早则茶神未发，饮迟则妙馥先消。"

《云林遗事》：倪元镇向来喜欢喝茶，在惠山的时候，用核桃、松子肉加上真粉一起做成像石头一样的块状，放在茶叶里喝。取名清泉白石茶。

【注释】

①候：指煮茶的火候。
②侣：一起喝茶的人。
③勋：功劳。

【译文】

罗廪《茶解》："茶有仙人的灵气，的确有很奇妙的道理。""晚上坐在依山的屋子里，打水煮茶，这样可以水火相互作用。就像听着松涛的声音一样，倒入杯中，云光潋滟。此时情趣的幽雅，是无法与普通人说清楚的。”

顾元庆《茶谱》：品茶有八大要素：一是品，二是水，三是烹，四是器具，五是试茶，六是火候，七是茶伴，八是功劳。

张源在《茶录》里说："喝茶的时候人少为最好，人多了就会有些吵闹，如果吵闹，就一点情调都没有了。一个人喝茶可以称为幽，两个人可以称为胜，三四个人称为趣，五六个人就感觉多了，七八个人的话就是喝茶了。""倒茶的时候不应该太早，喝的时候不应该太迟。过早的话，茶的神韵还没有发出来，喝迟了的话那些美妙的味道已经挥发尽了。"

《云林遗事》：倪元镇向来喜欢喝茶，在惠山的时候，用核桃、松子肉加上真粉一起做成像石头一样的块状，放在茶叶里喝。取名清泉白石茶。

【原文】

闻龙《茶笺》：东坡云："蔡君谟嗜茶，老病不能饮，日烹而玩之。可发来者之一笑也。"孰知千载之下有同病焉。余尝有诗云："年老耽弥甚，脾寒量不胜。"去烹而玩之者几希矣。因忆老友周文甫，自少至老，茗碗薰炉，无时暂废。饮茶日有定期：旦明、晏食、禺中、晡时、下春、黄昏，凡六举，而客至烹点不与焉。寿八十五，无疾而卒。非宿植①清福，乌能毕世安享？视好而不能饮者，所得不既多乎！尝蓄一龚春壶，摩挲宝爱，不啻掌珠。用之既久，外类紫玉，内如碧云，真奇物也，后以殉葬。

【注释】

①宿植：整天享受。

【译文】

闻龙《茶笺》：苏东坡说，"蔡君谟喜欢喝茶，老了以后因为病痛的原因不能喝茶，每天烹茶玩。可以博得宾客一笑。"怎么会知道千年以后有人跟他同病相怜呢！我曾经有这样的诗："年老耽弥甚，脾寒量不胜。"煮茶为了玩的人很少。所以想起了老友周文甫，从小时候到现在，茶碗熏炉几乎没有停止过。每天喝茶有时间：天明、早餐、上午、中餐、下午、黄昏，这六个时间一定要烹茶，客人来了泡茶除外。活到了85岁，没有得病而老死。如果不是整天享受这样的清福，又怎么能安享晚年呢？看着茶好却不能喝的，所得到的不也是很多吗？他曾经有一个供春茶壶，平日爱不释手就像掌上明珠，用得久了，外面像紫玉，里面像碧玉一样，真是件奇特的物品啊！后来跟着他一起安葬了。

【原文】

《快雪堂漫录》：昨同徐茂吴至老龙井买茶，山民十数家，各出茶。茂吴以次点试，皆以为赝，曰：真者甘香而不洌①便为诸山赝品。得一二两以为真物，试之，果甘香若兰。而山民及寺僧反以茂吴为非，吾亦不能置辨②。伪物乱真如此。茂吴品茶，以虎邱为第一，常用银一两余购其斤许。寺僧以茂吴精鉴，不敢相欺。他人所得虽厚价，亦赝物也。子晋云："本山茶叶微带黑，不甚青翠。"点之色白如玉，而作寒豆香，宋人呼为白云茶。稍绿便为天池物。天池茶中杂数茎虎邱，则香味迥别。虎邱其茶中王种耶？芥茶精者，庶几妃后，天池、龙井便为臣种，其余则民种矣。

【注释】

①洌：清洌、清亮的意思。
②置辨：加以分辨。

【译文】

《快雪堂漫录》中记载：昨天和徐茂吴一起到老龙井去买茶叶，在那里居住的几十家山民都种植茶叶。茂吴把他们的茶叶逐个品尝，说它们都是不好的品种，他说：味道真的甘甜清香却不清亮，而那些略微有一点清亮就是这些山上的赝品。把得到的那一二两真的茶叶试了试，味道果然甘甜香美就好像兰花一样。但是那里的山民和寺庙里的和尚都说茂吴的这种说法是不对的，我也不能辨别出他们到底谁对谁错。那些假的茶叶能够乱真到这种程度。茂吴品尝茶叶，认为最好的就是虎丘茶，常常花费一两多银子买一斤左右的茶叶。寺庙中的和尚知道茂吴善于鉴定茶叶的真假，所以都不敢欺骗他。虽然别人得到的茶叶价格很昂贵，但仍然是假货。子晋说："本山的茶叶颜色中略微带着一点黑色，不是很青翠。"冲泡之后颜色白得就如同玉一样，有寒豆香，宋朝的人把它叫作白云茶。颜色再绿的就是天池了。如果在天池茶中夹杂一些虎丘茶就会有一种很特别香味。虎丘茶难道真是茶中的王种吗？芥茶中的精品，简直可以称为茶叶中的皇后，天池、龙井都是臣种，而其他的那些茶就好比是普通的老百姓了。

【原文】

熊明遇《岕山茶记》：茶之色重、味重、香重者，俱非上品。松萝香重；六安味苦，而香与松萝同；天池亦有草莱气，龙井如之。至云雾则色重而味浓矣。尝啜虎邱茶，色白而香似婴儿肉，真称精绝。

邢士襄《茶说》：夫茶中着①料，碗中着果，譬如玉貌加脂，蛾眉染黛，翻②累本色矣。

冯可宾《岕茶笺》：茶宜无事、佳客、幽坐、吟咏、挥翰、倘佯、睡起、宿醒③、清供、精舍、会心、赏鉴、文僮。茶忌不如法、恶具、主客不韵、冠裳苛礼④、荤肴杂陈、忙冗，壁间案头多恶趣。

【注释】

①着：此处意为加。

②翻：反而。

③醒：意为醉酒。

④冠裳苛礼：指在正式集会的严肃场合，要严格遵守礼节。

【译文】

熊明遇在《岕山茶记》中记载：如果茶叶的颜色太深，味道太重、香气太浓，这都不是上好的品种。松萝的茶香气很重；六安的茶味道很苦涩，但是香气却和松萝很类似；天池的味道中仍有丛生的野草气味，龙井跟它是一样的。至于云雾则颜色太深而且味道很浓。曾喝过虎丘茶，它的颜色又白又香就像婴儿的肉体一样，真可以称得上是绝品了。

邢士襄在《茶说》中说：如果把调料放在茶叶中，把果子放在碗中，这就好像在美丽的外表上涂脂抹粉，描眉画目，反而把原来的颜色失去了。

冯可宾在《岕茶笺》中记载：喝茶适合在那些闲暇的时候、在有尊贵的客人时候、在单独坐着时、在吟诵诗歌时、在挥笔写字时、在徜徉时、在睡醒时、在隔夜醉酒时、在清供时、在精舍里、在心情好时、在鉴赏的时候、在写文章时。像不注重要领、使用粗俗的茶具、主人和客人都没有雅兴、衣冠不整、荤菜杂放、勿忙时、房间案头摆放不高尚的东西都是喝茶最忌讳的。

【原文】

谢在杭《五杂俎》：昔人谓："扬子江心水，蒙山顶上茶。"蒙山在蜀雅州，其中峰顶尤极险秽，虎狼蛇虺①所居，采得其茶，可蠲②百疾。今山东人以蒙阴山下石衣为茶当之，非矣。然蒙阴茶性亦冷，可治胃热之病。凡花之奇香者，皆可点汤。《遵生八笺》云："芙蓉可为汤。"然今牡丹、蔷薇、玫瑰、桂、菊之属，采以为汤，亦觉清远不俗，但不若茗之易致耳。北方柳芽初茁者，采之入汤，云其味胜茶。曲阜孔林楷木，其芽可以烹饮。闽中佛手柑、橄榄为汤，饮之清香，色味亦旗枪之亚也。又或以菜豆蒌炒，投沸汤中倾之，其色正绿，香味亦不减新茗。偶宿荒村中觅茗不得者，可以此代也。

《谷山笔麈》：六朝时，北人犹不饮茶，至以酪与之较，惟江南人食之甘。至唐始兴茶税。宋元以来，茶目遂多，然皆蒸干为末，如今香饼之制，乃以入贡，非如今之食茶，止采而烹之也。西北饮茶不知起于何时。本朝以茶易马，西北以茶为药，疗百病皆瘥③，此亦前代所未有也。

【注释】

①蛇虺：虺指蝮蛇，此处泛指毒蛇。

②蠲：意为除去。

③瘥：痊愈。

【译文】

谢在杭在《五杂俎》中说：古人曾说过："扬子江心水，蒙山顶上茶。"蒙山在四川的雅州，峰顶尤其险峻，老虎、豺狼、毒蛇都爱在那个地方出没，如果能够采到那里的茶，可以治疗百病。现在一些山东人用蒙阴山下的石衣冒充茶叶，其实那不是。但是蒙阴茶的天性很冷，可以治愈人胃热的毛病。凡是那些很香的花，都可以泡茶。《遵生八笺》中说："芙蓉可以做成汤。"像牡丹、蔷薇、玫瑰、桂、菊之类的花，如果采摘下来泡茶的话，也会让人觉得清远不俗，但是它们不像茶叶那样能够很容易冲泡出香味来。北方的柳芽在刚萌发的时候，把它们采摘下来煮水，据说比茶的味道还要好。在曲阜孔林里的楷木，据说它的新芽也可以用来泡茶喝。福建的佛手柑、橄榄都可以把它们泡成茶水，人喝了之后感觉味道很清香，在颜色和味道方面一点都不比旗枪差。也可以把绿豆稍微翻炒一下，然后放到开水中，它的颜色很绿，香味和新茶比起来也不差。如果偶尔住宿在荒村里找不到茶叶，可以用这个来代替。

《谷山笔麈》中记载：在六朝的时候，北方人还不是很喜欢喝茶，都是用酥酪来代替茶，只有江南人在喝完茶之后觉得很甘甜。一直到唐代才开始征收茶税。从宋代和元代以来，茶叶的品种逐渐变得多了，但都是要把它蒸干做成粉末，像现在的饼茶，都是把它们作为贡品，并不像今天我们喝的那些茶，只要采下来就可以喝了。在西北地方的人不知道是从什么时候开始喝茶的。我朝曾经用茶叶去换马，而在西北却把茶当作药，能够治很多的病，这在从前是从来没有过的。

蒙山

【原文】

《金陵琐事》：思屯乾道人，见万镒手软膝酸，云："系五藏皆火，不必服药，惟武夷茶能解之。"茶以东南枝者佳，采得烹以涧泉，则茶竖立，若以井水即横。

《六研斋笔记》：茶以芳洌洗神，非读书谈道，不宜亵用①。然非真正契道②之士，茶之韵味，亦未易评量。尝笑时流持论，贵嘶声之曲，无色之茶。嘶近于哑，古之绕梁遏云，竟成钝置③。茶若无色，芳洌必减，且芳与鼻触，洌以舌受，色之有无，目之所审。根境不相摄，而取衷于彼，何其悖耶，何其谬耶！虎邱以有芳无色，擅茗事之品。顾其馥郁不胜兰芷，与新剥豆花同调，鼻之消受，亦无几何。至于入口，淡于勺水，清泠之渊，何地不有，乃烦有司章程，作僧流捶楚④哉。

【注释】

①亵用：指玷污使用。

②契道：原为合道，此处作深深懂得道义解。

③钝置：意为丢弃。

④捶楚：意思是鞭挞。

【译文】

《金陵琐事》中记载：思屯乾道人，看见万镒手软膝酸，就对他说："那是因为火气在你的五脏里面都充满了，你不用服用药物，只需要喝武夷的茶叶就可以解除这样的症状。"那些长在东南方向的茶叶是最好的，把它们采摘下来之后用山涧里的水来煮，茶叶就会竖立起来，而如果用井水来煮就会横起来。

《六研斋笔记》中记载：茶因为气味芳香纯冽所以能够修身养神，而如果不是读书谈道，不应该随便亵渎地去用它。如果不是真正的了解底蕴的人，对于茶的韵味，是难以做出评论的。我曾嘲笑时俗之人所持的议论，他们认为嘶哑的曲子，无色的茶水为好，这是荒诞不经的。如果声音沙哑，即使古代那些绕梁遏云的曲子也唱不了。如果茶叶没有颜色的话，一定会减少香气，而且香气是用鼻子闻出来的，味道是用舌头感受出来的，而有没有颜色，那是需要用眼睛来看的。声和曲，色和香是互为表里，互不抵触的，却要求无色有香的茶，不是错误的吗？因为虎丘茶有香味而没有颜色，所以被认为是茶叶中的出众者。它的芳香不能和兰芷相比，把它和新剥的豆花放在一起调制，用鼻子闻起来，也没有多少的差别。至于到了人的口中之后，就像水一样淡，那些清冷的水，在哪里会没有呢？还需要要这么烦琐的程序，让泉水被僧流污染？

【原文】

《紫桃轩杂缀》：天目清而不醨，苦而不螫，正堪与缁流漱涤。笋蕨、石濑则太寒俭，野人之饮耳。松萝极精者方堪入供，亦浓辣有余，甘芳不足，恰如多财贾人，纵复蕴藉，不免作蒜酪气。分水贡芽，出本不多。大叶老根，泼之不动，入水煎成，番有奇味。荐此茗时，如得千年松柏根作石鼎薰燎，乃足称其老气。"鸡苏佛""橄榄仙"，宋人咏茶语也。鸡苏即薄荷，上口芳辣。橄榄久咀回甘。合此二者，庶得茶蕴，曰仙、曰佛，当于空玄虚寂中，嘿嘿①证入。不具是舌根者，终难与说也。赏名花不宜更度曲，烹精茗不必更焚香，恐耳目口鼻互牵，不得全领其妙也。精茶不宜泼饭，更不宜沃醉。以醉则燥渴，将灭裂吾上味耳。精茶岂止当为俗客吝？倘是日汩汩②尘务，无好意绪，即烹就，宁俟冷以灌兰，断不令俗肠污吾茗君也。罗山庙后荠精者，亦芬芳回甘。但嫌稍浓，乏云露清空之韵。以兄虎邱③则有余，以父龙井④则不足。天地通俗之才⑤，无远韵，亦不致呕秽寒月。诸茶晦黯无色，而彼独翠绿媚人，可念也。屠赤水云："茶于谷雨候、晴明日采制者，能治痰嗽、疗百疾。"

贾宝玉品茶栊翠庵

【注释】

①嘿嘿：此处同"默默"，即不言语。

②汩汩：意为纷繁冗杂的样子。

③兄虎邱：即为虎丘兄，也就是说比虎丘茶好一点。

④父龙井：为龙井父，即胜过龙井很多。

⑤通俗之才：通俗大众喜欢的东西。

【译文】

《紫桃轩杂缀》里这样记载：天目茶的味道清而不淡，苦却不涩，正好可以给僧人来漱洗。而笋蕨、石濑就显得太寒酸了，它们是村野人喝的。松萝茶中的那些精品可以充当贡品，不过它的茶味太浓，又不是很甘甜芳香，就像那些很有钱财的商贾一样，不管怎么掩饰，也都难免会有辛辣腥膻气。分水贡芽，它出产的不是很多。那些大叶的老根，用开水泼它也不会动，把它们放进水里煎，却更具一番风味。在制造这种茶叶的时候，如果能够得到千年的松柏根来薰烧石鼎的话，就可以把茶叶的老气烹出来。"鸡苏佛""橄榄仙"，宋朝的人用这样的称呼来赞赏茶。鸡苏指的就是薄荷，放在嘴里之后会有一些香辣的感觉。橄榄在口中多咀嚼一会儿就会变得甘甜。如果把这两样合起来，才算是得到了茶叶蕴藏的风味。要说那些仙佛，应该是在很玄妙孤寂的时候，去默默求证。如果舌头不具备敏锐的感觉，就很难对他说清楚了。在欣赏名花的时候不应该演奏音乐，在煮茶的时候也不应该烧香，这主要是怕耳朵、眼睛、嘴巴、鼻子之间互相牵制，不能把其中最美妙的地方领会到。好茶不适合用来浇饭，更不适合在大醉的时候喝。因为醉酒后人会干燥口渴，这样肯定会损坏好茶的味道。上等的好茶岂止不该给俗客饮呢？如果整天在世俗的事务中忙碌，没有好的情绪，即使把茶煮好了，宁可在它冷却后去浇灌那些兰花，茶君也千万不能让凡夫俗子玷污了。罗山庙后的芥茶被认为是茶中的精品，在味道和气味方面也同样芬芳甘甜。但是稍微浓了一点，所以它缺乏白云、露水这样的神韵。但和虎丘比起来要好一些，它与龙井相比，是强的，但不够悬殊。天地之间那些通俗的东西都是没有雅趣的，但也不至于把寒月弄脏了。其他的那些茶叶都晦暗没有颜色，而它却独独翠绿动人，实在是让人感叹啊。屠赤水说："要在谷雨的节气，天气晴朗的日子里采摘茶叶，这样的话能够治疗人的咳嗽，有利于治愈百病。"

【原文】

《类林新咏》：顾彦先曰："有味如臛，饮而不醉；无味如茶，饮而醒焉。"醉人何用也。

徐文长《秘集致品》：茶宜精舍，宜云林，宜磁瓶，宜竹灶，宜幽人雅士，宜衲子仙朋，宜永昼清谈，宜寒宵兀坐，宜松月下，宜花鸟间，宜清流白石，宜绿藓苍苔，宜素手①汲泉，宜红妆扫雪，宜船头吹火，宜竹里飘烟。

【注释】

①素手：干净的手。

【译文】

《类林新咏》记载：顾彦先说，"有味道的东西像肉汤，喝了以后也不会醉；无味道的饮品像茶，喝了以后能使人头脑清醒。"喝醉了的人还有什么用。

徐文长《秘集致品》记载：喝茶应该在精舍、云林中，用瓷瓶、竹灶，适合文人雅士同要好的朋友彻夜清谈，也可以独自坐在寒冷的夜晚，在松树月光下、花鸟间，辅以清澈的河水，洁白的石头，绿色的苔藓，用干净的手去汲取泉水，浓妆后去扫雪，在船头上吹火，竹子里飘烟。

【原文】

《芸窗清玩》：茅一相云："余性不能饮酒，而独耽味于茗。清泉白石可以濯五脏之污，可以澄心气之哲①。服之不已，觉两腋习习，清风自生。吾读《醉乡记》，未尝不神游焉。而间与陆鸿渐、蔡君谟上下其议，则又爽然自释矣。"

【注释】

①哲：这里是浮躁的意思。

【译文】

《芸窗清玩》里记载：茅一相说，"我天生不能喝酒，但却沉醉迷恋于品茶。清泉白石可以洗清五脏里的污垢，可以澄清心底里的浮躁。喝完，感觉两边的腋下习习生风。我读《醉乡记》，何尝不神游其间，与陆羽、蔡君谟这些人一起谈论，又觉得很痛快。"

【原文】

《三才藻异》：雷鸣茶产蒙山顶，雷发收之，服三两换骨，四两为地仙。

《闻雁斋笔记》：赵长白自言："吾生平无他幸，但不曾饮井水耳。"此老于茶，可谓能尽其性者。今亦老矣，甚穷，大都不能如曩①时，犹摩挲万卷中作《茶史》，故是天壤间多情人也。

【注释】

①曩（nǎng）：以往，从前，过去的。

【译文】

《三才藻异》里记载：雷鸣茶出产在蒙山的顶部，春雷响后采摘它，喝下三两就感觉像脱胎换骨了一样，四两简直就可以羽化成仙了。

《闻雁斋笔记》里记载：赵长白自言自语："我平生没有别的幸事，就是没有喝过井水。"他对于茶，可以说是品尝到了它的本性。现在他已经老了，还很穷，很多时候不能跟从前一样，但仍从许多书中整理而作《茶史》，因此是天地之间的多情之人。

【原文】

袁宏道《瓶花史》：赏花，茗赏者上也，谭①赏者次也，酒赏者下也。

《茶谱》：《博物志》云："饮真茶令人少眠。"此是实事，但茶佳乃效，且须末茶饮之。如叶烹者，不效也。

【注释】

①谭：清淡。

【译文】

袁宏道《瓶花史》：对于赏花，喝着茶赏花是最好的，清谈差一些，喝着酒赏花是最差的。

《茶谱》：《博物志》中说，"喝纯正的茶可以使人少睡觉。"这是实事，但一定得是上好的茶才有效果，而且需要碾碎了喝。烹煮叶子的，没有效果。

【原文】

《太平清话》：琉球国亦晓烹茶。设古鼎于几上，水将沸时投茶末一匙，以汤沃①之。少顷奉饮，味清香。

【注释】

①沃：这里作调和讲。

【译文】

《太平清话》：台湾人也知道煮茶。将古鼎放在茶几上，水煮沸后再放进一调羹茶末，用开水调和。过一会儿再倒出来喝，感觉味道特别清香。

【原文】

《藜床潘余》：长安妇女有好事者，曾侯家睹彩笺曰："一轮初满，万户皆清。若乃狎处衾帱，不惟辜负蟾光①，窃恐嫦娥生妒。涓于十五，十六二宵，联②女伴同志者，一茗一炉，相从卜夜，名曰'伴嫦娥'。凡有冰心，仁垂玉允。朱门龙氏拜启。"（陆浚原）

【注释】

①蟾光：美好的时光。
②联：同，"和""与"。

【译文】

《藜床潇余》：长安有好事的妇女，在王侯家看到彩色的请柬上说，"月亮圆的时候，所有的地方都会明亮。如果到我们那里去玩。就算不上辜负大好时光，就怕天上的嫦娥也会妒忌。请于十五、十六两天的晚上，和女伴一起，一茶一炉，相伴来过夜，名叫'伴嫦娥'。如果你不嫌弃的话，还请答应。朱门姓龙的邀请。"

【原文】

沈周《跋茶录》：樵海先生真隐君子也。平日不知朱门为何物，日偃仰于青山白云堆中，以一瓢①消磨半生。盖实得品茶三味，可以羽翼桑苧翁之所不及，即谓先生为茶中董狐可也。

【注释】

①瓢：这里是喝茶的意思。

【译文】

沈周《跋茶录》：樵海先生是真正的隐君子。平日不知道富贵是什么东西，每天看着青山白云，用喝茶来消磨时间。实在是领会到了茶中真正的韵味，可以说陆羽都比不上他，所以就把他称为茶中的董狐。

【原文】

王晫《快说续记》：春日看花，郊行一二里许，足力小疲①，口亦少渴。忽逢解事僧邀至精舍，未通姓名，便进佳茗，踞竹床连啜数瓯，然后言别，不亦快哉。

【注释】

①小疲：小，稍微，有些。小疲，稍微有些疲倦。

【译文】

王晫《快说续记》：春天看花，往野外走一二里，脚步有些疲倦，口中也有点渴。偶尔遇到好心的和尚，被邀请到他住的地方，还没有相互告诉姓名就上了好茶，坐在竹床上连喝了几杯，然后道别出来，非常高兴。

【原文】

卫泳《枕中秘》：读罢吟余，竹外茶烟轻扬；花深酒后，铛中声响初浮。个中风味谁知，卢居士可与言者；心下快活自省①，黄宜州岂欺我哉。

【注释】

①自省：这里是自得的意思。

【译文】

卫泳《枕中秘》：读书以外的闲余时候，竹子外面的茶烟轻轻飞扬，在鲜花深处喝酒后，锅中的声音开始响起。这中间的风味又有谁能知道呢？卢居士是可以领会的，心里的快乐自得，黄宜州怎么能比得上我呢？

【原文】

江之兰《文房约》："诗书涵圣脉，草木栖神明。一草一木，当其含香叶艳，倚槛临窗，真足赏心悦目，助我幽思。亟宜烹蒙顶石花，悠然啜饮，""扶舆①沆瀣，往来于奇峰怪石间，结成佳茗。故幽人逸士，纱帽笼②头，自煎自吃。车声羊肠，无非火候，苟饮不尽，且漱弃之，是又呼陆羽为茶博士之流也。"

【注释】

①扶舆：乘着车子。
②笼：用帽子将头发聚拢在一起。

【译文】

江之兰《文房约》："诗书中包含着非常深刻的道理，草木中也蕴藏着神明。一草一木，当它含着香气开放，倚靠着栏杆看着窗外，真的可以称为赏心悦目，有助于我内心的思绪。此时的情景非常适合煮蒙顶石花这样的好茶悠闲地品尝。""乘着车子沐浴着露水，在奇峰怪石之间来回走，为了摘到好茶叶。所以隐士贤人，头上戴着帽子，自己煎茶自己喝。车子走在羊肠般的小道上，也不注重什么火候，如果不能喝完，就把它倒掉，这些是叫陆羽为茶博士之类的人。"

【原文】

高士奇《天禄识余》：饮茶或云始于梁天监中，见《洛阳伽蓝记》，非也。按《吴志·韦曜传》："孙皓每宴飨，无不竟日，曜不能饮，密赐茶荈以当酒。"如此言，则三国时已知饮茶矣。逮唐中世，榷茶①遂与煮海②相抗，迄今国计赖之③。

【注释】

①榷（què）茶：古代称官府制造的物品进行专卖为榷。榷茶，即官卖茶，用以征税。唐德宗时开始向茶征税，唐穆宗时设置榷茶使。
②煮海：即煮海水制盐。官卖盐为榷盐。
③国计赖之：指国家的税收来源靠榷茶、榷盐的专卖专利，以保证国家的财政收入。

【译文】

高士奇《天禄识余》：有人说喝茶开始于梁朝天监中，见《洛阳伽蓝记》，其实不是。按照《吴志·韦曜传》所说："孙皓每天都会宴请客人，没有一天间断，因为韦曜不会喝酒，孙皓暗中赏赐茶当作酒。"按照这样的说法，三国的时候，就已经知道喝茶了。后来到了唐代中期喝茶就可以和煮海抗衡了，到如今国家生计都要依靠它。

【原文】

《中山传言录》：琉球①茶瓯颇大，斟茶止二三分，用果一小块贮匙内。此学中国献茶法也。

王复礼《茶说》：花晨月夕，贤主嘉宾，纵谈古今，品茶次第，天壤②间更有何乐？

奚俟^③脍鲤炰羔，金罍玉液，痛饮狂呼，始为得意也？范支正公云："露芽错落一番荣，缀玉含珠散嘉树。斗茶味兮轻醍醐，斗茶香兮薄兰芷。"沈心斋云："香含玉女峰头露，润带珠帘洞口云。"可称岩茗知己。

【注释】

①琉球：指位于日本西南部群岛，即在九州岛与中国台湾地区之间的冲绳和先岛，通常称琉球群岛。

②天壤：天地。

③奚俟：为什么等待。

【译文】

《中山传言录》记载：琉球的茶瓶非常大，斟茶时到二三分就可以，将一小块果子放在调羹上，这是学习我们这里进献茶的方法。

王复礼《茶说》记载：花晨月下，圣明的君主和这样好的客人，一起纵谈古今，品味茶叶的好坏，天地之间还有其他的乐趣吗？难道必须要脍鱼炖肉、金樽美酒、痛饮狂欢，才算正合心意吗？范仲淹说："露芽错落一番荣，缀玉含珠散嘉树。斗茶味兮轻醍醐，斗茶香兮薄兰芷。"沈心斋说："香含玉女峰头露，润带珠帘洞口云。"可以说是岩茶的知音。

【原文】

陈鉴《虎丘茶经注补》：鉴亲采数嫩叶，与茶侣汤愚公小焙烹之，真作豆花香。昔之鬻虎丘茶者，尽天池也。

陈鼎《滇黔记游》：贵州罗汉洞，深十余里，中有泉一泓，其色如黝^①，甘香清冽。煮茗则色如渥丹^②，饮之唇齿皆赤，七日乃复。

【注释】

①黝：黑色。

⑦渥（wò）丹，染成红色。

【译文】

陈鉴所著《虎丘茶经注补》记载：我亲自采摘一些鲜嫩的茶叶与茶友汤愚公一起

用小火煮，发出了豆花一样的香味。以前卖虎丘茶的，全是天池了。

陈鼎《滇黔记游》记载：贵州的罗汉洞，有十几里深，中间有一汪清泉，颜色很黑。气味香甜甘洌。煮出的茶水颜色如同渥丹一样，喝完唇部和牙齿都变黑了，一个星期以后才能恢复。

【原文】

《瑞草论》云："茶之为用，味寒。若热渴、凝闷胸、目涩、四肢烦、百节①不舒，聊四五啜，与醍醐甘露抗衡也。"

【注释】

①百节：人体各个关节。

【译文】

《瑞草论》云："茶叶的味道略微寒冷，如果燥热口渴，胸闷，目光青涩，四肢乏力，身体不舒服，喝下四五杯，可以与甘露抗衡。"

【原文】

《本草拾遗》："茗味甘微寒，无毒，治五脏邪气，益意思①，令人少卧，能轻身、明目、祛痰、消渴、利水道②。""蜀雅州名山茶有露钱芽、钱芽，皆云火之前者，言采造于禁火之前也。火后者次之。又有枳壳芽、枸杞芽、枇杷芽，皆治风疾。又有皂荚芽、槐芽、柳芽，乃上春摘其芽，和茶作之。故今南人输官茶，往往杂以众叶，惟茅芦、竹箬之类，不可以入茶。自余山中草木、芽叶，皆可和合，而椿、柿叶尤奇③。真茶性极冷，惟雅州④蒙顶⑤出者，温而主疗疾。"

【注释】

①益意思：有利于头脑思考问题。

②利水道：利尿。

③奇：奇特，好的意思。

④雅州：今四川雅安。

⑤蒙顶：茶名，产在四川名山区蒙山顶。详见"八、茶之出"注。

【译文】

《本草拾遗》："茶叶味道稍微有点苦寒，没有什么毒害，可以调治五脏里的邪气，对身心有好处，能减少人的睡眠，还能使人浑身轻松、眼睛明亮、消痰、解渴、利尿。""蜀地雅州著名的茶叶有露錢芽、錢芽，都说是火前茶，就是说采摘在禁火以前。火后茶要差一点。还有枳壳芽、枸杞芽、枇杷芽，都能治疗风疾。还有皂荚芽、槐芽、柳芽，开春摘下它的芽，跟茶叶一起制作。所以今天南方送官茶的人，平常夹杂一些其他的叶子，只有茅庐、竹叶这些东西，不可以加进茶里。其他的像山中的草木、芽叶，都可以和在一起，特别是椿树、柿树的叶子更加特别。真正的茶叶是凉性的，只有雅州蒙顶山出产的茶叶，才是暖性的，可以治疗疾病。"

【原文】

李时珍《本草》：服葳灵仙、土茯苓者，忌饮茶。

《群芳谱》：疗治方二：气虚、头痛，用上春茶末，调成膏，置瓦盏内覆转，以巴豆四十粒，做一次烧，烟熏之，晒干碾细，每服一匙。别入好茶末，食后煎服立效。又赤白痢下，以好茶一斤，炙捣为末，浓煎一二盏服，久痢亦宜，又二便不通，好茶、生芝麻各一撮，细嚼，滚水冲下，即通。屡试立效。如嚼不及，擂①烂，滚水送下。

《随见录》：《苏文忠集》载，宪宗赐马总治泄痢腹痛方：以生姜和皮切碎如粟米，用一大钱并草茶相等煎服。元祐二年，文潞公得此疾，百药不效，服此方而愈。

【注释】

①擂（léi）：研磨、捣烂。

【译文】

李时珍在《本草纲目》里记载：服用了葳灵仙、土茯苓的人，不能喝茶。

《群芳谱》里记载：治病方子：气虚、头痛，用春天的茶末，调制成膏，放在瓦罐里反复搅动，用40粒巴豆，一次烧了，用烟熏它，晒干碾碎，每次服用一调羹。要是用好的茶叶，饭后煎了冲服很快就能有疗效。还有赤白痢下。将1斤好茶叶捣成碎末，煎成很浓的一两杯，冲服后，病很快就好了，如果是大小便不通的话，用上等茶叶、生芝麻各一小撮，慢慢咀嚼，用开水冲服，马上见效。此方多次试用都很有效。若来不及咀嚼，也可以捣烂和开水一起服用。

《随见录》：《苏文忠集》中记载，宪宗赐给马总治泻痢、腹痛的方法：用生姜和皮一起切碎成粟米大小，用一大钱跟一样多的草茶一起煎服。元祐二年，文潞公患了这个病，所有的药都不见效，服用这个方子很快就痊愈了。

七、茶之事

【原文】

《晋书》：温峤表遣取供御之调，条列真上茶千片，茗三百大薄①。

《洛阳伽蓝记》：王肃初入魏，不食羊肉及酪浆等物，常饭鲫鱼羹，渴饮茗汁。京师士子道肃一饮一斗，号为漏卮②。后数年，高祖见其食羊肉酪粥甚多，谓肃曰："羊肉何如鱼羹？茗饮何如酪浆？"肃对曰："羊者是陆产之最，鱼者乃水族之长，所好不同，并各称珍，以味言之，甚是优劣。羊比齐鲁大邦③，鱼比邾莒④小国，惟茗不中，与酪作奴。"高祖大笑。彭城王勰谓肃曰："卿不重齐鲁大邦，而爱邾莒小国，何也？"肃对曰："乡曲所美，不得不好。"彭城王复谓曰："卿明日顾我，为卿设邾莒之食，亦有酪奴。"因此呼茗饮为酪奴，时给事中刘缟慕肃之风，专习茗饮。彭城王谓缟曰："卿不慕王侯八珍，而好苍头⑤水厄⑥？海上有逐臭之夫，里内有学颦之妇，以卿言之，即是也。"盖彭城王家有吴奴，故以此言戏之。后梁武帝子西丰侯萧正德归降时，元乂欲为设茗，先问："卿于水厄多少？"正德不晓乂意，答曰："下官生于水乡，而立身以来，未遭阳侯⑦之难。"元乂与举坐之客皆笑焉。

【注释】

①薄：古代用来计算物品数量的单位。

②漏卮：盛不满的酒器，喻指王肃喝茶非常多，像永远都喝不够一样。卮，古代盛酒的器皿。

③齐鲁大邦：周武王封姜子牙于齐，封姬旦于鲁，封地都在今山东一带，土地广大，人口众多，因此称为大邦。

④邾莒：邾、莒都是周代诸侯国，两国占地面积都很小，人口稀少，因此说邾莒小国。

⑤苍头：古代的奴仆以苍巾饰头，因此称为奴仆为苍头。苍，深青色。

⑥水厄：即厄于水。意指被水溺没，指饮茶。

⑦阳侯：水神名。《淮南子注》说，陵阳国侯死在水中成为水神，能为大波，造成伤害，因此称阳侯之难。

【译文】

《晋书》中记载：温峤上表请求朝廷派遣人去取供皇上调用的物品，开具真正的上等茶一千片，茗三百大薄。

《洛阳伽蓝记》中记载：王肃刚到魏国，不吃羊肉乳酪等食物，常常吃鲫鱼羹，渴了就喝茶汤。京城的一些读书人说王肃一次能喝一斗茶，因此称他为漏卮。过了几年，高祖发现王肃吃羊

温峤

肉和酪粥非常多，便问王肃说："羊肉比起鱼羹来怎么样呢？喝茶比起喝酪浆怎么样呢？"王肃回答说："羊是陆地上生长得最好的，鱼是水族中最好的，由于人的饮食爱好不相同，所以对羊肉、鱼肉的看法也各不相同。从两者的味道来说，好坏相差很远。羊就好比是齐、鲁等辽阔的大邦，而鱼就好比是邾、莒等小国。只有茶不行，茶只能给乳酪做奴隶。"高祖听后大笑起来。彭城王勰问王肃说："你不看重齐、鲁辽阔的大邦，而却偏爱邾、莒小国是什么原因呢？"王肃回答说："自己家乡的美味，怎么能不爱好呢。"彭城王勰又对王肃说："你明天到我家去，我给你设置邾、莒之食来款待你，还有酪奴。"从此以后人们就把茶饮叫作酪奴。当时给事中刘缟仰慕王肃的为人和饮茶习惯，专门学喝茶。彭城王勰对刘缟说："你不羡慕王侯的珍馐美味，却喜欢仆人饮茶。海上有追逐腥臭味的人，里弄中有东施效颦的女人。依你所言，大概就是指这类人吧。"因为彭城王勰家中有吴地来的奴隶，所以这样开玩笑。后来梁武帝的儿子西丰侯萧正德归降的时候，元乂想设茶招待他，先问正德说："你饮茶能喝多少？"正德不知道其中的含义，回答说："下官在水乡长大，但是从来没有遭受过水神阳侯大波的伤害。"元乂和满座的客人都哈哈大笑起来。

【原文】

《海录碎事》：晋司徒长史王濛，字仲祖，好饮茶，客至辄饮之。士大夫甚以为苦，

每欲候濛，必云："今日有水厄。"

《续搜神记》：桓宣武有一督将，因时行病后虚热，更能饮复茗，一斛二斗乃饱，才减升合，便以为不足，非复一日。家贫，后有客造之，正遇其饮复茗，亦先闻世有此病，仍令更进五升，乃大吐，有一物出，如升大，有口，形质缩皱，状似牛肚。客乃令置之于盆中，以一斛二斗复浇之，此物噏①之都尽，而止觉小胀。又增五升，便悉混然从口中涌出。既吐此物，其病遂瘥②，或问之："此何病？"客答云："此病名斛二瘕③。"

【注释】

①噏：同吸。

②瘥：疾病治愈。

③瘕：肚子中集结成块的病。

【译文】

《海录碎事》中记载：晋司徒长史王濛，字仲祖，喜欢喝茶，只要有客人来就将大家聚集在一起喝茶，可士大夫都认为喝茶是个苦事情，每次去谒见王濛之前都会说："今天有水灾。"

《续搜神记》中记述：桓宣武有一位督将因为得了流行病，身体虚热，更加能喝茶了。要喝一斛二斗才能够喝饱，只要是减少一点点，就会觉得没有喝够。这种情况一直持续了很长时间。他家境贫困，后来有一位客人到访，正碰到他正在饮复茗，客人先前知道他有喝茶的病，于是就让他喝了一斛二斗茶之后，又让他喝了五升。他喝过之后大吐起来，吐出了像升大的一个东西。那个东西有口，形体缩皱，形状好像牛肚一样。客人于是让把这个东西放在盆子中，用一斛二斗茶水来浇它，结果被吸得干干净净，只是稍微有些发胀。再浇了五升茶水，这个东西就不能再吸收了，全部从口中涌了出来。督军吐出这个东西之后，他的病就好了。有人问客人："督军得的是什么病呢？"客人回答说："这个病叫作斛二瘕。"

【原文】

《潜确类书》：进士权纾文云："隋文帝微时，梦神人易其脑骨，自尔脑痛不止。后遇一僧曰：'山中有茗草，煮而饮之当愈。'帝服之有效，由是人竞采啜。因为之赞。

其略曰：'穷春秋①，演河图②，不如载茗一车。'"

《唐书》：太和七年，罢吴蜀冬贡茶。太和九年，王涯献茶，以涯为榷茶使，茶之有税自涯始。十二月，诸道盐铁转运榷茶使令狐楚奏："榷茶不便于民。"从之。陆龟蒙嗜茶，置园顾渚山③下，岁取租茶，自判品第。张又新为《水说》七种，其二惠山泉、三虎邱井、六淞江水。人助其好者，虽百里为致之。日登舟设篷席，赍④束书、茶灶、笔床、钓具往来。江湖间俗人造门，罕觏⑤其面。时谓江湖散人，或号天随子、甫里先生，自比涪翁⑥、渔父，江上丈人。后以高士征，不至。

【注释】

①穷春秋：即读完、研究透彻《春秋》。穷，穷尽，此指读完的意思。《春秋》，原为鲁国国史，起自鲁隐公元年到鲁哀公十四年，经孔子删定而成，系编年史。

②演：演示。河图：《河图》和《洛书》，传说伏羲时期，有龙马从黄河中出现，背负着河图，有神龟从洛水中出现，背负着洛书，儒家认为是《周易》和《洪范》的来源。

③顾渚山：在今浙江长兴县，产茶之地。

④赍：带着。

⑤觏：遇到。

⑥涪翁：据《后汉书》记载：有老父不知道来自何处，经常在涪水边钓鱼，因此称其为涪翁。遇到人有病，用石针扎皮肉进行医治，并著有针经诊脉法传于后世。

【译文】

《潜确类书》中记述：进士权纾文说："隋文帝未曾发迹之时，梦中有位神人给他替换脑骨，从此他就头痛不止，后来遇到一位和尚，告诉他说：'山中有一种茶草，把它煮了喝头就不痛了。'隋文帝按照他所说的方法服用后果然见效。从此人们就竞相采这种茶来煮着喝。并为此事作赞歌，大概是：'穷春秋，演河图，不如载茗一车。'"

《唐书》中记载：太和七年，朝廷决定不再让吴蜀两地冬天向朝廷贡茶。太和九年，王涯献茶，朝廷任命王涯为榷茶使。从王涯开始向茶征税。这年十二月，诸道盐铁转运榷使令狐楚向朝廷奏本，言"榷茶对老百姓不利"。朝廷采纳了他的意见。唐朝陆龟蒙喜欢喝茶，在浙江长兴顾渚山下置办了一个茶园，将地租给别人种茶，他每年从中收取茶租，由自己来判定所产茶的等级。张又新写了《水说》，将天下的水质分为七种，惠山泉水居第二位，虎丘井水居第三位，淞江水居第六位。人们帮陆龟蒙取他喜欢的水，即使有上百里的路程，也要想方设法把水弄来。他每天坐着船，在船上设篷席，带上一些书、茶灶、笔床、钓具等在水上往返行驶。江湖中的俗人到他家中去，很少见到他。当时的人们称他为江湖散人，或称为天随子、甫里先生，他自己又将自己比作涪翁、渔父、江上丈人。后来朝廷认为他是高士，召他去做官，他没有去。